达·芬奇的便携式电脑

人类的需要与新的计算技术

〔美〕本·施奈德曼 著

李晓明　冉恬　译

傅小兰　严正　审校

商　务　印　书　馆

2006年·北京

Ben Shneiderman
LEONARDO'S LAPTOP
Human Needs and New
Computing Technologies

本书根据麻省理工学院 2002 年版译出

《电子社会与当代心理学名著译丛》

总　序

我们与商务印书馆合作推出《电子社会与当代心理学名著译丛》,是为了让已经到来的电子社会和蓬勃发展的心理科学相得益彰。本译丛将在五到十年之内介绍大约二十部研究电子社会的当代心理学名著,旨在打造一个研精覃思、深入浅出的学术著作翻译精品,培养一支齐心协力、不分畛域的理论实践研究队伍,形成一门博采众长、生机勃勃的电子社会心理学科。

从人类传递信息媒介的视角来看,人类社会的发展历程大致可以分为三个阶段:一是口语社会阶段,主要是用口语传递信息;二是文字社会阶段,主要是用文字传递信息;三是电子社会阶段,主要是用电子传递信息。自二十世纪五十年代起,个人计算机开始进入家庭;到二十世纪九十年代,因特网也开始进入家庭。人们普遍认为,当今世界正在步入电子社会的时代。电子政务、电子商务、电子银行、电子学校、电子图书、电子签名、电子战争、电子竞技、电子游戏、电子垃圾……应接不暇的电子信息渗透到现代社会生活的每个角落。网吧、网游、网迷、网瘾、网虫、网恋……光怪陆离的网络现象已成为报刊影视作品的热门话题。

打开世界各国近年来出版的任何一本心理学百科全书,人们不难发现这样一个事实:当代心理科学已经发展成为一个庞大学科群,它具有上百个独立分支,拥有数以万计的心理学家。认知心理学、社会心理学、发展心理学、咨询心理学、临床心理学、教育心理学、性格心理学、商业心理学、工业心理学、政治心理学、军事心理学、媒体心理学、医学心理学、家庭心理学、学校心理学……人们越来越意识到心理科学的潜能,越来越期盼通过心理学知识与方法改进自己的生活。如今,心理学已经成为欧美地区大学文理学院学生选课最多的学科之一,心理学类的书籍在欧美地区激烈竞争的图书市场上动辄成为营利丰厚的畅销书。

工欲善其事,必先利其器。电子信息无所不在,触及当代社会生活的方方面面;心理科学林林总总,探究人类心理行为的形形色色。运用心理学知识与方法来研究电子社会,不仅有益于提高电子社会时代的生活质量,而且有益于推动当代心理科学的发展进程。正是基于这样一种宏观判断,我们策划并运作了这套《电子社会与当代心理学名著译丛》。

金秋时节,丹桂飘香,谨以此套丛书献给为中国心理科学事业殚精竭力的老一辈心理学家。他们在前方引导着我们做好《电子社会与当代心理学名著译丛》的工作。仰之弥高,任重道远。

傅小兰　严正

2005年11月1日

北京·波士顿

目　录

中文版序

《达·芬奇的便携式电脑》一书告诉我们,技术可以被驾御从而服务于人类的需要。我们可以创造一个更美好的世界,享受到有所改进的保健、教育及政府服务。更幸福的家庭,更安全的社区,以及更有效的国际拓展,都是可能的。如果深思熟虑的用户、设计者及其他人能够为未来担负起责任,并潜心于推动合适的技术,那么如此雄心勃勃的目标都是可以实现的。

我很高兴地看到,《达·芬奇的便携式电脑》一书将出中文版本,这将使得许多中文读者能更容易地接触到这些思想。新的受众将提出新的问题,从而丰富整个对话。

改变起始于认识到问题并意识到改进是可能的。因此,写作《达·芬奇的便携式电脑》一书旨在显著提升用户对信息交流技术的期待。若用户和计算专家可以给行业领导者、政策制定者、研究者、教育者及新闻工作者施加压力,则改进技术的目标将得以实现。之后,提高可靠性和可用性的直接目标可以与普遍可用性联系起来,以使老年人与年轻人、富人与穷人、健全者与残疾人都能从改进的技术中获益。包容策略同样将为教育受限的用户、使用少数民族语言的读者及不同文化的成员带来益处。

成功的技术设计也将为使用小或大的显示器、慢或快的网络连接的用户提供支持。中国是一个地域辽阔且飞速发展的国家,中国公民正在快速地接纳和使用互联网和移动技术。在这种快速的过渡时期,清晰的指导原则以及高的期待将对形成真正有益的设计产生影响。通过向开发者不断地提供反馈来为以用户为中心的开发过程承担责任将加速迈向成功的步伐。对儿童、老年人、低文化水平者及残疾用户的需要的特别关注将有利于改进为所有用户提供的服务。

从一开始,用户和设计者就应该把其注意力集中到如何改善所有公民的生活质量这一问题上。只寻求科研创新的研究者将错失改善家庭生活的机会。只生产新奇产品的行业领导者将错失加速经济发展的机会。只关心商业的政治领导人将错失提高生活质量的机会。选择正确的标准是指导进步的关键:量很重要,但质才是根本。选择正确的关注点同样至关重要:技术很重要,但可用性才是根本。

《达·芬奇的便携式电脑》的评论者欣赏它对人类价值的贡献以及富有远见的展望。他们赞扬它的可以激发灵感的特性,尽管一些人因我对人工智能持保留态度而感到迷惑。我仍然致力于关注人类的成就和人类的职责。技术仅仅是一个工具,它不比一支木制铅笔更聪明。创造是人类特有的活动——那些认为计算机可以是智能的或富有创造性的人们仅仅显示出他们对人类能力的浅薄理解。

先进技术的设计者应该比仅仅模拟人类能力更富雄心壮志。用户更需要的是一台计算机,而不是因为它可以像最好的专业图书管理员、教师或医生一样。他们需要先进的技术,诸如卓越的搜索引擎、实时卫星图像和反馈式的健康支持社区，使他们可以表现得比约定一个杰出的专家来提供帮助要好上1000倍。有效的技术能增强人类的能力，使新手可以表现得像专家一样，让专家可以完成以前从未做过的事。

这里有许多可以做的工作。教师可以改进技术训练，行业领导者可以更强调可用性，新闻工作者可以更频繁地报告为人类服务的信息交流技术。同时，研究者可以改善界面设计，科学的政策制定者可以提升以用户为中心的先进技术的优先权，消费者协会可以为优秀产品的设计者颁发奖项。让我们一起努力吧！

对于希望推动课堂活动的教师而言，《达·芬奇的便携式电脑》站点提供了一个讨论指南。http://mitpress.mit.edu/leonardoslaptop

本·施奈德曼，马里兰大学

http://www.cs.umd.edu/~ben

人机交互实验室

http://www.cs.umd.edu/hcil

前　言

现在的计算技术关注计算机能做什么;而新的计算技术将关注人能做什么。作为当代技术的用户,我们经常会因为计算机与我们的需要和能力不相协调而感到愤怒和挫折。我们觉得无能为力,且在技术革新的过程中看不到个体所扮演的角色。策划本书的主要目的就是提高用户对自己从技术中应获得什么的期待,并授予用户和开发者双方都有发明出改善我们的生活和世界的计算机的权利。

我们可以把列昂纳多·达·芬奇作为激发灵感的缪斯女神,以此来加速转向"新计算技术"的运动。他将科学与艺术、工程学与美学相结合的整合精神可以帮助我们设想出更成功、更令人满意的信息交流技术体验。

有了授权的新意识,我们就可以敦促技术开发者更努力地关注用户的需要,从而促使他们创造出更有效的技术。这种改进可以很快应用于学习、商务、保健和政府。小的革新(例如,珠宝式样的医疗传感器和指尖式计算技术)将与大的革新(例如,在全世界都能安全快捷地获得医疗信息和进入数百万人的社区)相结合,架桥跨越数字鸿沟,并使寻求共识和解决冲突成为可能。

致　谢

许多人曾帮助我预见未来并给予我启迪。其中数位对本书章节初稿提出过意见和建议：本·贝德森（Ben Bederson）、艾莉森·德鲁伊（Alison Druin）、埃密·弗里德兰德（Amy Friedlander）、克里斯托弗·弗赖伊（Christopher Fry）、琼·加森（Jean Gasen）、鲁思·盖耶（Ruth Guyer）、布莱恩·卡欣（Brian Kahin）、比尔·基拉姆（Bill Killam）、查尔斯·克雷特伯格（Charles Kreitzberg）、乔纳森·拉扎尔（Jonathan Lazar）、南希·莱韦森（Nancy Leveson）、彼得·莱维恩（Peter Levine）、亨利·利伯曼（Henry Lieberman）、理查德·马斯林（Richard Mushlin）、凯瑟琳娜·普拉森特（Catherine Plaisant）、罗恩·莱斯（Ron Rice）、阿里尔·萨里得（Ariel Sarid）、乔治·施奈得（George Schneider）、诺曼·施奈德曼（Norman Schneiderman）、巴巴拉·特沃斯基（Barbara Tversky）、罗恩·韦斯曼（Ron Weissman）。我要特别感谢那些在本书写作的各个阶段阅读过完整书稿的人：哈里·霍克海泽（Harry Hochheiser）、比尔·库勒斯（Bill Kules）、肯特·诺曼（Kent Norman）、斯蒂芬·帕克（Stephan Parker）、阿卡帝·伯戈斯特金（Arkady Pogostkin）、珍妮·普里斯（Jenny Preece）、安妮·罗斯（Anne Rose）、海伦·萨里德（Helen Sarid），以及许多匿名的评论者。多年以来我的学生们，包括研究生和本科生，已不仅仅是书中各种思想的测试基地,而且是推动我进步的源源不断的动力。我希望他们能把这些思想应用到工作中去,然后进一步改进它们。我的同伴和妻子,珍妮·普里斯,是我绵绵不绝的灵感和智慧的源泉。

马里兰,学院公园

抱貂的女子。选自无需版权授权的《列昂纳多·达·芬奇精选集》,行星艺术出版社。

第一章　激发新计算技术的灵感 1

旧的计算技术关注计算机能做什么;而新的计算技术则关注 2
用户能做什么。成功的技术应与用户的需要相协调,它们必须为可以丰富用户体验的关系和活动提供支持。

用户最欣赏那些能够使自己体验到安全感、控制感与成就感的信息交流技术。这样的技术使用户得以放松、享受和探索。

想像一下这样的情景:你伴随日出而登山,跋涉之后终于到达顶峰。你打开随身携带的通讯器(Phonecam),给你的祖父母、父母和朋友发送去一张全景图。通过全景图,他们听到了小鸟的歌唱,闻到了山野的气息,感受到徐徐凉风,体验到你成功的喜悦。他们能听到每个人的欢呼,还可以通过指向小鸟或点击其他山峰来寻找更多有趣的内容。他们能够记起,在上一次攀登中你怎样被一块滑落的岩石击中,失去意识而被送到当地的急诊室。万幸的是,你的全球医疗(World Wide Med)记录指导医生精心护理了你。医生能够调阅到用当地语言记录的你的医疗档案,帮助她采取恰当的治疗方案。今天的登山有了较欣慰的结果,这重建了每个人的自信。

技术开发者所面临的挑战是,更加深刻地理解作为用户的你想要什么;进而,创造出对更多人而言更有用、更满意的产品,以应对这一挑战。

这是一个高科技世界应更密切地关注人类需要的时代。许多人对现有技术并不满意,因为这些技术使他们感到无能或是失败。而另一些人根本就不能从中获益,因为这些技术的费用昂贵、过于复杂及与他们的需要不匹配。新的计算技术必须是革命性的,必须注重提升用户的满意度,扩展用户的参与性,并支持有意义的工作。今天,这一切已成为可能,因为我们已经掌握了基本技术,且研究者正逐步发现能够揭示人们需要的更好的技术。

计算技术的发展正处在一个十字路口。英国科学家 C.P.斯诺(C.P.Snow)在他的有关"两种文化"的讲稿里谈到科学和艺术之间令人烦恼的分裂。他认识到了一个现代两难困境,解决它需要第二次文艺复兴,或者说是文艺复兴 2.0 版。这场现代文艺复兴将通过促进多学科教育和对多样性的宽容来统一有关技术的思考。它强调能够带给我们崭新视角的合作交流,并鼓励培养可以
3 更自由地进行创造的合作关系。

然而,要将高科技与人们的需要更加紧密地联系起来仍需要有一些新的思维方式。列昂纳多·达·芬奇所示范的文艺复兴式的学科整合,可以为修补当今世界中各学科间的裂痕提供指导。达·芬奇将工程学与人类价值相整合。科学和艺术的融合使他创作出许多优美的人体解剖图、水流和新型机器的画稿。达·芬奇式的思维方式能够帮助用户和技术开发者展望新一代的信息交流技术。

500 多年来,列昂纳多·达·芬奇(1452—1519)的创造性天赋一

直激励着众多技术专家、科学家和艺术家。他对工程学与人类价值进行的文艺复兴式的整合可以成为创造出富有吸引力的人造物和实现令人激动的梦想的途径。

我喜欢达·芬奇的原因是，他绝不仅仅是文艺复兴时期的一名普通艺人。他演奏竖琴，筹备音乐演出，充分展现自己的才华。他甚至制作出配有会跳舞的狮子木偶的戏剧布景。即使在今天，他的多才多艺也令我们备感惊喜，并为未来的玩具和娱乐提供灵感。

达·芬奇强调远见卓识的重要性。达·芬奇为表达对米兰之父卢多维科·斯佛尔扎(Ludovico Sforza)的敬意而建造的巨型铜马，本意是想通过它庞大的规模、准确的解剖结构以及颂扬勇气和力量的威猛而优美的形象令参观者叹为观止。然而，浇铸一个 24 英尺高的雕像完全超出了 15 世纪金属制造业的能力。达·芬奇不畏艰难，计划分部分地完成该铸件。他制造的石灰模具给旁观者留下了深刻的印象，并推动了工程的进展。但政治事件使这一创举夭折，这个石灰模具于 1499 年被入侵的法国射手摧毁——而他们仅仅只是把它作为练习射击的靶子。[1] 对于富有雄心和灵感的技术方案，我们应该抱有怎样的梦想呢?

我们还非常钦佩他非凡的艺术创作能力。在伟大的壁画作品《最后的晚餐》中，他运用透视法勾画出四组(每组包括三个)表情丰富的使徒的精细肖像，让我们感受到建筑空间的整体布局。达·芬奇娴熟地掌握了光线和阴影的艺术手法、对称校准的数学要素、下垂的手掌和高举的手臂的象征力量。相对而言，图形式用户界面和万维网(www.)的图标语言似乎业已枯竭。能够创作出令我

们心潮澎湃、热血沸腾的作品的绘画天才和网页设计领域的达·芬
4 奇们在哪里呢?

尽管我们也知道达·芬奇发明了直升飞机、潜水艇和其他机械装置,但他的一生仍以其公众艺术作品和肖像画而闻名。他在工程学上的创新曾一度鲜为人知,因为它们都尘封于他的笔记本里,其中还记录着他的医学图解,他对地质学、光学、水利学及其他更多领域的远见卓识。近几个世纪以来,达·芬奇对艺术与科学、美学与工程学的整合令人惊叹不已(Kemp,2000)。

他的手稿向我们展示了将图画与文字相结合的益处,他的分析向我们证明了将形象思维与分析思维联系在一起的力量。在他诞辰550周年的今天,这种技能的结合再一次赋予我们灵感——这次是在展望与人类需要协调一致的信息交流技术方面。在这本书中,我将达·芬奇视为能激发新计算技术灵感的缪斯女神。

达·芬奇的平凡出身

> 与众不同的是,他能够用艺术家的视角审视科学,用科学家的思维习惯(mindset)想像艺术,用艺术家和科学家的思维习惯构想建筑。这一最有用的才能就是使达·芬奇区别于其他人的一项关键才能。
>
> ——迈克尔·怀特:《达·芬奇:第一位科学家》(2000),125

达·芬奇生于1452年4月15日,是皮耶罗(Sei Piero)的私生子。父亲皮耶罗是意大利富饶的托斯卡纳(Tuscany)地区一个普

通的城镇芬奇(Vinci)的公证员。早年的达·芬奇在数学、音乐、歌唱和绘画方面的快速学习能力给他的老师们留下了深刻的印象。当皮耶罗把达·芬奇的一些画稿带给伟大的画家安德烈·德尔·维洛西奥(Andrea del Verrocchio)看过之后,达·芬奇即应邀到维洛西奥的工作室学习。

乔治·瓦萨里(Giorgio Vasari)(1511—1574)在他所著的达·芬奇传记(1550年首版)中,极力称颂年轻的达·芬奇:“他拥有如此非凡和惊人的智力;作为一名非常优秀的几何学家,他同时精通于雕刻和建筑……他的画如此细致精美,没有人能够与他精巧的艺术风格相媲美”(Vasari,1998)。有一个著名的小故事讲到,维洛西奥曾对达·芬奇创作的一幅天使画像做出这样的评价:达·芬奇对绘画技能的掌控如此精湛熟练,使得他不得不考虑自己是否要放弃绘画。而达·芬奇极为得体地回答道,对老师的最高褒扬是他的学生超越了他自己。在维洛西奥工作室学习期间的小组工作模式 5
或许对达·芬奇晚年建立创作团队起到了影响作用,这个创作团队包括著名数学家卢卡·帕乔利(Luca Pacioli)以及如安德烈·萨莱(Andrea Salai)和弗朗切斯科·梅尔齐(Francesco Melzi)等富有献身精神的年轻艺术家。

达·芬奇出色的观察力源自能使他提出恰当问题的目标明确的关注点。他敏锐的视觉和心智使得他在诸如医学、航空工程学和地质学的广泛领域里都能有众多发现和发明。他第一次精确地描绘出人类弯曲的脊柱,并认识到它的作用(图1.1);他也让许多人为他描绘的子宫里的胎儿所惊叹(图1.2)。达·芬奇通过对鸟类的敏锐观察,绘制出降落伞和一架原始飞机的草图,这些成就超前于他所处的时代足有 400 多年。他的整合精神在文艺复兴时期的意大利并没有什么特别之处,在那里,有意识地将科学发明与美学相融合是很普遍的。逻辑和艺术成为伙伴,数学和音乐互相合作。

除了整合性思想,达·芬奇出众的好奇心和独立思考能力,使他在许多领域比其同时代的人走得更远。例如,他思考为什么在托斯卡纳山上会发现海贝壳。同时代的智者认为那些贝壳是在涨潮时被冲到山上的。然而,达·芬奇注意到,在许多岩石沉积层上都有贝壳,并正确地做出托斯卡纳山曾处于海中的猜想。这一观点已被 20 世纪的科学界广泛接受,但达·芬奇早在 15 世纪就已提出,而在当时,地球亘古不变的性质仍然是建立教会学说的基石。挑战业已深入人心的观念需要独立的思考能力和勇敢的精神。伽利略(Galileo, 1564—1642)就仅仅因为提出哥白尼(Copernicus, 1473—1543)首创的"日心说"可能成立而遭到了残酷的迫害。

同样出众的观察能力和系统探索能力使达·芬奇能够描绘出引人入胜的人物形象(Clark, 1939)。白天他在佛罗伦萨的街道上散步,晚上回到家中即可勾勒出他曾见过的 20 位农夫和老市民的精巧和谐的肖像。他创作的《蒙娜丽莎》(图 1.3)和《吉涅布拉·本奇》(图 1.4)令观者着迷,因为她们透露着微妙情绪的面容引人长久深思。对达·芬奇的人物肖像可以有多种理解,微笑或是假笑,满足抑或轻蔑。他通过仔细选择背景植物,如杜松树(意大利语中
8 的 *ginevra*),使面部细节的表现更为完美。油画和壁画中系统有序的画面布局能够引导观者的视线,这种能力体现了达·芬奇对结构和细节的精确把握。如果参观法国巴黎的卢浮宫,你将见到享

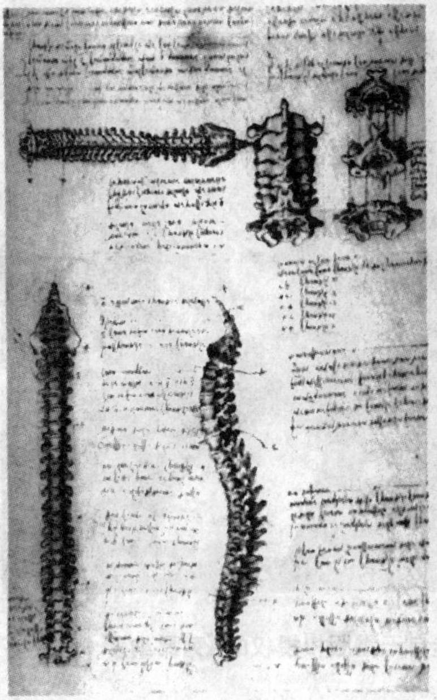

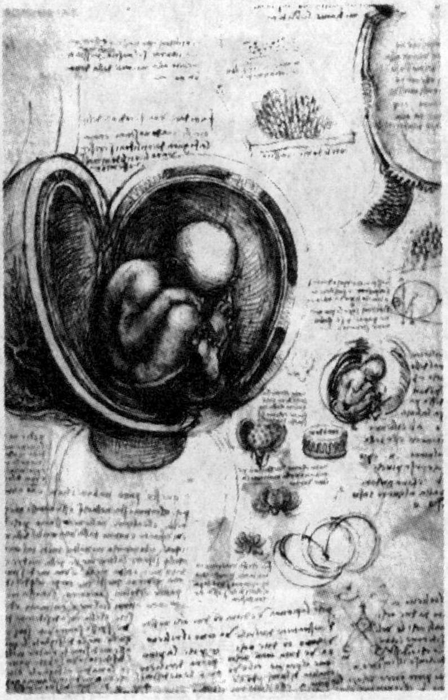

图 1.1　达芬奇对人类脊柱的素描。选自无需版权授权的《列昂纳多·达·芬奇精选集》,行星艺术出版社。

图 1.2　达芬奇对子宫里的胎儿的素描。选自无需版权授权的《列昂纳多·达·芬奇精选集》,行星艺术出版社。

图 1.3　达芬奇的肖像画《蒙娜丽莎》。选自无需版权授权的《列昂纳多·达·芬奇精选集》，行星艺术出版社。

图 1.4　达芬奇的肖像画《吉涅布拉·本奇》。选自无需版权授权的《列昂纳多·达·芬奇精选集》，行星艺术出版社。

有盛名的《蒙娜丽莎》;若观光华盛顿的国家艺术博物馆,你将会湮没于《吉涅布拉·本奇》前的熙攘人群中。[2]

我真希望能够看到工作中的达·芬奇!他是一个永不停息的涂鸦者、速写家和梦想家,在他的腰带里塞着不同大小的多个笔记本,用来随时记录他的各种想法。他有小的记事本、分门别类的笔记本以及用羊皮纸装帧的大文件夹。学者们估计,他大概有13500页这样的记录,但只有不到5000页保存了下来。他勾画的潜水艇和直升飞机,再次印证了达·芬奇能够超越已有技术进行发明创造的特点(Wallace,1986)。

达·芬奇也是一位很好的自我推动者,比如,他在米兰的卢多维科·斯佛尔扎身边担任咨询顾问时,主动帮助设计作战机械、防御墙和巨型铜马。达·芬奇给斯佛尔扎的书信表明,他完全拥有做一场令人信服的商业演讲的能力,但他主要还是专注于他的科学追求,在笔记本上写满他的所见所思。在斯佛尔扎的宫廷里和随后的旅行中,达·芬奇周围总是围绕着各种各样的人。总是对他赞不绝口的瓦萨里曾写道,"他非常慷慨,只要是拥有智慧和能力的朋友,无论贫富,他都会为他们提供衣食住行。"达·芬奇晚年提出的项目传奇离谱,而且他的未能兑现的承诺使他很容易成为批评对象。然而,在那个时代,达·芬奇是受人尊敬的,且时至今日他仍是激发创造性活动的缪斯女神(Gelb,1998)。

在达·芬奇生命的最后岁月里,他生活在安布瓦斯镇(Amboise),是法国国王弗朗索瓦(François)一世的座上宾。尽管生活于皇室之中,67岁的达·芬奇在弥留之际却提出了一个特殊的要求,他希望能够由60名举火把的农民组成队伍护送出殡,以表达他对穷人终生的怜悯之情。

也许达·芬奇会觉得有趣,1994 年比尔·盖茨和梅林达·盖茨夫妇以 3080 万美元买下了达·芬奇手稿《莱斯特的手稿》(*Codex Leicester*)中的 72 页,在世界多个顶级博物馆举办豪华巡回展,并制成了内容丰富的光盘(Corbis,1997)。

9 展望新的计算技术

陈列在米兰科学博物馆里的达·芬奇发明物的模型促使我想知道,假如达·芬奇生活在当代,他将如何使用他的便携式电脑,他将设计出什么样的新型计算机。达·芬奇是否会被苹果公司请去进行"求异思维"(Think Different),或者被英特尔或微软公司聘用,以赋予视窗系列界面(Windows)文艺复兴 2.0 版的外观和感受呢?毋庸置疑,达·芬奇的形象思维将在设计现代计算环境中发挥重要作用。

受达·芬奇对轻便的笔记本与稍大的速写本的偏爱和他的壁画作品的启发,我们作为使用者或技术开发者,可以想到对计算机的需要是一个范围宽广的连续体,从小巧雅致、可穿戴的装置,到装饰华丽的台式设备,再到给人深刻印象的壁挂式模型。继续遵循达·芬奇的思想精髓,每一台新型计算模型应既能给我们带来乐趣,又非常实用。我们可以设计出现代的达·芬奇式软件来从事某些项目,比如,带有让你感觉仿佛在人体中游弋的触觉反馈的精确三维医学诊断模拟,能够研究全球变化的世界性环境模型,以及能够制作建筑物大小的壁画的工具箱。

医学诊断模拟可以显示精确到肌肉细胞和神经突触水平的细节信息(Nuland,2000)。你能够看到每个细胞的活动,观察到遗传的发生过程,发现新的关系。环境模型能让你在一小时内尝试1000种备选的管理政策,并能方便地与同事及决策者进行交流。现代壁画制作器能够很容易地实现图像的再处理,直至头发上每一个飘摆的发卷都恰到好处,即使是在一座1000英尺的高楼外表作画。

新计算技术包括壁挂式显示器、掌上设备、小得像珠宝一样的医学传感器以及可以改变你的感知体验和思维方式的指尖计算机。当你能够看到入侵健康细胞的艾滋病病毒(HIV),或是一种能够治愈乳腺癌的基因药物时,你对世界的理解将会改变。当你刚将黑莓冰激凌送入口中品尝,你的微型传感器就告知你它的低胆固醇含量正适合你的节食计划时,你的健康状况将会大为改善。

新计算技术将使你沉浸在生动的投射式体验之中,或者它们会变得难以觉察,因为这些技术被安装在普通的装置中或被植入
皮肤里。移动性和无处不在性将被接受和期待。新计算技术使你 10
在获得每个人的允许后,坐在房间里就能够收集他们的姓名和电子邮箱地址,并将你的幻灯片复本或主页发送给他们。个体的独立工作与同事间远程合作之间的转换将变得天衣无缝。

当你计划一次旅行时,你可以根据记录着你对城市及自然场所偏好的旅行史以及新建的博物馆、风景公园或安静海滨景点的信息,综合考虑以选择旅游路线。你可以根据你所信任的人的评价来选择历史或自然景点,也可以与你雇用的当地导游交流丰富多彩的民俗或植物学知识。你的计划将为你创造出更加激情四

溢、难以忘怀的旅行体验。

当你旅行时,不管是在中途还是在遥远的终点,新计算技术让你能够随时记录下你的经历,与家人和同事分享。他们能够见你所见,听你所听,闻你所闻,感受你的喜悦。当你打开掌上数字向导,点击阿拉莫(ALAMO)纪念碑或苏伊士运河时,你将获得相关的历史、政治或地理概要。你还可以阅读以往参观者的评价,看到19世纪的照片或者为他人留下你的记录或感想。

当你把识别器(IdentiCam)指向一朵亮黄色的花朵时,它的名字和相关描述就会显示出来。当把识别器指向一条有着红白黑条纹的蛇时,你将得到“珊瑚蛇,有毒”的警告。你的旅行模板会自动记录保存你的旅程,并把你的照片与专业照片结合起来。回到家,你能够重新体验攀登乞力马扎罗峰(Mt. Kilimanjaro)的过程,或是回忆你与一个日本陶器场主人并肩工作的场景。

你将有更多可选择的方式来追随运动队、从事业余爱好或纵情于网络娱乐。你可以追踪在世界任何地方进行的决赛,而不仅限于当地球队;你也可以重温历史上的经典赛事,抑或模拟历史上任何队员间的比赛。家庭可以制作详细的多媒体历史记录,重新体验逼真的婚礼场景,或是再现先辈的重要生活事件。你不能在时间上返回过去,但你可以详细地了解你的祖先是谁以及他们是如何生活的。你可以通过设定只有你的家庭成员才能进入的开放
11 目录,与亲友分享这些多媒体历史记录。

除了信息交流功能之外,新计算技术将更加强调创新或电子更新(e-novation)。计算机是用于工作和进行制造的工具。它们充分符合文艺复兴时期关于“制造的人”(*homo faber*)的定义,即人类

是制造者(man the maker)。支持创新的新型计算技术软件能够提供任由你继续发展的优秀范例、顺利起步的学习模板和指导创造的有效过程。即使你只是一个新手,你也可以超越今天的专家。

由旧计算技术产生新计算技术

回顾过去通常有助于更好地展望未来。在计算机发展的早期,计算技术的倡导者们坐在主导技术设计方向的驾驶座上。他们主要为庞大的军事和工业工程项目服务。旧计算技术的奠基者克服众多技术限制完成了一个个令人震撼的项目,并随后转入为他们自己生产工具,但却一直很少考虑其他用户的需要。

1980年代,随着个人计算机的出现,认识到考虑用户各种需要的重要性的设计者们接过了掌控创新的方向盘。热情勇敢的创新者们已经为我们创造出了适合大多数用户的"热门产品":图形式用户界面(GUIs)、万维网、在线社区、即时通讯、信息可视化和电子商务。近年来,这种转变已加快步伐,未来的突破更可能出自把用户放在首位的设计师之手。

当然,我们仍然需要熟悉旧计算技术专业人员的出色工作,以创造出运算更快的处理器、更大的数据库和更可靠的网络,但我相信,未来的重大进步将会更多地源自那些紧跟新计算技术步调的思考者。他们更可能意识到能在合作体验、娱乐和审美方面赋予用户能力的各种工具所具有的广阔市场,并对此做出反应。 12

计算技术在改进用户体验方面已经取得了一定进展,但仍有太多的人发现计算机令人备感挫折。本书旨在提高你对信息交流技术的期待。它展现了许多与人类需要协调一致的、切实有用的技术前景。你需要与朋友交流、组织家庭旅行或寻找与个人健康有关的信息。你希望与专业同僚合作,参与地区性、国家性或国际性社团,找到你购买下一辆汽车的最佳商家。你应该能够以一种自由和自信的方式完成这些事情,甚至更多事情。你的注意力应集中在你的目标上,而不应该是你用来实现目标的技术上。

但是,太多的时候,旧计算技术使我们感到困惑和挫折。太多的时候,它们所用的术语无法理解,提供的在线帮助十分拙劣,出现的错误令人讨厌。太多的时候,网络的复杂性、应用程序层次的多重性以及软件的脆弱性导致了不合时宜的系统崩溃,令用户很不愉快。这些体验引发了人们对计算机的焦虑,对使用计算技术的抵触,以及对失去控制的恐惧。

新计算技术的开发者所面临的挑战是,了解作为用户的你想要什么,并帮助你实现它。随后,开发者们设计出相应的信息交流技术,使你能够在一种信任可靠的氛围中,快速优雅地达到目标。你应该可以信任你所咨询的信息来源、你所支付的账单和你被承诺的隐私。你应该可以为你的决策和与别人的交流承担责任。基本的系统可以为用户提供产生可靠感和安全感的基础,使你能够专注于你的工作和关系。在一些顶尖的研究中心和先进的公司里,正在发生着这种转变,但是它也确实遇到了抵触。为了鼓励新计算技术思想的传播,理解和明确几个基本的态度转变将会很有益处。

从旧计算技术到新计算技术的第一个转变是用户价值观的转变。旧计算技术的用户自豪地谈论计算机的存储量和运算速度,但新计算技术的用户则吹嘘他们发送了多少电子邮件，在线拍卖中了多少标，与多少个谈论组进行过交流。旧计算技术关注如何掌握技术；新计算技术关注如何支持人类关系。旧计算技术关心如何表达数据库的疑问命令；新计算技术关心如何参与知识社区。13
老师不再需要掌握整个学科，而是指导学习者发现知识。商人不再只是卖产品，而是与顾客建立关系。

向新计算技术的第二个转变是，从以机器为中心的自动化到以用户为中心的服务和工具的转移。新技术的目标是让你能够更好地完成工作，而不是由机器完成任务。能够代替医生的自动化医疗诊断程序，曾是一个研究热点，而现在已被人们淡化；然而，医生们期待着能快速获得详尽的医学测试结果和病历，同时，面向病人的在线医疗小组正在兴起。能够帮你打扫房间的机器人仍是有趣的幻想，但音乐下载和网络家庭相册正日趋繁荣。与计算机化的医疗专家进行的自然语言对话几乎已经绝迹，但能够让用户定制所需信息的搜索引擎正在蓬勃发展。下一代的计算机可以为你提供更强有力的工具，能够使你更富有创造力，并通过网络将你的成果广为传播。这种哥白尼式的转变把对用户的关注从外周转移到中心。用户的日常生活需要正逐渐成为关注的焦点。

随着技术开发者们逐渐认可这两个转变，他们会更容易理解新的目标。短期效益将出现在现有的优势应用领域，如电子学习、电子商务、电子保健和电子政务。而更为长远的创新将会在新的雇佣形式、互动娱乐、分散式政治组织和移情式（empathic）在线社区方面显现出来。

为了激发我们对新计算技术的想像，让我们进一步探究一位如达·芬奇这样的具有杰出创造性的历史人物可能会如何反思计算机。他会把人类放在中心位置，考虑如何应用技术来满足人类的需要吗？达·芬奇曾大胆地写道："工作必须起始于人的概念"(White，2000，166)，他将"欢笑、哭泣、争论、工作"定义为"人类的四种普遍状态"。他对情绪状态和活动的关注将使他成为一位优秀的用户体验设计者。

因此，若把达·芬奇作为激发灵感的缪斯女神，我们想知道，他的思想会如何影响我们的技术应用。达·芬奇将科学与艺术相融
14 合的整合思想会如何指导我们开发新技术、应用软件和进行设计？

这些问题或许能引导你去思考，一项真正有用的技术将如何重塑你的生活。它们引领我去分析，如何运用以用户为中心的观点来加速技术革新。这些问题将推动开发者超越旧有的思维方式，这种旧思维方式停滞于制造出令人惊奇的计算机的旧主题之上。如果他们以一种旨在为用户提供方便和力量的新的思维方式进行思考，他们将做得更好。关键问题不在于无线宽带是否能无处不在，而在于它将如何改变你的生活。生活选择是第一位的，技术开发是第二位的。持久的价值应该主导技术的革新。

关于本书

为了达到促进人类价值的目标，我们需要建构能够支持人类需要和渴望的坚实基础。这些支持性技术的基础始于用普通的工具，如字处理器、电子邮箱和网页，进行更好的设计，以产生更佳的用户体验。现有的设计通常因为太难而不能被使用。当用户的计

算机死机时，当他们不能打开电子邮件附件时，或是当他们因不小心而丢失最后的工作时，用户会感到焦虑和沮丧。更快的处理器和更高带宽(bandwidth)的网络并不能挽救这个时代——有太多的设计在任何带宽下都不能使用(见第二章)。因此，通向新计算技术的第一步将通过对用户界面和基础设施质量的不满而推动更好的设计。公众的呐喊会给产业的领导者和设计者施加压力，驱使他们改进应用软件(如字处理器)的设计，提高操作系统和网络所提供的支持环境的可靠性。一旦减少了让人困惑的对话框、令人沮丧的系统崩溃和不兼容的数据格式，这些转变将会提高学习和工作成绩。

通向新计算技术的第二步是包容性，即我所说的“普遍可用性”(universal usability)，也即让所有公民都可以应用信息交流技术来支持他们的工作(见第三章)。这个目标呼唤那些能为用户提供支持的设计，无论用户使用的计算机的新旧、网络连接的快慢和屏幕的大小。它应该能够满足任何可能的参与者，既包括年轻人和老年人、新手和专家、健全者和残疾人，又包括那些渴求知识的、希望克服不安全感的和应对各种局限性的人们。应对数字鸿沟(digital divide)的挑战是一项艰巨的工作，但是我们已经认识到，多样性将会推动质量的提高。对多样性的包容鞭策设计者为用户提 15
供更高品质的产品。

如果实现了普遍可用性的目标，那么更多的人将从技术中获益。但是普遍可用性还只是一个梦想、愿望和希望。设计者、管理者和教师所面临的三个挑战分别是：为大范围的技术提供支持，适应不同用户的需要，以及帮助用户在“已知”和“需知”间搭建桥梁。

第三步是,在产品开发过程中形成足够的公众压力以得到满意的设计和普遍可用性。善意的产品管理者或软件工程师往往会忽视人的因素和可用性专家的建议。这些管理者忽视适宜的评估过程,而是选用易于实现的设计。评估过程包括使用真实任务和用户的可用性测试以及随后的旨在优化产品的全程监控。设计的选择强调可理解、可预测和可控制的界面(见第四章)。

有了适当的基础,我们就可以转而思考未来,以及我们希望从下一代技术产品中获得什么。通过鼓励更深入地理解人类的活动和关系,达·芬奇的灵感可以推动新计算技术发展。第五章为我们提供了一个新的思考创新的框架。它提出的活动与关系表格,可能会有助于用户思索如何应用现有的信息交流技术,也可能会对创造发明新产品和服务的设计者有用。表格的纵轴表示活动,如收集信息、与他人交流、创造新事物和与他人分享新事物;表格的横轴表示关系,从亲密的朋友和家人,到同事和邻居,再到范围更广的社区里的公民和市场。

达·芬奇的格言"工作必须起始于人的概念",将会把我们推向以用户为中心、把技术置于外围的设计过程。受达·芬奇对学习的兴趣、对商业的热衷、对医学的痴迷和对社会效益的关心所鼓舞,我为近期的创新选择了四个可能的方向。对于每个充满希望的愿
16 景,在我极具煽动色彩的问题中都蕴含着许多挑战:

> 随着大学和公司对面对面课堂授课的需要变得越来越迫切,且通过远程和网络教育使其对象不断扩展,协同教育和在线课程将会被广泛使用(见第六章)。学生如何为自

己的教育承担更大的责任？教师为什么不必对学生的成绩和创造力抱以更高期望？为何并非每个学生都能得“A”？

> 随着电子商务的出现，商业领域已经发生了翻天覆地的变化(见第七章)。客户关系管理和个性化营销预示着商家和顾客都有新的机会。电子商务、电子服务和电子娱乐中的在线价目表、客户服务、购买界面和电子投诉都将快速发展。为什么你做不成你想做的生意呢？

> 与学生日益增加的责任一致，新医学中病人的责任也日渐提高，这种新医学有时也被称为电子保健(见第八章)。那些寻求特殊治疗或参与临床实验的病人消息十分灵通，这正在对医生和保健提供者的主导地位产生冲击。随着病人、护士、医生和健康管理组织逐步迈向电子化，双向的远程诊断和保健信息资源将急剧发展。为何有着充分私人保密性的先进网络技术不能让你在任何一个急诊室里拿到你的病历呢？为什么你的医生不能为你设计一个专用的治疗计划？为何你曾经患病？

> 更具影响力的公众兴趣团体、更活跃的政治讨论团队和更开放的与政府官员的沟通途径是新政治的明显特征。对电子政务的快速推动将使人们搜索大型政府数字图书馆、影响立法和申请灾难救济金变得更加容易(见第九章)。政治议政可以推动先进设计的出现，这些设计能够为数百万公民间的理性对话提供支持，同时将分歧减至最小。公民如何能让政府对他们的需要更加敏感，同时

> 防止政府人员膨胀或制定不必要的法令？如何让当局听
> 17 到公众的心声？你为何从政府那儿得不到你想要的东西？

电子学习、电子商务、电子保健和电子政务这四种应用主要关注基础领域，但是许多其他领域的应用也同样重要。我们可以在电子娱乐、电子旅游、电子审判和电子万物（e-everything）领域走得更远，我希望读者能够以此类推。

新计算技术的一个远大目标是，为你在任何领域的创造性工作提供支持：科学和艺术、作曲和演奏、工作和娱乐。计算机永远不会有顿悟的时刻；只有人能够体会到这种喜悦。然而，计算机可以帮助你了解前人的工作，与同伴和导师磋商，快速生成和考察解决方案，在本领域内传播成果（见第十章）。它们能帮助更多人在更多时候更富创造性。

创造力具有强大的推动力，因为它会带来巨大的满足感和回报。解决问题的奋争过程会令人失望沮丧，但成功后的狂喜通常与奋斗的强度成正比。对一些人而言，创造的欲望非常强烈，若不能进行创造，生命将毫无意义。一句古老的希腊格言以一种积极的方式揭示了这种强有力联系："艺术即生命，生命即艺术。"

芝加哥大学的心理学家米哈里·奇克森特米哈伊（Mihaly Csikszentmihalyi）（1996）运用"心流"（flow）的概念来描述人们在应对适当挑战时的迷人体验：当你全神贯注时，整个世界都消失了，时间变得无关紧要，你的所有技能都用来写歌、做诗或打篮球。这真是让人热血沸腾呀！

创造力支持工具能够使新手达到专家的水平，让专家更加满怀雄心地进行创新。它们增加了画家勾勒出大胆的想法，音乐家创作出新的交响乐，诗人、剧作家和新闻记者写出脍炙人口的作品的可能性。创造力工具能够使科学家、工程师、建筑师、医生和律师们分析得更加深入，设计得更加精湛，成果传播得更为广阔。作为一名教师、学生、管理者或售货员，它们使得你在工作时能够有更大的自由来进行思考、整合和创作。创造力工具能够支持探索、发现、创新和发明，甚至更多。按电影《星际旅行》（*Star Trek*）中的话来说，许多人的目标是"勇敢地涉足那些无人去过的地方"。

如此大胆而宽泛的期待是难以满足的，因此我在本书中提出的愿景将是一个持久的挑战。值得庆幸的是，现有的软件提供了一个好的基础供我们去扩建。当然，目前的软件还存在许多需要解决的问题，改变起来还有困难。我将尽力展示各种可能性，并为新一代的用户体验提供一个框架。这个框架给你提供一些观念，18
通过这些观念你可以用现有的工具来组织你的工作。我希望能够说服你参与到推动开发者提供必要的技术改进的活动中来。

本书以有助于我们实现更宏伟目标的问题和建议收笔。技术能被设计得用于支持创造和平、解决冲突或减少暴力吗？计算机能够支持我们思考和行动吗？计算机能够支持我们认识自我和进行社会比较吗？

怀疑者的观点

先进的技术有支持积极贡献的潜力，但它们也能助长人性的阴暗面。信息交流技术已被用来传播仇恨和种族主义信息。它们能够使用户散播谎言，鼓励偏见。它们能够使孩子疏远家庭，破坏隐私和传播色情。

设计拙劣的信息交流技术会导致失败、困惑、愤怒和充满敌意的社会交流。技术缺陷已经造成了医疗护理中的致命事故、航班延误和数据与服务的破坏性丢失。互联网有许多好处，但是它也使计算机病毒通过脆弱的网络和警告我们"出现损失所有数据的错误硬盘驱动"的出错报告得以传播。

这些不愉快的现实并不一定永远是技术体验的一部分。用户团体曾通过给工业界施压，促使其创造出更安全的汽车和与环境更友好的工厂；同样，用户也可以给信息交流技术的生产者、开发者和提供者施压，敦促他们为我们创造出更好的环境。怀疑者并不相信技术的进程是可以改变的。他们认为竞争的市场压力和恶意团体的势力是不可阻挡的。更为消极的批评者担心事情会变得更糟。他们担心社会将会按着种族的界限而分裂，数字化分割将与经济差距相互交织，选择的自由将会降低。

如果没有由达·芬奇式的、将以人为中心的设计与美学及工程学相融合的思想所激发的价值观层面的根本性改变，未来的信息
19 交流技术很可能会导致学科间更深的隔阂，并扩大不同团体间的分歧。如果没有达·芬奇这样的能够激发灵感的缪斯女神，拙劣的设计将会增加用户的挫折感，侵蚀情感联系和破坏移情的体验。如果没有达·芬奇"对下层社会的精神关怀"(Frere，1995，9)，计算机可能会成为仅限于训练有素的专家和极小的精英群体的工具。如果没有达·芬奇清晰的思路，计算机将会成为令用户感到困惑的、无法预测的复杂工具。一些用户将因为能够掌握其复杂性并

克服障碍而获益，但大多数用户在探寻选择或追寻梦想的过程中几乎没有体验到控制感和灵活性。随着技术复杂性的逐步提高，用户的权利将会慢慢消失。随着不可预测性的激增，用户的责任感将会逐渐衰退。用户可能会成为机器的牺牲品。

如果我们更加关注新计算技术的缪斯女神，就可能避免出现这些黑暗情景。达·芬奇将有助于技术的清晰、简明和美观。达·芬奇将科学和艺术相整合的精神激发我们，以融合先进技术和人类需要的方式来发展新技术。因为可以容纳多种工作风格，新计算技术能够支持创造性工作。新计算技术可以促进不同文化背景的用户参与其中，而他们互补的知识和技能能够为产生更富创造性的解决方法做出贡献。我并不能保证每个用户都能成为达·芬奇，但对于那些希望能更富创造性，并创建一个更美好世界的人们来说，技术能够成为一个极为有用的工具。

怀疑者可能会争辩，改变技术开发者从旧计算技术到新计算技术的主导价值观是不可能的。改变价值观确实很不容易，但近几年的诸多证据表明，以用户为中心的设计正在成为一种主导策略。[3] 另一个挑战是，提出提高品质并将其称为新计算技术的高尚思想是相对容易的，而通过软件使之成为现实则困难得多。这是事实。但我并没有低估这种挑战，也没有轻视软件专家的良好意愿。不过，太多的时候，提高品质的目标几乎未受到关注。

最后，即使这些工具奇妙而有用，但在许多情况下，低技术性或无技术可能会是更为明智的选择。漫步于森林、怀抱着婴儿和与朋友闲聊，其有益于身心健康的价值应该永远得到尊重。自然的环境、独自的沉思和亲密的爱抚也是人类的重要需要。

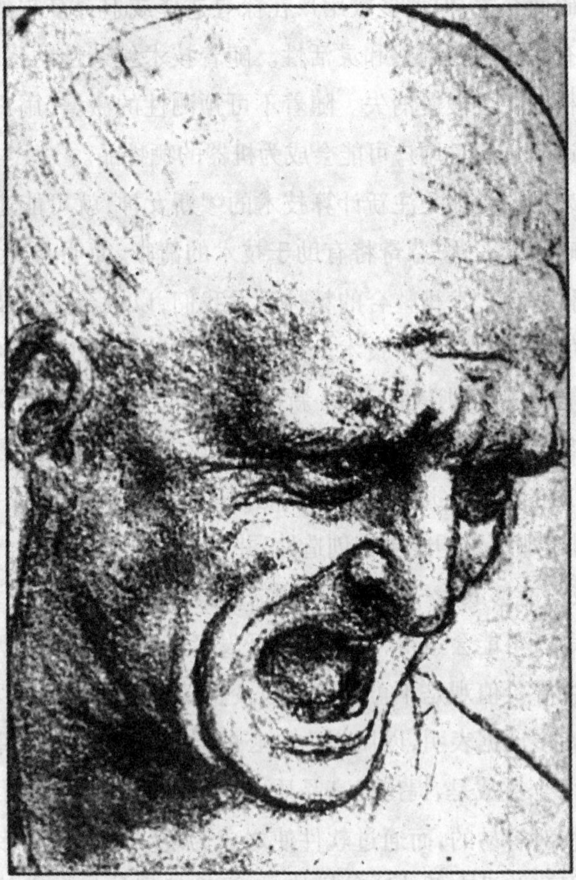

对一个正在呼喊着的男人的头部研究，选自《安吉里之战》（Battle of Anghiari）。选自无需版权授权的《列昂纳多·达·芬奇精选集》，行星艺术出版社。

第二章　任何带宽下的不可用性 21

一个紫红色的手机可能是迷人的。 22

但是一个不需要说明书的手机——如今被认为是美好的事物。

——卡特里娜·高尔韦(Katrina Galway)写给《时代杂志》(*Time Magazine*)主编的信,2000 年 7 月 24 日

提升公众意识

1965 年消费者代言人拉尔夫·纳德(Ralph Nader)以他的《任何速度下都不安全:美国汽车设计上的危险性》(*Unsafe at Any Speed: The Designed-in Danger of the American Automobile*)一书,引发了公众对汽车工业的普遍担忧。他揭露了小型轿车如美国雪佛兰的考威尔汽车(Chevrolet Corvair)在设计上的失误,而这些糟糕的安全记录曾被汽车制造商所隐瞒。他写道:“我不断地遇到这样一些人,他们了解制造者的忽视、漠不关心、不合理隐瞒的细节以及在设计更安全的汽车时对工程创新的压制,但他们非常不情愿,甚至惧怕向公众大声地说出真相。”令纳德感到震惊的是,即使在知识渊博的专家中也存在着对大声说出致命性问题的抵触。

与此类似，环保行动主义者雷切尔·卡森(Rachel Carson)的《寂静的春天》(*Silent Spring*)(1962)一书引发了社会对杀虫剂和农药导致的环境污染问题的广泛关注。她的努力提高了人们的环保意识，有助于唤起全球范围的生态意识。亚马逊网站上的一篇评论把该书描绘成“对管理机构和家庭医生共有的贪欲、傲慢自大及不负责任的真实写照”。卡森也曾为人们不愿意大声说出对健康的严重威胁而感到困扰。

用户界面设计拙劣的软件有时会像汽车设计中的失误和污染物一样，产生致命性或恶性后果。软件界一个很著名的例子就是一个被称为“Therac-25”的软件，它包括一套计算机控制的、用于癌症患者的放射性治疗装置。这一高科技工程奇迹的设计初衷是治疗病患，然而它却因发射致命剂量的放射线而导致许多人死亡，因此它被描述成“医疗加速器 35 年历史中最严重的系列放射性事故”(Leveson & Turner，1993)。

拥有拙劣界面的复杂软件造成了许多悲剧性事故。设计上的失误致使乔治亚州一位 61 岁的妇女遭受了严重超标的放射线，可能是正常医疗水平的 100 倍。她说有一股“巨大的热浪……一种炽热的感觉”，并告诉技术员，“你把我烧伤了。”但是她并没有博得技术员的同情，技术员告诉她，机器是不可能把她烧伤的。当时并没有出现即刻的烧伤迹象，但是她感到脖子附近的治疗部位“摸上去很热”。她很快注意到皮肤慢慢变红并长出水泡，最后她的背部也出现了烧伤迹象，并蔓延到全身。她的放射线灼伤逐步加重，她
23 不得不通过外科手术割掉乳房，遭受了巨大的痛苦，但是却没有人确信 Therac-25 或其设计者应受到谴责。

即使在华盛顿州已经出现了两例更为严重的放射线灼伤事件,癌症中心仍在继续使用 Therac-25。一名男性患者在他的第 9 次治疗时,突然感觉到了电击般的一击,使他当即从治疗桌上跳了起来。随后,他的脖子和肩膀都开始隐隐作痛,他觉得恶心并伴有呕吐现象,左臂及双腿出现瘫痪症状,5 个月后便离开了人世。这一次还是没有人能够相信 Therac-25 存在设计上的缺陷;尤其是因为设备使用过程中的软件记录并没有显示出这样的问题。所以,在对装置进行了某些调查研究之后,它再一次被获准使用。尽管训练手册不完备,给操作者的反馈不充分,而且经常出现含糊的出错信息(如"故障 54"),但每个人都认为高科技就是这样的。不久之后,得克萨斯州又有一位病人遭受到致命的超标剂量之害。

美国食品和药物管理局(FDA)开始积极介入其中,并制定了一些规定。然而,还是华盛顿州,不久又有一名使用 Therac-25 的病人感觉到奇怪的因剂量超标而引起的灼伤感。最终,FDA 做出了停止使用所有 Therac-25 的规定,并进行了一次大范围的调查。一家对这起可怕事件进行报道的专业杂志提出了如下建议:

> 文件材料不应是事后追悔性的。

> 应该确立软件质量担保惯例和标准。

> 应该简化设计。

> 从软件设计之初就应该包括对获得出错信息的方式的设计。

> 应该对软件进行更详尽的测试。

这些建议看起来是显而易见的，但是设计者们的自信往往超越了他们对安全性的关注。彼得·诺伊曼(Peter Neumann)对令人沮丧的计算机失误、致命性的缺陷或代价高昂的死机所做的档案记录是值得注意的，它可能会促进在设计新技术时更恰当的谨慎小心和更大的努力。[1] 一些故事是相当悲惨的，例如，1988 年在波斯湾(Persian Gulf)上空，伊朗的 655 航班民用飞机被击毁，导致
24 290 人死亡。航空防御系统拙劣的用户界面设计导致操作者相信这架大型客机是一架轰炸机，致使美国“文森斯”(Vincennes)军舰的指挥员错误地发出了悲剧性的导弹发射命令。[2] 诺伊曼对上千起事故的记录应该是每个技术专家的必读之物——它令人胆战心惊。

不可用的界面

随着信息交流技术成为日常生活中一个很重要的部分，有许多严重的危险应该引起我们足够的注意。迈向新技术的第一步是提升公众意识，以及由此产生的能够显著地改善用户使用信息与计算技术体验的实际行动。

对于与生命息息相关的应用软件，如医药、军事、交通和能源系统，显然需要精心地设计、全面彻底地检测及持续不断地进行监控。即使是那些不会危及生命的系统，失误也是代价高昂、极为浪费、令人恐怖且令人沮丧的。太多的时候，计算机软件中会出现混乱的屏幕布局、令人迷惑的术语和难以理解的指令，令人无法应对。我们都曾见过这样一些网页：奇异的色彩给人误导，分散注意

力的动画令人迷惑不解，闪动的广告使人难以全神贯注。更让人不安的是那些你为找到隐藏特征而不得不遵循的复杂的导航路径，以及在网络交流中令人恼怒的死机故障。用户经常会受困于一个要求做是/否选择的莫名其妙的对话框，以及漫长地等待网页出现。

但是用户的烦恼不止于此。获得如下出错报告的用户更会备感挫折。

> 该程序执行了一个非法操作，将被终止。
>
> 如果仍存在问题，请与软件提供商联系。
>
> KERNEL32 在模块的 USER.EXE 的 0003:000035f6 上导致了一个一般的保护性错误
>
> 寄存器(registers)：
>
> EAX = 00000010 CS = 1757 EIP = 000035f6 EFLGS = 00000202
>
> EBX = 013f000b SS = 1cf7 ESP = 00008f6a EBP = 00008f80
>
> ECX = 00020204 DS = 165f ESI = 81800000 FS = 0167 25
>
> EDX = 0001ffed ES = 0000 EDI = 81700000 GS = 0000
>
> 在 CS:EIP 上的字节
>
> 26 08 01 80 4c 0c 01 e9 c1 fb 83 7e f8 00 75 21
>
> 寄存器转储(Stack dump)：
>
> 15bf1667 e0d88180 00000001 00010000 000260a4 8faa5c80 01d71346
>
> 00bf05cd 80011596 01015c5c 165f03de 176707c2 013f6948

00000000

极具讽刺意味的是，就在我写作本章的时候，文字处理器出现故障，显示出如下的信息：

WinWord.exe 应用程序错误
“0x30a91745”的命令需引用内存“0x00000407”
该内存不能被读取
点击“是”终止应用程序
点击“取消”排除应用程序的错误

这使我别无选择，只得关机重启，再花上一个小时去弥补丢失的工作。[3]

虽然奇闻轶事众多，并且用户的挫折感也非常广泛，但有关问题严重性的文件资料却少得令人担忧。航空旅客开始期待关于哪条航线或哪个机场延误最多的定期报道，而且看起来这些报道确实可以影响改善服务的努力。同样，对医院医疗记录、邮局投递延误和汽车安全性能的报道是各种晚报的共同主题。这些报告可以非常详尽，甚至详细到哪种手术哪家医院做得最好，或者汽车后部的缓冲器在低速、中速或高速碰撞中的作用如何。

一次罕见的对 6000 名计算机用户的调查中，加州支持的 SBT 协会发现，用户平均每周在尝试使用计算机上要浪费 5.1 个小时。根据这一调查，用户在计算机前浪费的时间比在高速公路上的还要多。然而我们不知道来自哪家生产商的哪个应用软件问题最大,也不知道何种问题最为普遍。调查是一个好的开端,但是观察用户或记录使用过程将提供更准确的结果。这样,消费者就能够选择更好的产品,公司也将获得用来改进设计的更有用的反馈。 26

一些小型研究也可以提供信息。在一项针对匹兹堡地区 48 个家庭的经费充裕但却颇具争议的家庭网络(HomeNet)研究中,133 名参与者接受了计算机、免费的网络连接、培训和问题解决帮助(Kraut 等,1996)。即使在这种最佳的条件下,主要的局限也是用户使用服务时所遭遇的困难。研究者写道,“即使最易使用的计算机和应用软件对在线服务的使用也会产生阻碍……即使拥有帮助和我们简化过的程序,家庭网络研究的参与者仍然会遇到网络连接问题。”

科罗拉多州大学的心理学家汤姆·兰多尔(Tom Landauer,1995)在他为“以用户为中心的设计”进行的著名辩论中描绘了“计算机带来的烦恼”。借助于那些有关设计中付出的努力在降低生命周期费用方面会得到多少回报的个案研究,他突出强调了拙劣的用户界面设计的经济后果。来自 IBM 的报告同样声称,由于可以削减培训、维修、生产和修改方面的费用,可用性测试的回报率是 100:1(Karat,1994)。有关可用性的商业案例已不仅得以重复,而且卓有成效。

麻省理工学院的两位研究者,克里斯托弗·弗赖伊(Christopher Fry)和亨利·利泊曼(Henry Lieberman)(1995),对汽车的安全性与计算机的可用性之间的类比进行了诠释:“目前大多数的编程环境就像老考威尔车一样;当出现错误时,编程者所能做的只是盯着出错报告后燃烧的残骸,有可能还有存储器清除。每次程序崩溃都如同汽车出了故障，而除了买一辆新车或重新启动外，不能从中吸取任何经验教训。”

它们粗糙的特点可以反映出许多旧计算技术的用户、编程者和消费者所面临的种种挫折。然而，新的计算技术却能够产生更好用、更可靠的计算机软件以及明显地改善用户体验的用户界面。

着手于新的计算技术

那么我们应该如何来促进新计算技术的发展呢？不存在可以使易于学习、能快速完成一般任务、且低错误率的低成本设备得到广泛使用的神奇子弹。需要的主要转变不是技术上的重大突破。最重要的突破是你转向期待并愿意主动要求更高的品质。来自消
27 费者的压力将会促使公司创作出更可靠、更易学和更可用的被改进了的设计。已被改进的测试将会消除更多的问题，质量控制将成为一种理念。当软件运行时，它将更可能可靠地进行工作。

强调高品质可能正是达·芬奇愿意做的。他非常注意《最后的晚餐》的细节，确保所有的光线角度都很合适，身着的服饰看起来符合实际，每张脸都表现出恰当的情绪。达·芬奇对质量的追求在他的《蒙娜丽莎》和《吉涅布拉·本奇》中也得到了很好的体现。他运用多种绘画技巧以使模糊的背景能够提供一种明显的深度感，并且知道哪些地方应该特别注意细节，比如分别描绘每一缕头发。他也理解数学上的完美性，正如在他的《维特鲁威人》(《*Vitruvian Man*》,图 2.1)所体现的；该画融入了许多数学比例关系，建筑师维特鲁威(Vitruvius)曾对这些比例关系进行了阐述。[4] 画家式的精确

与数学式的完美应该成为现代软件工程和界面设计的优点。我们已经拥有了因完美的设计和可靠的程序而备受赞赏的现代达·芬奇式软件吗？我们应如何鼓励、承认和奖励这样的天才呢？谁的训练工作室可能制作出达·芬奇式的软件呢？

当然，一幅画与一个软件产品间存在着诸多差异。开发一个完美的软件系统的现代目标是一项巨大的挑战，它需要数百人的通力合作。这不是一项容易的工作，那些投身于顶尖软件公司的设计者和工程师应该受到尊重。但消费者同样也应该得到尊重。消费者不应该接受现有的问题水平，他们为获得他们的所需而施加的压力能够促使企业管理者提供更多的资源，以确保更高的品质。

计算机用户发起的运动也可以对独立的消费者组织或政府机构产生影响，敦促它们进行更彻底的产品评估和用户体验测试。如果发现问题，汽车制造商必须向他们的消费者报告问题，并提供维修或“召回”服务，即使是在交货许多年以后。独立的测试组织、保险公司及政府机构对汽车进行撞击测试以检测安全要求，如翻滚抵抗力测试。软件提供商将会受到呼吁关于报告使用问题、保修或损失赔偿的公众呼声所施加的压力，正如汽车厂商所承受的
一样。 28

有一个想法是，可以鼓励软件提供商为报告软件错误提供一美元的奖励，或为报告无法理解的对话框提供一角钱的奖励。这可以通过电子邮件或为未来购买软件提供积分来实现(图 2.2)。

当然，这些建议存在着问题，但它对新的思维方式具有激励作用。用户超过一次报告同一个问题将不会获得积分，用户获得重

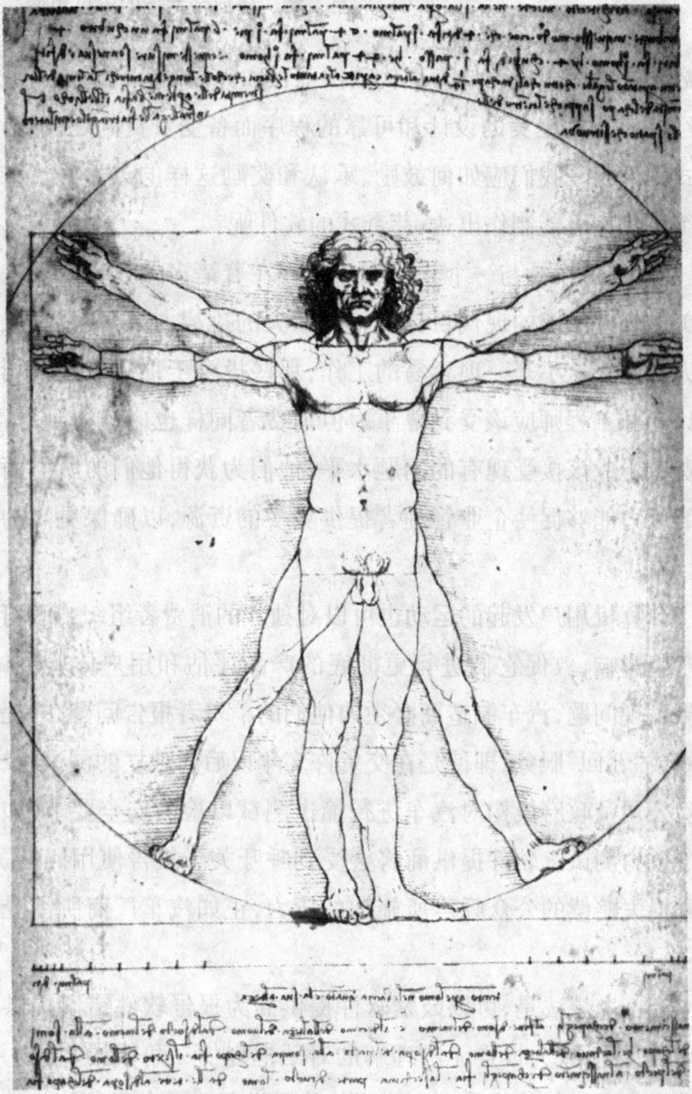

图 2.1　达·芬奇的《维特鲁威人》(人体的完美比例)。选自无需授权的《列昂纳多·达·芬奇精选集》,行星艺术出版社。

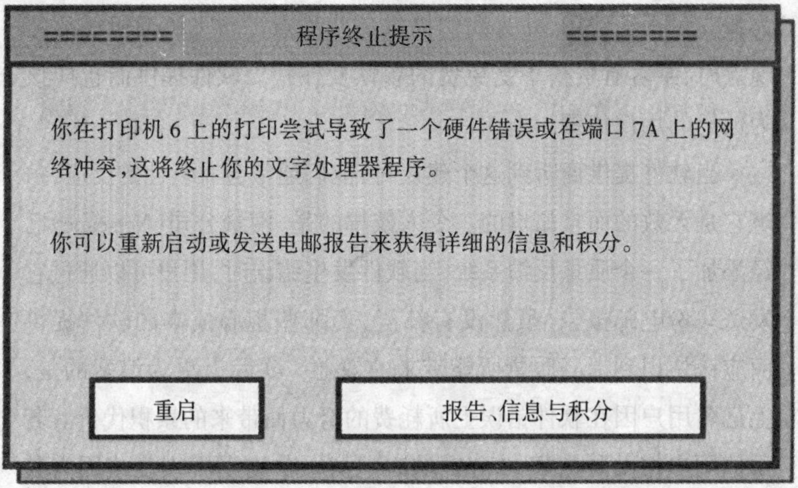
程序终止提示
你在打印机 6 上的打印尝试导致了一个硬件错误或在端口 7A 上的网络冲突,这将终止你的文字处理器程序。
你可以重新启动或发送电邮报告来获得详细的信息和积分。
重启
报告、信息与积分

图 2.2　一个假想的为用户提供报告产品错误和为未来购买赢得积分这种机会的对话框。

复积分的模式将必须终止,但基本思想是能够对消费者遇到的问题提供全面彻底的报告。当出现错误时,它也反映了一种公平游戏的观念。当服务员把番茄汤洒到我的裤腿上时,他要向我道歉,为我支付干洗费用,并为我们提供免费甜点。当飞机因机械故障晚点时,乘客有资格享受免费的餐饮及住宿。软件提供商也应该为他们的用户负责。

当软件提供商听到这个建议时,他们通常会有负性的反应,争辩它是无效的而且昂贵的。令人鼓舞的是,网景公司(Netscape)已经添加了一个质量反馈系统,当软件发生错误时,用户可以通过它发送一份电邮报告(虽然没有补偿)。[5] 那些担心成本的软件提供商应该认识到提高质量所能带来的效益。实际上更为浪费的是,上亿名用户因在软件错误上所耗费的努力而带来的累积代价。若每位用户每天要花费 10 分钟的时间从一个错误中恢复或因为其他的失败而做额外的工作,那每周就需要一个小时,每年将浪费一周的时间。这已经比 SBT 调查的 5.1 小时少了许多,但是如果我们把计算机用户每周的薪水(包括日常费用)估计为 500 美元,而在北美就有 10 亿用户,每年就会有 500 亿美元的损失。即使实际的代价仅为这个数字的一半,其对经济的阻碍也是巨大的,而且如果我们算上全球的用户,这个数字会进一步增加。

软件供应商有时会辩解说,软件是非常复杂的,不可避免地会存在一些问题,所以不可能奢望供应商做到尽善尽美。这种观点在 20 年前或许可以被接受,但随着软件技术日臻成熟,难道作为用户的我们不应该期待普通工具包的核心功能是有保证且可靠的吗?不幸的是,许多软件提供者正背道而驰,寻求逃避消费者投诉

以及通过软件许可协议来摆脱甚至最基本的消费者保护。消费者 31
应该认识到有必要增强自己反对某些提案的权利,这些提案允许软件供应商逃避对损失的责任,任意改变许可证条款,排斥负性意见以及当他们认为你违反许可协议时可以侵入你的文件从而卸载你的软件。

正如在汽车和环保领域中一样,提高消费者的反抗意识似乎是很困难的,但却非常必要。为用户界面的质量拍案而起的时候到了。当产品发生故障时,向软件提供商投诉、游说政府代表提供消费者保护及敦促企业领导者提供更强有力的担保的时候到了。这种努力在汽车安全性、烟草控制和环境意识方面已经产生了积极的成效。我们如何能够让著名的立法者、受人尊敬的记者或消费者活动家向前更进一步呢?

另一个有用的措施是对那些已经做出很好工作的人们提供奖励和荣誉。质量奖曾出现在许多领域,同样也应在信息交流技术领域得到提倡。此方向上一个好的开端是为优秀网站设立的网站奖(Webby)。[6] 该奖覆盖了内容、结构与导航、视觉设计、功能性、交互性及整体体验。每年的网站奖颁奖典礼都会对网络设计进行一些精彩而有深度的分析。但是,是否可以设立学习轻松度、指令清晰性、在线帮助、错误预防和错误报告方面的奖项呢?为什么还没有为最佳消费者支持服务颁发的奖项呢?

当然,要使新计算技术成为可用性的黄金时代,还需要许多其他措施。行业集团需要得到鼓励,从而能够自愿地开发保证、测量、确保可用性和高品质的策略。独立的消费者机构能够为评估和认可产品做出更多的贡献。一些政府部门,如联邦商务委员会和联邦交流委员，已经在网站保密性政策、儿童色情暴力和数字鸿沟持续性的研究上卓有成效。

教育的一个根本变化应是培训教师，以使他们能够掌握充足的计算技术知识来使用且传授相应知识。这样的项目与一个设定了计算机使用(尤其是初中和高中学生的计算机使用)的目标技术
32 水平的计划一起，将会产生很好的效果。

政府已扩大了对大学在人机交互领域的研究和教育上的支持，这将使准确地收集有关问题严重性的数据、培养新一代用户及支持需要改进的试验性项目成为可能。每一个改变都将有助于改变公众态度，并鼓励企业对用户及其问题给予更多的关注。

怀疑者的观点

怀疑者会说，你不能改变企业领导者和技术开发者的做事方式。这种消极态度可能是一种自我满足，且常常会被一些人用来逃避改变。我们需要积极的措施，因为存在着许多阻碍旧计算技术向新计算技术转变的强大力量，例如，下面所列出的(经允许摘自 Mehlenbacher，1999)：

> 认为可用性是“软”问题或认为用户很“愚笨”的工程师。

> 相信我们很快将拥有一个自动化的界面设计程序的系统设计者。

> 当出厂产品马上就要装载时才草草编撰产品出厂证书的可用性“专家”。

- 从未与切实使用他们产品的人会面或交谈的设计者。
- 坚持认为他们的软件开发者已经注意了可用性问题的管理者。
- 认为大多数的用户都不会事先就知道什么适合他们自己的商人。
- 继续与生产不可用产品的厂家做买卖的消费者。

然而，拉尔夫·纳德指出，汽车工业、政府部门和公众将会逐渐具有安全意识。同样，雷切尔·卡森把环境意识提升到一个很高的政治水平，以至于每位候选人都必须有一个环境政策，以回应公众对污染、森林破坏或有毒废品的关注。 33

愤世嫉俗者还认为，可用性是一个好的理念，但在运用以用户为中心的思想之前，基本技术的完善是必需的。把技术放在首位无疑是旧计算技术的特点，但新计算技术在市场上的成功可能会改变设计者的工作方式。另一名愤世嫉俗者指出，以技术为中心的解决方式为以用户为中心的意图铺平了道路。许多可用性专家的体会是，他们曾被邀请参与一些项目，但他们的建议却往往被忽视。但当产品出现失误时，他们却遭到指责，因而经受了双重挫折。

这些不愉快的场景是向新技术转变的早期阶段的一部分。随着时间的推移，可用性实践和人机交互的研究正在兴起。可用性的英雄或人机交互的权威正在变得日益重要，并且人数也在不断增多。正如美国在线等公司所强调的，他们的界面是“如此易于使用，是当之无愧的第一”。他们认识到了可用性的中心地位，并且为使更广范围的用户可以使用他们的服务做出了大量努力。

一位老人和一位年轻人彼此面对。选自无需版权授权的《列昂纳多·达·芬奇精选集》,行星艺术出版社。

第三章　寻求普遍可用性

我感到……一种强烈的愿望，希望能够看到知识在人类中传播，它甚至可以……延伸到社会阶层的两端：乞丐和国王。

——托马斯·杰斐逊，给美国哲学协会的回信，1808 36

界定普遍可用性

通向新技术的重要一步是宣传实现信息交流服务的普遍可用性这一极具吸引力的目标。满腔热情的网络革新者、商业领导者和政府的政策制定者都看到了技术的普遍使用所能带来的机会与利益。但即使他们通过一定的经济节约措施成功地降低了成本，新计算技术的专家仍有许多工作要做。他们将不得不应对这个棘手的问题：如何能够实现信息交流技术的普遍可用性？

为经常使用的用户进行设计已经足够困难了，而要为广泛的不熟练用户进行设计更是一项巨大的挑战。当邮件列表（listserv）从 100 位软件工程师增加到 10 万位学校老师再到 1 亿位登记的投票者，这种数量上的成比例增加将需要灵感和汗水。

信息交流技术的用户在推动获取其所想所需上也扮演了关键

角色。以消费者为导向的压力将促进为实现新计算技术的可用性和有用性而付出的努力。一些旧技术,如邮政服务、电话和电视都得到了普及,但是对于许多人来说计算技术仍然太难使用。低成本的软件、硬件和网络将会使许多用户受益,但界面和信息设计方面的提高对于取得更高水平的成功而言十分必要。

我们可以将普遍可用性定义为超过 90% 的家庭一周内至少一次成功地使用信息交流技术。一项针对 2000 个美国家庭进行的调查显示,51%的家庭拥有计算机,42%的家庭使用了基于网络的电子邮件或其他服务(NTIA,2000),但在较为贫穷、教育水平较低的地区,这个比例会降低。马里奥·莫林奥(Mario Morino)在推动低收入社区的技术获得及社会发展方面的领导才能为我们提供了一个基于 10 个前提的可实现的愿景。他的报告——《从获得到成果:提高低收入社区技术革新的灵感》(2001),鼓励通过值得信赖的社区领导来建立拥有居民能负担得起的住房、健康门诊、公共交通及其他服务的社区。他认识到电子邮件的催化作用、技术训练
37 的重要性和改进软件设计的价值。

国际上,应对普遍可用性挑战的任务依然艰巨。互联网在世界其他国家的普及率远低于美国。许多欧洲国家的互联网使用率已达 50%,然而在南美,使用率最高的国家是巴西,也仅有 3%。许多非洲和亚洲国家只有一个互联网服务器,使用率低于 1%。[1]联合国开发计划署(the United Nations Development Programme)和联合国信息技术服务(the United Nations Information Technology Service)正尽力在国际水平上将信息技术应用到社区建设中。[2]他们协调不同团体间的活动,比如致力于发展信息社区中心的英国合伙在

线(British Parnerships Online),在贝宁、马里、几内亚和其他一些发展中国家积极推动适当的通讯、农业和制造技术发展的技术协助志愿者组织(Volunteers in Technical Assistance, VITA)。对于许多国家来说,成本是主要问题,但是硬件的限制、面临的困难和可用性的缺乏也阻碍了另一些国家的发展。由于存在让所有国家受益的加速经济发展的可能性,以及推动支持建设性而非暴力性运动的社会主动性的机会,因此再怎么强调提出国际化数字鸿沟问题的重要性也不为过。如果每个国家都希望达到普遍可用性的目标,那么研究者和技术开发者需要积极地改进目前的产品,使它们适合当地的现实需要,并增加相关的网络服务。

达·芬奇将可能成为一位普遍可用性的推动者。他被描述为拥有"与下层社会在精神上的亲密关系"(Frere, 1995, 59),并曾试图同时满足并服务于穷人和富人的需要。他的许多机械发明、公众艺术品及城市规划都试图使所有的佛罗伦萨和米兰人民受益。他设计的武器及防御工事加强了市区抵御入侵者的能力。他创作的戏剧及聪明的玩偶也表明,他希望能使更多的人满意。达·芬奇不是一个禁锢于象牙塔内的学者或致力于深奥理论的科学家。他可以为贵族工作,但他更属于人民:他不仅会为贵族画肖像,而且也会漫步在佛罗伦萨的集市上,描画普通市民。

我们对普遍可得性(universal access)的现代理解通常与覆盖了电话、电报和无线电通讯服务的《美国通讯法案》(*the US Communications of Act*)(1934)相关。它试图确保"合理收费条件下的充分便 38
利",尤其是在农村地区,并防止"基于种族、肤色、宗教、原籍或性别的歧视"。"普遍可得性"(universal access)这一术语已经被应用到计算机服务领域,但计算服务更大的复杂性意味着仅仅是可获得并不能保证可以成功地使用。

于是普遍可用性(universal usability)已成为一个重要的问题。信息交流技术的复杂性部分来源于信息探索、商业应用和创造性活动所必需的高度交互活动。由于互联网可以支持个体间交流及人员分散的自主活动,因此相当引人注目:企业家可以拓展生意,报刊编辑可以开始发行出版物,公民可以组织政治运动。

对普遍可用性的日益增长的需要是互联网发展的一个令人兴奋的副产品。因为交流、电子商务服务(购物、财务和旅游)、电子学习和电子保健服务日益扩大,且用户变得越来越依赖于它们,所以存在着一个确保最广泛的可能受众可以参与进来的强大推动力。对普遍可用性一个特别有力的支持来自电子政务的应用,譬如进入国家数字图书馆,以及针对联邦、州和地方的各级公民机构的运动。这些机构包括税收规章和文档、社会保障利益、境外旅游信息、商业许可、娱乐和公园及治安和消防部门。另一个支持普遍可用性的领域包括职业介绍所、培训中心、教师家长会、公众兴趣团体、社区服务和慈善组织所提供的日常生活需要。

怀疑者担心少数信息贫乏者的创造性,或者更为糟糕的是,存在网络种族隔离。尽管男性与女性、老年人与年轻人之间在互联网应用上的数字鸿沟(Campaine,2001)日益缩小,但穷人与富人间的数字鸿沟正在扩大(NTIA,2001)(见图 3.1)。在使用互联网方面,富裕家庭是贫穷家庭的 3 倍。同样,在受过良好教育与缺乏教育的家庭间教育水平也产生数字鸿沟(见图 3.2)。一个不好的消息是不同文化及种族群体间依然存在分离，一些处于不利地位的

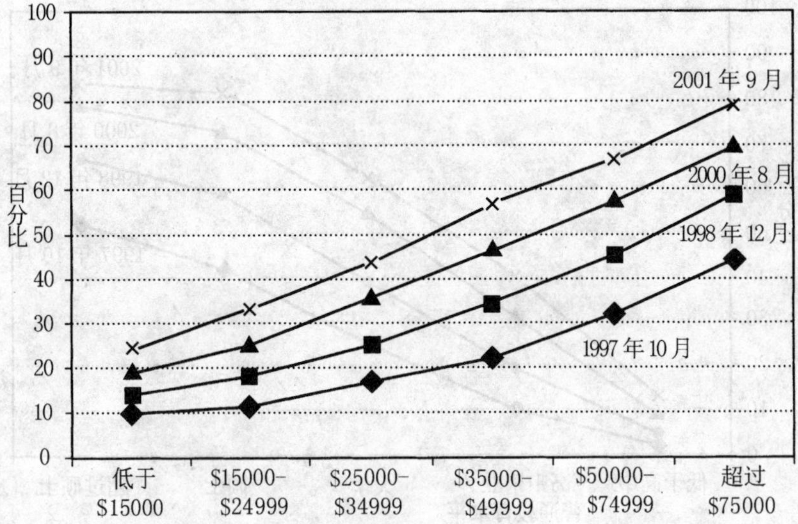

图 3.1　1998、2000 年不同收入(美元)下拥有网络的美国家庭的百分数，资料来源:NTIA,2001。

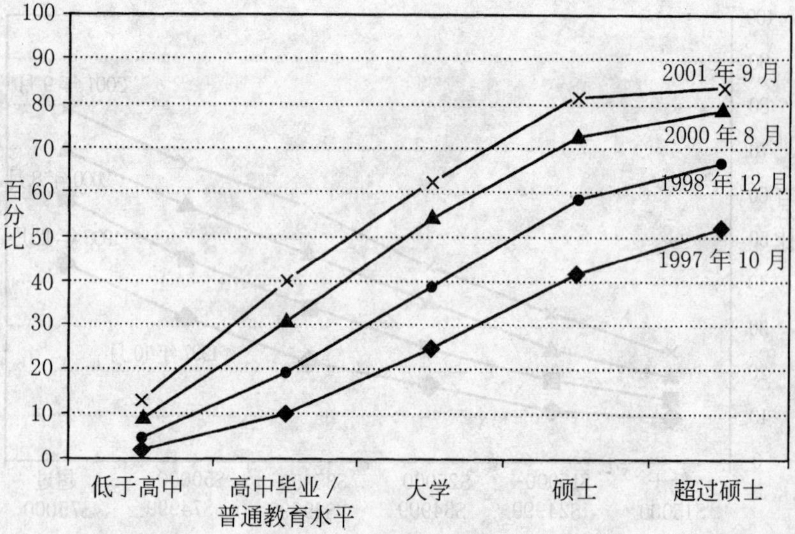

图 3.2　1998、2000 年不同教育情况(教育)下拥有网络的美国家庭的百分数,资料来源:NTIA,2001。

用户,如失业者、无家可归者、身体不健康者或认知缺陷者的低使用率增加了进一步的隔阂。更大的挑战来自于那些由于文化水平 41 低或其语言不能在互联网上很好表达的国际用户或难民所面临的劣势。改进的设计及多种语言能力将有助于缩小数字鸿沟,社区中心和学校的培训对于缩小这种鸿沟也非常重要。[3]

还有其他一些对信息交流系统的批评。这些担忧包括公共社会系统的瓦解、导致犯罪和暴力的个体间疏远和官僚作风的膨胀。进一步的威胁来自于个人隐私的丧失,对交流或权力崩溃没有给予充分注意,以及暴露于恶性病毒和敌意攻击之中。通过参与式设计策略和市区集会论坛的方式,开展针对这些问题的开放性的公众讨论,会有助于改进方案和获得公众支持。我曾提出,政府部门在制定新技术应用的重大计划时应同时伴随着发表社会影响报告(Shneiderman & Rose,1996)。效仿环境影响报告来撰写这些文件是为了使计划容易被公众接受,并可能引起广泛的关注和多种建议,从而减少消极的和未曾预料到的副作用。

技术热衷者可以为他们已有的成绩和成功使用互联网的用户量而深感骄傲,但是更深刻的顿悟应来自于对使用中受挫或未能兼顾到的用户所遭遇问题的理解。我们欢迎每一个通过提供有用且可用的服务来扩大参与性并兼顾到那些被遗忘的用户的措施。

普遍可用性有时会尽力满足残疾的或在受阻条件下工作的用户的需要。但更重要的趋势可能是满足所有用户。在适应多种有身体、视觉、听觉或认知缺陷的用户的需要的同时,可能会使拥有不同偏好、任务、技能和硬件的用户受益。目前对“残疾人可得性”(disability access)兴趣的增加依赖于残疾用户的“同等可得性”

(comparable access)标准,这在1998年国会修订的《美国康复法案》(*the U. S. Rehabilitation Act*)的第508章中已有详细说明(Access Board,2000)。对网站及其他技术改革的有利影响可能会为所有用户带来积极的变化。

那些支持适应残疾用户的拥护者经常会拿路堑——使得坐轮椅的用户能够穿越街道而在路边上挖的凹形缺口——作为例子。
42 在已经修好的路边再添加路堑是非常昂贵的,如果提前修建路堑可以因节省原料而降低成本。它的好处可以扩展到推婴儿车的人、速递服务工作者、骑自行车的人及拖着滚轮包的旅行者。能够使许多用户受益的与计算机相关的便利设备包括计算机前的电源开关、可调整的键盘以及用户对音量、屏幕亮度和监控器位置的控制。

汽车设计者很早以前就懂得了适应大范围用户的好处。他们的特色是在提供可调节的座椅、方向盘、镜子和灯光水平标准设备的同时,还为一些需要额外灵活性的用户提供可选配的装置。

兼顾更广泛的受众不仅仅是一个民主的理想;它更具有良好的商业意义。网络外部化(network externalities)的案例已被多次重复,该概念是指所有用户都可从扩展的参与中受益。可得性的易化和可用性的改进将会扩大市场,增加不同用户的参与,这些用户的贡献对许多人来说可能是很有价值的。扩大参与性不仅是降低新装置成本的问题。随着用户量的增加,快速替代大多数装置的能力将会降低,这将更加需要能够适应大范围装置的策略。

应对技术多样化

为大范围的硬件、软件和网络提供支持并非易事。当考虑到既需适应新的特性和环境，又需适应旧的硬件和软件时，这项工作将更具挑战性。

我一位朋友的93岁高龄的祖母是一名成功的计算机用户，然而由于不能紧跟技术更新的步伐，她只能孤军奋战。她有一台1985年的计算机，这台电脑有一个10兆的硬盘、一个基于字符的绿色屏幕、一个古老的字处理器。她可以键入和打印文字，但是若要发送电子邮件还需要许多变化。她难以获得足够的帮助，没有公司为她的技术提供支持。她的孙子时常过来帮助她，这确实营造出他俩之间的良好关系，但是若要升级到更新的技术似乎太过困难了。 43

每位计算机用户不得不决定是否要跟上更新的步伐。新的特性可能很吸引人，但对升级的恐惧已经变成一种全民性的忧虑来源。大多数用户都有这样的经历，比如他们最近一次升级是如何导致未曾预料的失败，或者他们怎样花费数周时间来转换文件。标准硬盘、操作系统、网络协议、文件格式和用户界面的稳定性正被快速的技术变化所破坏。技术开发者因新颖且先进的特性而感到兴奋。他们看到了先进设计的竞争优势，但是这些变化却破坏了为扩大受众和市场而付出的努力。限制发展是一个解决方法，但是更具吸引人的策略是向开发者施压，以使信息内容、网络服务和用户界面更具可塑性，更能适应变化。

处理器使用中的速度的范围变化很大，变化因子为1000或更大。摩尔定律认为处理器的速度每18个月会增加一倍，这意味着10年后最新处理器的速度将比旧处理器快100倍。希望利用新技术的设计者将冒着将旧计算机用户排除在外的风险。随机存储器(RAM)和硬盘空间的相似变化也限制了希望扩大受众范围的当代设计者。另一类硬件改进，如提高显示器尺寸或改进输入装置，也存在着威胁，会限制可获得性。适应不断变化的处理速度、随机存储器、硬盘、显示器尺寸和输入装置将有助于应对这种挑战。难道软件不应该被设计成让用户可以在掌上设备、便携式电脑或者墙壁大小的显示器上都能运行相同的历法程序吗?

软件的变化也是一个需要关注的问题。随着应用软件程序的成熟和操作系统的演化，由于新版本不能兼容原来的文件格式，软件会逐渐过时。有些变化对支持新的特性非常必要，但为了在确保兼容性和双向文件转换的同时促进发展，标准化的设计是必需的。Java运动是通向正确方向的一步，因为它试图支持平台独立性，但是它的努力也表明了问题的困难性。

另一个关心的问题是网络连接速度。一些用户会继续使用较慢的电话拨号的调制解调器，而另一些人则会使用高速的电缆或DSL调制解调器(DSL modems)。数以百计的差异产生出不同用户群体间的巨大的分歧。因为许多网页包括很大的图片，所以用户
44 对字节量的控制将会有很大的好处。大多数浏览器允许用户对图片进行限制，但还需要更为灵活的策略。你应该能够选择承载信息的图片或简化了字节数的图片，还可以调用服务器上的程序将图像从300k压缩至80k或20k。

我们需要的另一类发展是在媒体或装置间转换界面和信息的软件。如果你希望页面内容能够通过电话朗读给你，就像许多盲人用户所做的那样，那么已经有了一些这样的服务。[4] 然而，我们还需要一些改进，以加快递送速度或恰当地提取内容。一个更为先进的观念是通用串行总线（Universal Serial Bus）的普遍化，即能够让你将更广范围的输入或输出设备连接到计算机上的一整套获得系统。[5] 这将使那些有残疾或特殊需求的人们能够将他们专用的设备连接到任何一台计算机上，如同他们随身携带的墨镜和助听器一样。

适应形形色色的用户

用户在计算机技能、知识、年龄、性别、残疾、不良条件（活动、阳光、噪音）、文化修养、文化和收入方面存在着差异。

因为用户的计算机水平有很大的不同，搜索引擎通常会提供基本和高级两种对话框用来解答疑问。新手能够没有太多阻碍地继续进行，而专家也可以很好地调整他们的搜索策略。因为应用领域的知识水平存在很大差异，一些网站提供了两种或更多版本的内容。例如，美国国家癌症研究所为病人提供介绍性的癌症信息，而为医生提供更为详尽的信息。[6] 因为孩子的需求与他们的父母不同，美国国家航空航天局（NASA）在太空任务页面特意为孩子开辟一个版块。[7] 大学也通常将他们的网站划分为申请、在读学生或校友录版块，然后提供一个指向他们共同感兴趣的共享内容的链接。

相同的划分策略也可以应用到同时适应阅读技能差和能够掌
45 握其他种族语言的用户的情况下。尽管有些服务可以自动地将页面内容转换成多种语言,[8] 人类的翻译水平仍然有待提高。若一个电子商务网站为商品目录提供多种语言的版本,那么它也应即时调整商品价格(可能使用不同的货币单位)、名称(可能使用不同的文字)和描述(可能依地区差异而变)。

作为一名消费者,你应该期待网站能够根据你的兴趣、收入、文化背景或宗教来满足你的需要。你应该能够找到根据你的需要而做出相应调整的歌曲、食品或服装目录,让你可以很容易地找到你需要的产品,同时不向你提供你不感兴趣的物品。你可能会发现你将再次登录遵循这些策略的电子商务网站。如果你正在寻找莫扎特的音乐,你就不必打开“蓝调音乐之王”(B. B. King)歌曲的页面,反之亦然。

对于残疾用户,这种需要更为重要——如果网站的设计者不能适应他们的需要,他们将成为不愉快的访问者或是失败的用户。许多系统通过提高文本的字体大小及对比度,能够部分地兼顾到有视觉障碍的用户,尤其是年长的用户。这是一个好消息,但是一个更为完备的解决方案包括通过改进控制面板、帮助信息和对话框的可读性来兼顾到更多的用户。如果盲人用户可以通过语音装置或盲用点字法获取信息,或者通过声音或定制的界面装置进行输入的话,盲人用户将成为信息交流服务中更踊跃的用户。如果生理残疾的用户能够把他们的定制界面连接到标准的图形式用户界面上,那么即使他们可能会减缓工作速度,他们也将会迫切渴望使用到这种服务。还可以通过适度地改进布局设计、控制词汇量和限制短时记忆负荷来适应有轻度学习障碍、阅读困难、记忆缺陷或其他特殊需要的认知损伤用户。

专家或经常使用的用户也有特殊的需要。能够提供大容量用户提速、支持重复操作的捷径和特殊用处装置的用户化可以为所有用户改善界面。这种专家或专业人员的用户化可能标志着一个重要的商业机会。

最后，需要发展、测试和精练针对更大范围用户的适当服务。对于许多当代的软件工程而言，拥有共同知识的工作者是其基本受众，所以失业者、残疾人或移民的界面和信息需要通常没有得到重视。到目前为止，这还是一个恰当的商业决策，但是随着市场的扩大，并且主要的社会服务逐步以电子形式提供，因而必须兼顾那些被遗忘的用户。例如，微软的办公软件为制作市场计划或组织 46
报告提供了一些模板，但是“每个公民”界面可能会通过工作申请、保姆合作或给市政厅写信的模板来提供帮助。那么，网络上的急救、911 紧急援助、犯罪报告和毒品控制会怎么样呢？我们应该期待这些服务。在灾难或危机情况下，互联网服务可能会比电话更加可靠，但是这种需要却未受到注意。

随着改进的界面和信息设计的出现，将会加速在线支持社区、医疗急救指导、街区发展委员会和教师家长会的发展。预防毒品或酒精滥用、家庭暴力或犯罪的以社区为导向的计划也可能受益于改进的界面和信息设计。这种改进对于政府网站尤为重要，因为他们正在转向提供一些基本的服务，如司机登记、商业执照、市政服务、税务归档和最终的投票。尊重用户的不同需要将吸引他们通向先进的技术。[9] 作为公民，我们应该为全人类要求更好的服务。

在"用户知道什么"和"用户需要知道什么"之间搭建一座桥梁

每位计算机用户必须学习如何运用界面来完成他或她的任务。无论你是要设法管理你的退休金还是要在一座新的城市寻找一间公寓,都需要学习新的概念,掌握新的信息。什么是证券交易中的顾客保证金户?如何中止限价单?如何能够得到一张告诉我从林肯公园到海德公园距离多远的地图?

技术开发者面临的挑战是在"用户知道什么"和"用户需要知道什么"之间搭建一座桥梁。许多用户不知道如何开始、在对话框中选择什么、如何处理死机和怎样对付病毒。你应该寻找这样的软件,它应用了可消退的脚手架(随着你技能的提高可以被移除的指导性辅助)、训练方向盘(防止初学者犯错的限制性特征)和即时
47 训练(无论用户何时陷入困境都可获得的指导)。

有许多关于如何训练用户的相互竞争的理论,但是却很少有关于哪个理论真正有效的研究。一个受欢迎的理论是最小体力取向,它建议简化预先(up-front)指导,让用户更快地积极参与其中,即使当他们出现一些错误时。例如,一些新硬件或软件的简短的"开始"向导正是应用了该理论。另外两种理论是建构主义(让用户快速地执行应用程序)和社会建构(让成对的或更大团体的用户共同学习)。

开始使用新的软件工具的用户具有不同的技能和多样的智

力。一些用户只需几分钟的调整就可以理解新事物，能够成功地开始使用新工具。而另一些用户则需要更多的时间来掌握应用软件领域和用户界面方面的对象与行动的知识。目前的界面可以通过更清晰的指导语、更好的错误预防、规则的图片纵览和更有效的新手指南来加以改进。间断性的使用者将受益于设计更好的在线帮助，而专家需要简短的指导材料呈现和常用任务的捷径。另一些帮助措施包括容易撤销的动作及保存下来的详尽历史以便回溯和向同伴或导师咨询。

一个基本的界面改进应该能够为演化式学习（evolutionary learning）和水平结构的设计取向提供支持（Baecker 等，2000）。为什么你不能从一个仅包括基本特征（如占整个系统的 5%）的界面开始入手，数分钟之内便成为该水平的专家呢？游戏设计者已经设计出精巧的指导语，当用户已获得某一水平的技能后，它可以适当地呈现新的特性。相同的技术也可以应用到现代的字处理器、电子邮件处理器和网络浏览器的众多特点中去吗？一个良好的开端是，在一些高级的系统中已有诸如训练方向盘和“开始”向导，但更为广阔的应用却进展缓慢（Carroll & Carrithers，1984）。一个好的水平结构的界面设计必须伴有各个水平的指导、在线帮助和出错报告。

最后，许多用户应该能够通过电子邮件、电话、视频会议和共享屏幕的在线帮助获得支持。没有惟一的最佳方式——你应该能 48
够找到当时对你而言最合适的方法来获得帮助。一些用户喜欢阅读其他用户是如何解决问题或运用新技术的故事。对于这些用户，那些能够提供案例研究、最佳实践、共同问题和常见问题

(FAQ)列表的网站是很有帮助的。许多用户喜欢以高度社会性的方式与他们的同伴而非专家讨论问题或寻求帮助。如果你是这些用户中的一员,你可能尝试使用聊天室、新闻组或在线社区。

怀疑者的观点

本章聚焦于普遍可用性所面临的三个挑战:技术多样性、用户多样化和用户间的知识差异。怀疑者担心,如果顾及较低端的技术和较低能力的用户或者顾及只有较少技能的用户,那么将导致产生一个最低共同标准的系统,而它对于大多数用户来说将没有多少用处。这种被称为"往下笨"(dumbing down)的情景是一个合理的担心,但我的经验支持更为乐观的结果。我相信适应更广领域的使用条件会迫使技术开发者思考更大范围的设计,而这样通常会产生让所有用户都受益的创新。例如,网站浏览器不同于字处理器,它必须能够对文本重定格式以匹配视窗的大小。这既照顾到了使用小显示器(窄于640像素)的用户的需要,也可以使使用较大显示器(宽于1024像素)的用户获益,这样他们可以用较少的滚动来浏览网页中更多的内容。同时兼顾较窄(小于400像素)和较宽(大于1200像素)的显示器可以推动设计者发展更新的思路。例如,他们可以考虑为小显示器缩小文字和图像的大小,针对大显示器则转向多层柱格式、探索性翻页策略(而非滚动式)和拓展式纵览。

怀疑者的第二个担心被称为创新限制,即兼顾低端(技术、能力或技能)会限制对高端的革新。这也是一个合理的担心,但是如

果设计者意识到了这种担忧,这种危险是很容易避免的。一个基
本的页面可以适用于低端用户,但是对于拥有高级软硬件和快速
网络连接的用户而言,可以增加用 Java 程序和 Flash 插件程序设
计的熟练用户界面。新技术通常是以附加软件或插件而非替代品 49
的方式提供。随着新技术日益完善且被广泛接受,它们将成为新
的标准。分层取向在过去很成功,且在适应大范围的用户方面是
引人注目的。若提前规划,它们很容易实现,但通常难以花样翻
新。 50

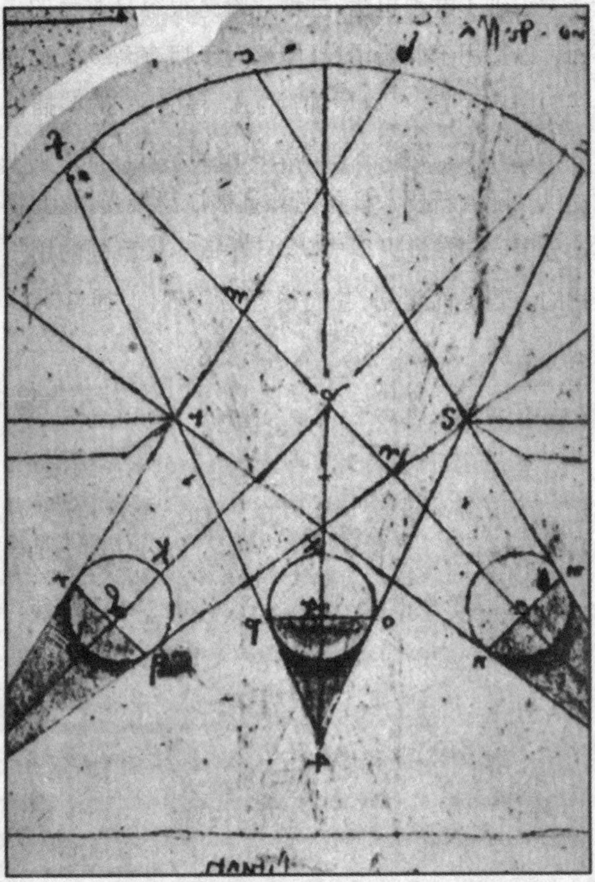

阐明光影理论的图解。选自无需版权授权的
《列昂纳多·达·芬奇精选集》,行星艺术出版社。

第四章　新方法，新目标

我们不必假定互联网的未来将取决于一些无意识的、外部的“技术命令”。最重要的问题不是互联网将为我们做什么，而是我们能用它来做什么。

——罗伯特·帕特南，《独自打保龄球》(2000)，180 52

转向新的计算技术

设计上的卓越(第二章)和普遍可用性(第三章)是迈向新技术的前两步。第三步就是，在产品开发过程中确保对良好设计和普遍可用性的充分考虑。新的设计方法与新的指导方针和目标相结合，将加速发展新计算技术的运动。

为了推动这场运动，在新闻记者、政客和消费者活动团体的支持帮助下，消费者必须对产业领导者施加足够的压力，促使其采取更有效的发展方法和新的目标。在计算技术的早期，技术开发者创建供他们自己使用的、基于特别方法的文本编辑器。因为只提供了很少的设计知识，他们通常要编写复杂的命令，而这些命令需要通过大量学习和频繁使用才能熟练掌握。删除一个字符的命令可能需要键入 10 个或更多的字符，例如：

```
change/bead/bed/
```

而它的成功执行则需要把一个隐形光标放在文本中恰当的命令行上。

技术热衷者和早期的采纳者对这些旧计算技术备感欣慰；他们甚至乐于迎接学习 Unix(一种多用户的计算机操作系统)中诸如“rmdir”和“grep”这些指令的多种选项和缺省项的挑战。针对模糊不清的命令，我最喜欢举的一个例子是

```
grep -v ^ $
```

这是一个删除空白行的命令。在这些深奥的环境里驾轻就熟，并通过时常帮助可怜的网络新手(新来者)而获得领袖地位，技术爱好者们为此深感自豪。

旧计算技术的开发者也设计网络，以支持计算机之间交换大型数据文件，而非个人通讯。甚至于台式电脑硬件中流行使用灰暗的颜色和尖锐的棱角也是为了取悦熟悉技术(tech-savvy)的专家们。技术开发者考虑到他们自己的需要，并以此为基础开发能够
53 充分满足他们需要的产品。

之后，用户群开始扩展到包括操作望远镜的科学家、运行经济模型的经济分析家和撰写电子数据表的商业人士。个人电脑出现于 1981 年，而且随着图形式界面向更多人敞开了计算技术的大门，个人电脑的数量在不断增长。

在 1990 年代早期，万维网的出现改变了一切。更简易的界面和可以从众多资源中获取信息的吸引力产生了巨大的用户潮。用户群很快扩展到包括创作煽动性动画的叛逆画家、在路途中试图找到目的地的司机、投资共有基金的退休护士和向父母发送电子邮件的农业流动工人。

各种各样差异极大的用户向下一代的技术开发者提出了挑战，这些技术开发者开始认识到他们必须理解用户的需要。最精明的开发者意识到，现在的计算技术受众包括大多数较晚接受计算技术的(late-adopting)人们，以及甚至只是为了找一份工作或下载一首歌曲而不得不学习电脑的技术抵触者。技术开发者的艰难之处在于，他们必须适应这些用户对技术的低热情和更低的挫折耐受性。毕竟这些用户不同于对计算机感兴趣的旧计算技术用户；这些新计算技术用户只想利用技术来完成他们的工作或寻求乐趣。

实现“以用户为中心”设计的方法

一个新计算技术项目的起点是，了解用户是谁，他们正在做什么。这一点说起来容易做起来难(Nielsen, 1993; Shneiderman, 1998)。技术开发者了解用户的方法在过去的 20 年里已得到了很大发展。

支持以用户为中心的设计的第一个方法是用户需要评价(user needs assessment)，它可以确定用户需要的服务范围。在我们与国会图书馆的合作中(Marchionini 等，1993)，我们观察了数百名

54 使用在线公共卡片目录的用户，并记录下他们的活动。这个设计良好但明显带有旧计算技术痕迹的界面风格需要经过1至3小时的培训。这种用户需要评价给我们呈现出一幅有关最频繁操作（例如以作者名搜索）的清晰写照。它揭示出复杂的布尔数学体系（Boolean）组合（和，或，非）多么少地被用到，而用户是多么希望能够经常查看到某位特定作者的所有书籍。我们也对图书馆工作人员遇到的问题进行了追踪，令我们吃惊的是，最常被问到的问题是洗手间在哪里。图书馆很快设置了一些标记以解答这样的问题。

我们的用户需要评价为我们提供了有关在一个简化的触屏界面上放置什么信息的重要证据，例如，简短的使用范例（"海明威，欧内斯特"）而非冗长的介绍，以及简洁的搜索结果显示。由雅致的木板所包围的55个终端极大地改变了浏览者的行为，使他们能够不经过培训就可以独自完成简单的搜索任务。而这些木板曾被用来盛装那些被丢弃的卡片目录。这也改变了国会图书馆工作人员的工作生活，现在他们可以有时间来为高级用户解答更为复杂的疑问。为了兼顾到视觉受损的用户，图书馆还安装了一个配有能够放大文本的特殊软件的大屏幕。

为了开发新的应用程序或扩展现有程序，用户访谈可以帮助确定用户正在试图完成什么。人种学方法和人类学理论非常盛行，而且它们已经迅速地被用来适应互联网开发项目的快速步伐。人种学的观察方法包括录像、记录日志和简单观察用户活动。还有一些更为主动的方法，如允许与被研究者进行互动的参与观察法，但使用时要非常小心，以最大程度地减少对正常行为产生的干扰。

人类学理论通过对共有的习惯、信仰和关系进行更为全面的、无偏见的报告来指导观察和进行解释。传统的人类学强调研究文化因素,并重视为缩小这些文化差异做出的细致努力。与计算技术相关的人类学与应用人类学更为接近,因为它的目标几乎总是为了改变文化、技术或工作实践。人种学方法已经不仅使我们更了解十几岁的女孩如何使用计算机(Laurel,2001),也使我们更深入地理解飞机交通管理员如何进行合作(Hughes,1995)。

通常只观察几个小时就可以揭示出行为的典型模式、处理问 55
题的一般工作流程和改善合作的机会。结构式的或开放式的访谈能够更深入地理解挫折感或满意感。对于更为客观的数据,可保存用户活动日志的软件工具证实了存在工作或娱乐的日周期或周周期的假设。有时受访者会提出与日志所揭示的完全不同的使用模式。

当设计者已经了解了任务的顺序和频率之后,他们可以制造出多种可能的界面模型。可以是粗略的草图、细致的刻画或计算机支持的布局设计。越来越好的快速建模工具使得在几个小时内创建出新的界面原型变得很容易。这种高度逼真的原型可以是交互式的,而且操作起来就像在使用最终产品一样。这给设计者、管理者和消费者提供了一个在将更多努力投入到建立一个完整系统之前进行评价的机会。现代的编程软件,如用户界面开发环境,已使快速地建立或修改原型成为可能。

第二个实现以用户为中心设计的方法是可用性测试(usability testing),它是实现快速设计发展的关键。这种方法简单且成本低廉;技术开发者让典型的用户使用一些工作原型来执行现实任务,并观察用户在何处陷入困境。这种类似于实验室的环境会有损真实性,但受控制的环境有助于将注意力集中到用户在这个原型中所遇到的问题上。其目标是明确用户出错的地方,并提出改进建议。

在最常用的可用性测试中,让 3 至 8 名用户在任务序列上工作 1 至 3 小时,同时口语报告出他们进行决策的基本原理。可用性测试者观察所发生的情况,并可能对事件进行录像以便作事后的再分析。在大多数的初期设计中,因为测试参与者需要费力弄明白如何操作一个系统,他们所面临的困难和由此产生的焦虑可能非常大——这是一个糟糕设计的明显标志。当可用性测试的参与者被告知他们并没有被测试时,他们的焦虑将会降低——通过或失败的只不过是那些原型。

可用性测试报告的核心是用户问题表。它通常附带改进建
56 议,可能以低—中—高优先级和低—中—高努力的方式组织。改进可能是使用更一致和更熟悉的术语、更有建设性的出错报告和更清楚的信息布局。

可用性测试加速了开发过程,并很大程度地提高了品质。克莱尔－玛丽·卡拉特(Clare-Marie Karat,1994)曾报告说,用在可用性测试上的费用在降低系统终生成本上可产生 100:1 的利润。一些管理者把可用性测试看作扫除发展问题的银弹。美国国家标准和技术协会(The US National Institute for Standards and Technology)曾有效地将主要的软件提供商和购买者聚在一起,为可用性测试结果的报告建立了一个通用行业规范。[1]

实现以用户为中心设计的第三个方法是顾客反馈(customer

feedback)。一种产品一经发布,这种方法就开始生效。软件工具和网络的使用已经使多种监控和反馈工具成为可能。对一个软件工具的使用人数及频率的简单计数非常有用。用户使用哪些、不使用哪些特性的详细信息,以及对他们所遇问题的报告则更为有用。消费者帮助专家向设计者提供的关于用户遇到的问题的反馈也非常有帮助。许多组织已经开发出了详细的用户界面满意度问卷。记录用户活动和获得用户评论的创新性方法可能会进一步推动改进。

尽管这些方法在过去的20年里已经开始出现,但仍存在着使用上的滞后。实际上,一些软件工程师仍然反对将用户需要评价和可用性测试充分纳入他们的工作中。这导致了许多项目的高失败率,这在美国科罗拉多州大学的教授汤姆·兰多尔(Tom Landaur)的能激发思考的《计算机带来的烦恼》(*The Trouble with Computers*)(1995)一书中得到了很好的描述。兰多尔列举了许多的经济案例,以此呼吁对用户界面设计更多的关注,这样可以避免众多的上亿美元的损失。即使当设计成功地转化成广泛使用的产品时,也可能会造成上亿小时的用户挫败(fiascoes of user frustration)。

唐·诺曼(Don Norman),一名顾问,前加州大学的认知科学教授,也积极促进对以用户为中心的设计方法的更大关注。在《看不见的计算机》(*The Invisible Computer*)(1998)一书中,他鼓励可用性
专家更加深入到产品开发的早期阶段,更充分地了解市场压力,以 57
提出具有现实意义的建议。他希望软件工程师及技术开发者能更深入地思考人类的需要如何产生新产品的想法,例如互联网装置和微型便捷式设备。

除了新方法以外,许多设计者正在采用新的整体性理解和计划性发展的隐喻,这种隐喻通常来自建筑学。传统的建筑师把客户的需要与技术的现实性和艺术风格相结合,同时保证预算和进度安排都现实可行。最佳情况下,建筑师与客户在他们目前居住的屋子里会面,以领会和了解适合他们生活方式的需要。他们可能需要一套私人住房,其中既有孩子的空间,父母又都有各自的办公室。在讨论了日常生活模式后,客户和建筑师可能会浏览一些样板房书籍,看一下其中的布置和风格。然后,建筑师会绘制一幅用来与客户进行讨论的图纸。适当的照明度、与工作和家庭相协调的交通流量、噪音的隔离以及私人与开放空间的平衡,都是十分重要的因素。那么,一旦确定了高层次的选择后,客户就可以选择木制地板、铺有地毯的楼梯和天然的石制墙面,所有这些都有助于实现一个成功的设计。

当伟大的美国建筑师弗兰克·劳埃德·莱特(Frank Lloyd Wright,1867—1959)谈及他的有机建筑(organic architecture)时,他确信应该将形式与功能相结合。成功的建筑能服务于用户的基本需要。但是他也认识到浪漫、传统和装饰的重要性:"充满诗意的形式之于伟大的建筑如同树叶之于树木一样必要"(Wright,1953)。他所创造的具有功能性和艺术性的环境使他闻名于世。他希望为他的客户建造真正有用的美观建筑。

以整合功能与艺术两个方面的方式来使用户满意,这恰恰是达·芬奇的精神。我们钦佩他的科学精神、艺术才能和创作既有价值又使赞助人满意的事物的愿望。达·芬奇技艺高超地演奏小竖琴,在探索音乐中的数学和声学中的科学的同时,也使米兰的公爵卢多维科·斯佛尔扎感到满意。他描绘的神秘的《蒙娜丽莎》画像在显示出他对蒙娜丽莎的颧骨、嘴、眼睛面部解剖学细节的视觉洞察力的同时，也使她的丈夫弗朗切斯科·德尔·乔康达（Francesco del Giocondo）感到满意。甚至画面的背景部分也展现出他在地质学、植物和河流生态学方面的学识。 58

达·芬奇将艺术与科学相整合以服务于实践目的。因此对于作为技术的用户和设计者的我们而言，需要强调的要点是技术上的卓越必须与用户的需要协调一致。形式应服从于功能，其后仍有足够的进行修饰的机会。作为设计者，我们应该尽力使用可以有效地传递信息的、有吸引力的图形式设计。作为用户，我们应该颂扬那些创作出可用的、有用的和可享受的产品的设计者。

然而，当你遇到问题时，你可以大声说出来以推动更好的设计。你应该抱怨这样的一类网站，它们或者使用特殊的插件程序，或者使用带有动画图片的大文件来传达一个用朴实的文字会表达得更好的简单信息。有趣的图片确实能够取悦一些用户，但是对高级软件或宽带网络的要求损害了对普遍可用性的追求。当电子商务的订购表格太长且容易混淆时，你也应该向厂家提出抗议。市场部经理可能希望知道关于你的任何事情，但是对你的时间及隐私的不尊重也应该会使你非常气愤，以至于通过发送电子邮件来表达你的愤怒。

被再次检验的摩尔定律

尽管我们的目标在不断变化，我们仍然需要尊重过去，并向它学习。全心投入的旧计算技术工程师 50 年来所创造的令人惊奇的技术发展已经改变了现代生活,并取得了非凡的商业成就。更快的计算机芯片和更大的硬盘对于台式电脑和便携式电脑来说已成为平庸的创新。摩尔定律,即计算机的功能每 18 个月就会加倍,已经成为当代的牛顿运动定律。技术的万有引力不断地降低计算机的价格,即便它们的功能在不断提高。更高的带宽和更大的存储量仍然会吸引熟悉技术的购买者再购买一台电脑,但是对于许多用户来说,这些特性和对技术的关注正逐渐失去其吸引力。

日益提高的用户期望是技术革新的推动力,且用户的期望正转向个人需要。新计算技术不关注计算机能做什么,而是关注用
59 户能做什么。他们希望能够快速地与更多人进行交流,更深入地了解他们关心的健康问题以及更方便地购物。当这些最基本的需要得到关注后,他们希望能够加速他们的企业梦想,创建一个家庭相册,计划他们的下一次旅行。

同样,计算机行业以外的从事专门职业的用户也正在超越第一代任务,如管理邮件列表、保存盈亏电子数据表和计算卫星轨迹。他们把新计算技术视为能使他们形成更有效的经验交流、开拓新的市场合作或为揭示环境对大气模式的影响而相互协作的工具。管理转向创新,监督变为启发,数据管理让位于知识管理。

托马斯·弗里德曼(Thomas Friedman),《纽约时报》国外事务版专栏作家,《凌志汽车与橄榄树》(*The Lexus and Olive Tree*)(2000)的作者,描述了在世界市场和外交领域发生的相似的转变。他将冷战时期的旧时代描绘为一个用竞争、边界和围墙(特别是柏林墙)来定义世界的年代。合作和网络交流,尤其是万维网,定义了新的

全球化世界。他强调增强的市场间联系，以及授权对个体的影响。弗里德曼声称，在旧世界下你的竞争者定义你，而新世界下你的合伙人和伙伴定义你。

新计算技术关注合作和授权——个体、组织及社会层面。几兆赫或几十亿字节这样的旧有度量标准已变得不重要。新的度量标准是你每天收到了多少条消息，你参与过多少个群体，有多少人链接过你的网页。这些基本的度量标准能评估交互性、参与性和影响力。用户渴望与朋友和家庭成员互动、参与专业讨论和通过表达自己的观点来影响同事。用户也热衷于与具有相似观点的用户进行交流、参与在线社区和影响政治进程。

但授权也与革新和创造有关；所以新计算技术的用户正计算着他们展现过多少张幻灯片，设计过多少个网站，参与过多少个讨论组。用户也以他们参与过多少个团体项目而自豪，如为在线杂志写作、参加街道小组和帮助创办公司。大多数富有创造性的人们也希望能够被认可、被注意和被尊重。所以画家计算着他们的 60
电子画廊有多少位参观者，音乐家计算着他们的音乐被下载的次数，科学家计算着他们的在线期刊论文被引用过多少次。

合作在个人和组织水平上是很有影响力的。更多的工作需要你与那些通常远离你的办公桌的人们进行密切合作，因为他们拥有完成你的工作所需要的技术、关系或资源。组织水平的合作也服务于同样的动机。甚至于像 Microsoft、Oracle、Sun、Apple 这样相互激烈竞争的公司也会在行业标准平台上进行合作，以确保他们的产品的相互通用性。

组织水平的授权包括公司在网上寻找新的市场，大学寻找远程学习的学生，博物馆向公众提供艺术收藏品的数字化复本。社会上的授权包括保护文化遗产的国家项目，在线获得立法草案以扩大民主进程中的参与性，为宗教和种族群体提供支持的当地语言网站。

从技术性能到人类能力的自然进化与许多领域曾发生过的相类似。早期的汽车设计者不得不专注于发动机的性能，然而现代的汽车制造商知道，需要以一个整体的观点来看待用户的交通体验。早期的评价标准是汽车发动机的排气量和马力；现代的广告宣传用户的舒适感、地位及安全性。计算技术的评价标准同样也在变化。便携式个人装置的广告不再标榜芯片速度和存储量；它们关注你能储存多少个地址本。

有一句格言说，你成为你所吃的东西。而在新兴技术的世界里，你成为你所测评的东西。若网站管理员仅统计网站服务器的点击量（被请求的网页），他们不可能轻易地了解用户的行为。然而，电子商务的经营者开始通过转变率（访问者变为购买者的比率）和回头客的数量来测评网站的效果和影响。考虑顾客的体验可能会产生更有效的网站设计。

61 如果学校管理者仅统计有多少间教室连有互联网或已经购买了多少台计算机，那么教育不会得到发展。而如果转向以学习者为中心的测评方法，如学生与老师间发送了多少封电子邮件、学生创建了多少个网站，则可能将教育者引向更有价值的方向。然后他们将考虑通过链接学生科技项目的数量、学校报纸的下载量或对有关附近沼泽地的环保网站的访问量来衡量学生的成绩。

与轻松寻找工作列表和快速下载最新的音乐视频相比，信息和计算技术系统的用户对他们机器的随机存储器的大小或网络的带宽并不感兴趣。大多数的用户希望硬件都隐藏在机罩中，他们希望看到的是仪表板——带有彩色图标、熟悉的视窗和访问按钮的用户界面。那些对摩尔定律担忧的人会继续测评机器，但那些研究用户的人将会明白用户只需要更佳的体验。用户需要更多的信息、更好的关系、更多的创造机会以及更好的向世界发送消息的方式。向用户授权和合作的转变只是目前向新计算技术的进化式变革的三个变化中的两个。

从 AI 到 UI——从人工智能到用户界面

通向新目标的第三个转变是我们对计算技术理解上的深刻变化。自 1940 年代开始，公众对计算机的理解是由“巨型电子大脑”的标题所形成的，在随后的 1950 年代对计算机的理解则是“人工智能”机器。一些早期的研究者深受这种复制人类行为的狭窄目标的影响。他们承诺将制造出通用问题解决者（General Problem Solver）、医疗诊断机器及房屋清洁机器人。

由于一些技术开发者试图创造出能够从事人类工作的机器，这种模拟游戏被不断地重复。这种替代性策略试图制造出会看、会听、会思维，甚至会学习的计算机。当然，已经有了一些成功的 62
计算机视觉系统，他们能够探测出制造中的缺陷或给照相机调焦，但是模拟人类知觉的丰富性已变成一个不太重要的目标。模拟游戏已逐渐淡出，而实践应用已蓬勃发展起来。巧妙地处理静物、储存的视频或现场的网络摄像机（Webcam）的视觉图像加工已经得到快速发展。图像的压缩、处理、组织和提取技术是最大的卖家，而非图像理解。

同样，会学习的机器依旧是一个智能奇物，但远程学习和交互式学习环境已经拥有很大市场。易化而非代替人类的工作通常是一个成功的策略。用计算机代替医生进行医疗诊断是一个错误的目标。过去几十年里的成功事例都是能够为医生提供支持的工具，例如，改进了的医疗成像系统，基于DNA分析的卓越的医疗测试。因此你的医生就可以做出一个更准确的诊断，并与你一同制定出一个治疗计划(见第七章)。

对模拟人类能力的追求具有误导性，而且有很大的负效应。计算机不是人，而人也不是计算机。用户通常希望掌握控制权，并且憎恨模拟人类形式和行为的神人同形论的设计中所固有的欺骗性。制造类似人类的计算机的想法由来已久，但却是在尼古拉斯·内格罗蓬特(Nicholas Negroponte)早在1970年提出的术语"代理者"(agent)(Negroponte,1995)下赢得了众多追随者。然而用户却一致拒绝开发出类似人类的代理者。会交谈的汽车、分发汽水的机器和类似人的银行机器出纳员在1980年代早期昙花一现。发生在1990年代早期的一次灾难出现在16亿美元的"邮政好友"(Postal Buddy)身上，它是一个真人大小的可以提供邮政服务的亭子。

一个更大的失败是应用在微软公司的BOB中而且受到比尔·盖茨大力推崇的社会性界面理论。这个发布于1995年耗资1亿美元的项目之所以遭到专家和新手的排斥，是因为其聪明的、会对话的特征和分散注意力的三维图画干扰了人的工作。但是BOB的基本原理因其可能会有帮助作用的特性而被再次使用，如微软的 Office 2000 中的大眼夹（Clippit）。大眼夹具有文件夹的特性，它会在你写信或设计幻灯片时弹出，给你提供建议。它本应是聪明 63
可爱的，但大眼夹却被广泛视作一种令人气愤的干扰，最终微软在 2001 年将其移除。设计者通常被吸引去创造类似人类的机器，但是大多数用户并不想与计算机有一种亲戚关系，而是希望能够控制它。

模拟或代替人类工作的项目使我想到一个更为适度的目标。我宁愿看到那些能够使人们的效率比一个没有任何辅助（unaided）的人高上千倍的工具（见第十一章）。一辆可以让驾驶者比最健壮的人更为强大的推土机，一把可以让猎人具有成千倍致命杀伤力的枪，一台可以让摄影师比最出色的画家还要精确、快速的照相机。显微镜、望远镜和计算机辅助的 X 线断层摄影术扫描仪（CAT scanners）以非凡的方式扩展了人类的能力。模拟人类的形态和行为对于电子玩具、迪斯尼乐园的音频动画表演者和汽车冲撞测试用的假人而言很有帮助。成功的新工具和用户界面很少模拟人类，而是使人们能够完成他们想做的任务。请记住，新计算技术不关心计算机能做什么；它关心的是用户想做什么。

好莱坞助长了许多人的这种错误期望。斯坦利·库布里克（Stanley Kubrick）的激动人心的电影《2001 年太空漫游》（*2001：A Space Odyssey*）塑造了一位太空飞船里的非常逼真的、有知觉的机器人宇航员"哈尔"（HAL）。哈尔有许多经典台词，而且比不苟言笑的人类宇航员更善于表达情感。《星际旅行》（*Star Trek*）系列电视剧增强了会思考和会交谈的计算机已近在咫尺的信念。会交谈的计算机是一个伟大的情节设计（plot device），且有助于让观众见识广博,但它们却激发了错误的期望。语音识别技术是激动人心的,但是成功的事例却是为用户提供更多信息和快速控制的网络视频界面。

关于"人工智能"愿景的残余势力在电影《人工智能》(*A. I.*)中苟延残喘。这部电影描绘了培养一个会爱的机器人婴儿会步入何种歧途。具有讽刺意味的是,这部由斯坦利·库布里克开始拍摄、史蒂文·斯皮尔伯格(Steven Spielberg)摄制完成的影片于2001年公映。不过,它似乎看上去就像一个旧计算技术的人造物。新计算技术的开发者知道,考虑计算机能做什么远没有考虑用户可以做什么有意义。随着自然语言的机器转换、语音识别和机器人
64 技术方面的进步,成功的衡量标准和对用户的关注正在发生转变。

注意力从AI转变到UI上——从人工智能到用户界面。用户界面的目标是开发能够真正满足用户需要的设计。关注点不是人工智能,而应是你和我(U & I)。一台可以为你自动拍摄家庭照片的"聪明的"计算机,不如一架可以让你拍摄到你的婴儿第一次拜访祖母时的照片的数码相机吸引人。只有你能够控制,你才会为你的相片感到骄傲。一台数码相机可以使你不必为调焦和光照担忧,并且可以让你立刻看到照片。如果照片不令人满意,你还有时间再试一次。如果照片非常棒,你可以轻松地标注、储存并以电子方式发送给你的兄弟姐妹。成功的设计会增强你的摄影技术,并增进你的家庭关系。

几十年来对计算机可以做什么的强调所带来的重担仍然压在许多技术开发者身上。放弃并不容易,尤其因为存在着对"专家系统"和"智能机器"很酷的演示和煽情的幻想。但是基于规则的专

家系统不再是一个主要的研究主题,智能机器逐渐成为不合时宜的事物。“智能房间”和“智能电话”正在让位于可理解的产品,它们是可以真正地为人类的需要服务的基于一致性、可预测性和可控性的设计。

经过了大约20年的孵化期,以用户为中心的设计和可用性的工程技术正逐步赢得广泛的优势。这些新兴专业需要多学科的技能、对用户需要的敏感性和对精细的持久追求。过去,设计者被禁止与用户谈话,或者他们只是不想打扰用户,但新计算技术需要这种对话。

“以用户为中心”设计的原则

为加速这场以用户为中心的产品的运动,设计者急切地想学习有效的设计原则。一些网站和畅销书提供关于如何有效地运用颜色、如何清楚地撰写指导语以及如何组织适于导航的网站的颇有见地的规则。 65

详细的设计指南是重要的,但本书强调高水平的目标,如能够产生控制感、对成就的满足感和责任感的可理解的用户界面。这远远不同于目前大多数用户使用计算机时所体验到的迷惑、挫折和焦虑。

未来的界面对于你来说将易于理解,因为它们是一致的、可预测的和可控制的。一致性的设计采用有序的设计,贴上标签并把相关的项目归类。它们包括运用恰当的颜色编码来表示成分间的关系,在需要的地方提供警示,突显特殊情况。一致性设计坚持使用有意义的术语和呈现可理解的指导序列。一致性通常是无形的,因为把企业标志置于左上角或使用相同的色彩搭配看上去会很自然。只有当标志跳到右面或颜色发生改变时才会引起你的注意。

可预测的设计能够让你在使用计算机时获得熟悉感和自信,因为你对做出选择后将会发生什么有一个清晰的模型。你预期,你把一本书放进电子购物车后,你还可以在一周之后删除它或返回到它。可预测的设计使用有意义的隐喻,如购物篮或电子邮件收件箱(e-mail in-box)以及熟悉的惯例,如保存、打印、打开及关闭的使用。

可控制的界面使你能做你想做的事。你可以把一张照片与文本结合起来,制作一份婚宴请柬,或者复制电子数据表的一部分作为电子邮件的文档。当你改变了你的思路时,你可以把请柬恢复到以前的版本,或者重新定义电子数据表格式以为一个模拟程序提供输入。可控制的界面可以被用户修改,使他们可以定制自己的屏幕,避免不需要的特征。

用户开始逐渐认可更好的设计。他们欣赏出错报告的预防作用,他们赏识在某个易于导航的网站里的一个布局合理的网页,他们会为在一个大型商品目录中快速地找到了他们所需的产品而欢呼雀跃。电子商务的成功事例通常与界面设计的改进相联系,正如西南航空公司的案例(见图 4.1)。因为它简洁的网页可以实现快速决策,从而使它拥有高于本行业 3 倍的在线购票率(Hansell,
66 2001)。

某些设计原则引发了激烈的讨论。例如,许多早期的网站设

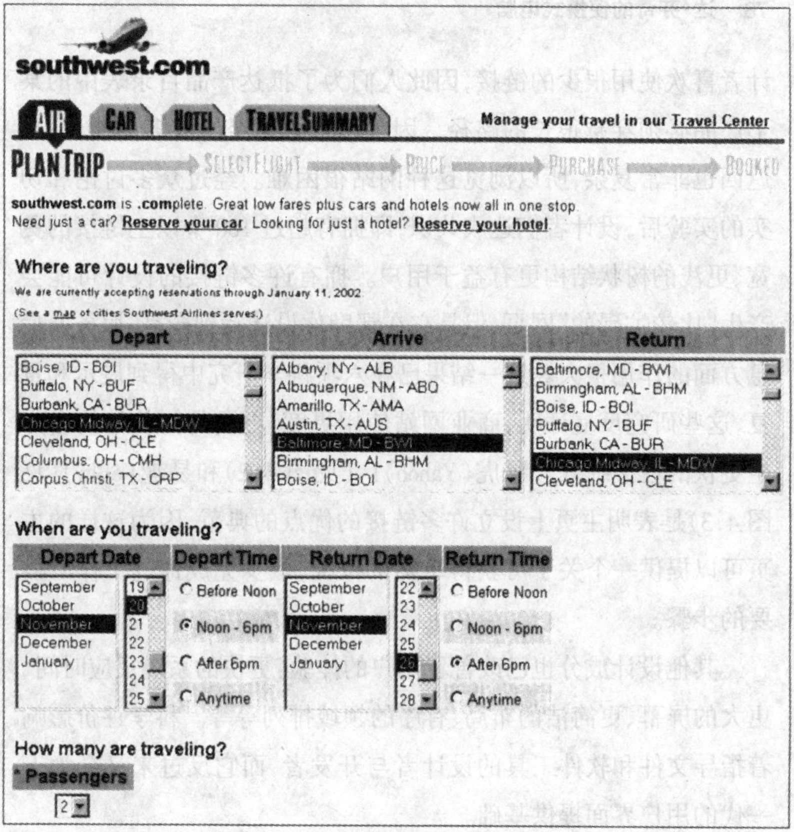

图 4.1　西北航空公司的网页(部分),〈**http: //www. southwestairlines. com/**〉,“预定”,经西北航空公司允许。

计者喜欢使用很少的链接,因此人们为了抵达产品目录表中的某个产品必须穿越很长的路径。因为用户必须经历太多的步骤,且返回也非常复杂,所以浏览这种网站很困难。经过众多讨论和切实的实验后,设计者们达成共识,即拥有超过100个以上链接的更宽、更浅的树状结构更有益于用户。拥有许多链接的设计可能会产生“比较忙碌的”网页,但是它在帮助你设法找到产品、服务及信息方面的作用很大。这一结果已在六项科学研究中得到展示和重复,这些研究反复证明,商业网站使用更宽、更浅的树状结构会产生更快的任务绩效。雅虎(Yahoo)!(见图4.2)和易趣(eBay)(见图4.3)是表明主页上设立许多链接的优点的典范,因为这样的主页可以提供一个关于可获得事物的概况,减少完成你的工作所需要的步骤。

其他设计成分也已改善了用户的体验:更快的系统反应时间、更大的屏幕、更简洁的布局、有序的领域排列等等。科学评价影响着指导文件和软件工具的设计者与开发者,而它反过来又会为下一代的用户界面提供基础。

随着有关设计原则的书籍的传播,新的设计者可以向他的同伴学习,正如与达·芬奇同时代的人可以在他们的研究小组中分享最好的经验。确定原则是一个好的起点,但是为了减少互联网参与上的差异,必须考虑用户的多样性和技术的范围。一个很重要的目标是敦促普遍可用性的实现,在这里每个人都可以成为一名成功的计算机用户。普遍可用性有很好的商业意义,因为它可以为商业、娱乐和教育赢取更多的观众。普遍可用性对于民主原则非常重要,因为它可以产生知晓事理的公众,提供获得服务的同等

图 4.2　雅虎！网页(部分),〈http://www.yahoo.com〉.

经雅虎！允许转载 Inc. ⓒ 2000 by Yahoo!

图 4.3　易趣网页(部分),〈http://www.ebay.com〉.

经易趣公司允许转载,Inc. Copyright © e Bay,版权所有,不得翻印机会，鼓励与政府官员接触。

1999年7月的美国商业局题为《网络的崩溃：定义数字鸿沟》（*Falling Through the Net*：*Defining the Digital Divide*）（NTIA，1999）的报告，以及随后的《迈向数字融合》（*Toward Digital Inclusion*）（NTIA，2000）和《国家在线》（*A Nation Online*）（NTIA，2001）都说明了用户参与上的巨大差异。在成为互联网用户的可能性上，受过良好教育 70
的人是没受过良好教育的人的7倍。同样，富裕家庭是贫困家庭的3倍。计算技术和网络使用的更低的成本将有助于降低这种不平衡性，改进的设计也同样会起到帮助作用。恰当的内容和更好的训练也将使网络服务对于大多数人来说更为有用。

设计应该为新手、非英语口语者、残疾人、老年人、焦虑者和低动机的用户提供方便。同样，内容也应调整成适合低收入用户、不同文化、多种族群体和少数民族的需要。在你所住街区寻找一份低技术性工作或一家保姆合作社应该与在亚马逊网站上查找一本书一样容易。

好的设计也可以让用户使用更旧的机器、更慢的网络连接和更小的便捷式装置来完成他们的任务。灵活的界面应该允许重新定义格式以适合不同的显示器及消除多余的图片。最后，好的设计应该可以使新手从容地学习那些使他们成为熟练用户所必需的知识。这可能是所有挑战中最艰难的一个，因而它将是新计算技术所面临的主要挑战之一。

为何要关注人机交互?

超过12家人机交互(HCI)方面的研究期刊正在汇编实践成果和理论模型,以便为设计者提供指导。对于某些已经得到深入研究的问题已存在着一些具有预测性的理论,如键盘数据输入、鼠标的点击时间和菜单设计。创新性的概念、输入设备或视觉显示在世界范围的会议上被提出。实践者与研究者相互竞争与会者和会议论文集读者的注意。人机交互的专业协会已得到蓬勃发展,或者作为一个独立的团体,如可用性专家协会,或是建立于已有的实体中,如美国计算机学会(ACM)下属的人机交互特别兴趣组(SIGCHI)每年都会举办一次有3000人出席的年会。[2]

人机交互也是一门成长中的学科。许多大学正在建立人机交互的研究生学位项目,而本科生的课目也正在被修订以纳入人机
71 交互课程。这些进展正激励着那些支持新计算技术的人们,但旧计算技术的拥护者并不会轻易让步。许多传统的计算机科学系抵制新计算技术,结果这些大学萌生出卓有成就的新机构,如卡耐基·梅隆大学的人机交互学院,麻省理工学院的多媒体实验室。[3]跨学科团体把来自多种学科的学生和教员聚集在一起,如斯坦福大学或马里兰大学的这类团体。[4]在人机交互和用户界面设计方面的成功案例也同样发生在其他大学,并被其他大学所效仿,但变化通常是缓慢发生的。

抵触来自于以技术为中心的研究者,相对于心理学实验,他们更强调数学式的形式体系。数学运算法则的提取可以提供清晰的

结果，然而用户的多样性和不可预测性是非常棘手的。存在着个性差异；在所有调查的专业中计算科学和信息技术的专家拥有最高的内省性。他们更喜欢独立研究问题，所以应对真实用户的社会性问题可能是很伤脑筋的。

达·芬奇将会赞赏为赢得对人机交互这一新学科的认可所付出的努力。他曾经不得不为赢得人们对文科，尤其是对绘画的尊重而战。在达·芬奇生活的时代，源于柏拉图和亚里士多德的分类，古代文科被划分为三学科（语法、逻辑、修辞）和四学科（几何、算术、天文、音乐）。数学是算术和音乐的基础，测量学是几何和天文的基础。达·芬奇希望绘画能像音乐一样普及，于是开始把数学作为绘画的基础，这与音乐类似。伯克哈特（Burckhardt）在他 1883 年的经典著作中提到了达·芬奇的立场："绘画艺术，也就是观察的艺术，不仅在文科中占有一席之地。她是所有学科的源泉和基础"（Richter，1969）。

达·芬奇也与对生活和科研的实证取向相一致："如果不来自于实践……或被实践所检验，那么所有的科学都是徒劳的，并且充满谬误"（Richter，1969）。达·芬奇希望独自尝试事物，建立模型，采用新的实验方法。我想如果在今天他将是一位为新的用户界面建立模型及进行可用性测试的支持者。 72

怀疑者的观点

到如今一些技术热衷者可能会感到愤怒。支持以用户为中心的设计的证据会降低他们的中心地位和对声望的要求。他们有时会回应:以用户为中心的想法是好的,但相应的技术发展必须走在前面。他们还认为应用不是他们的关注点,技术的进步不应被额外的限制所阻碍。他们的理解是,用户体验的问题是大厦建好后再摆设上的装饰画,然而在新计算技术中,用户体验是构成大厦的钢铁结构。

当向一位“智能交通系统”的倡导者提问时,我很真切地体会到了这种怀疑。他的目标是通过使用先进的交通传感器和自动化的车辆控制来增加高速公路的容量。当我问到是否应该考虑公共交通的选择可能会影响市区规划时,他固执地否决了这种担忧。他的惟一目标就是增加道路的容量。甚至安全和费用对他而言都是次要的。当问及追踪车辆中的保密问题时,他又争辩说这个问题超出了他的关心范围,它应该由政策制定者来决定。

人机交互领域的英雄人物之一,唐·诺曼,也对可用性专家改变工业化方法的能力存在怀疑。他指责那些未能对学生充分地进行商业训练的教授,以及那些将可用性置于可销售性之上的专家。他的批评有很重要的教育意义,我希望新计算技术的推动者应该很好地加以学习领会。

另一些怀疑者质疑新方法能否足以应对对复杂软件和多种用户社区所提出的更多要求。你怎样来测试用户数百万种可能的行为序列呢?你如何对不同的用户群和大约 130 种不同类型的残疾用户进行可用性测试呢?可用性测试有它的局限性,所以其他技
73 术,如自动化测试和专家评议也需要在恰当的地方运用。完美无法达到,但改进是可能的。

以用户为中心的设计的推动者应该认识到他们所面临的抵

触。哥白尼和伽利略也曾经历过低谷才赢得了赞同。太阳位于太阳系的中心的假设曾是一种异端的设想。同样，以用户为中心的设计概念对一些人而言难以接受，但其进步性将日渐明朗。

最后的晚餐。选自无需版权授权的
《列昂纳多·达·芬奇精选集》,行星艺术出版社。

第五章　理解人类的活动和关系

这些笔记揭示了在达·芬奇的思维中……普遍现象与将 75
这种信息应用到实践中去的需要之间所具有的紧密联系。

——阿·理查德·特纳,《具有发明创造性的达·芬奇》(1994),184

我们为何使用计算机? 76

人类的天性和需要并没有因为计算机的发明而改变。即使在信息交流技术飞速发展的时期,人类的价值也持续存在。人类过去曾一直需要食物、庇护所和医疗保健,而且以后将一直需要它们。

人类也需要、寻求并精心培育与家庭、朋友、邻居和同伴的情感联系。养育我们的父母和关心我们的朋友将永远是最珍贵的。同样,邻居的热心帮助和同事的建设性意见将加强彼此的依赖关系,并增进彼此间的信任。当拥有积极体验的共同经历时,人际关系得以发展。普遍互惠的氛围,帮助他人以便他人某天会帮助你的意愿,都为更雄心勃勃的合作铺平了道路,也提高了安全感。

当基本的物质和情感保障实现后,人们会试图建立商业、政治和法律机构,并通过自己的工作和无偿的努力为这些机构做出贡献。随着公共机构的建立,人们拥有越来越多的休闲时间和得到超越基本需要的保障。他们可以在科学、文学、音乐和艺术领域更富创造性,他们可以享受参与娱乐、游戏、业余爱好和运动的乐趣。

当这些需要和愿望实现后,大多数人就已经满足了。在某个滑雪胜地靠近你的度假别墅的一家饭店里与你的家人和朋友共进美餐,将令大多数人感到惬意。但是乌托邦式的想象只是人类本性的一个方面。有利必然就会有弊:食物可能包含致癌物质,房子可能消耗能量,旅游胜地可能破坏环境。而且每种愉快的关系都可能会破裂:家庭可能会破裂,朋友可能会变得寡廉鲜耻,邻居可能具有欺骗性,同事间可能会相互竞争。商业公司可能会利用消费者,政客可能会腐败堕落,司法系统可能会受到操控。这可能是一个残酷的世界,但是精益求精的设计可以降低这些风险。

如果技术开发者从理解人类的需要入手,他们更有可能加快有用技术的演化式发展。来自技术革新的回报是,它在将不利方面的风险降到最低的同时,还可以支持人类的某些需要。因此,对技术机遇的负责任的分析应同时考虑积极和消极的结果,从而扩
77 大对社会的潜在利益。这些主题在社会评论家和技术史学家刘易斯·芒福德(Lewis Mumford,1895—1990)的著作中得到了体现,他用朴素简短的语言描述了技术目标的特点:“为人类的需要服务”(Mumford,1934)。这一直白的表述曾是我的灵感之源,推动我构建能够指导我自己的技术应用原则。在过去的一年里它曾引导我建构出一个可以帮助技术开发者发现创新机会的框架。当然,现有的技术会在很大程度上影响一个人可以制造出什么(达·芬奇不

能铸造出他的巨型铜马或制造出飞机），但是这些想法仍然有效。现有的技术也局限了人们可能想到的事物——达·芬奇从未想到过 CD 播放器和手机。

我研究我自己使用计算机和信息技术的情况，结果发现用“满足我的需要”可以很容易地说明我的使用情况。我使用计算机以支持我与家人和朋友的关系、教育我的学生、组织召开与其他专家的会议及在网上商店购买书籍。我的活动包括收集信息、与同事合作、设计界面及传播我的想法。

当我访问其他人，了解他们的活动时，他们也提到收集信息、与熟人和同事交流、与亲密朋友和家人的即时通讯是他们日常使用的核心。这些模式得到了美国人口普查局（the U.S. Census Bureau）、佩尤研究中心（the Pew Center）、加利福尼亚大学洛杉矶分校（UCLA）以及其他机构的多个用户调查的支持。[1] 超过 80% 的互联网用户强调信息收集（尤其是医疗、旅游及娱乐信息的收集）和可以即时通讯的电子邮件。大多数计算机用户对技术不感兴趣：他们关注于他们自己的信息需要和关系。

达·芬奇对人类需要的思考反映在他所列的四种基本的人类活动上：高兴、哭泣、争论和工作。这是一个吸引人的出发点，正如他提到的出现在私人和商业关系中的情绪状态。我也思考了达·芬奇为服务于实用目的而将艺术和科学相整合的思想。早已摒弃的预言又在我的脑海中回荡：技术上的卓越必须与人类的需要协调一致。但是何种关于人类需要的有力陈述能够指导信息交流技
术的设计呢？ 78

除了十戒（“你不应杀戮，你不应偷窃，……”）和为人准则（“你

想人家怎样对你,你也要怎样待人")以外,还有更好的来源吗?这些是存在于每个用户和设计者的头脑里的激发灵感的原则,但是我需要更精练的指导,它们可以很容易地转化成技术革新。

另一来源是杰斐逊·托马斯(Thomas Jefferson)在《独立宣言》中对普遍的人类需要的描述,它颂扬"生命、自由和对快乐的追求"。我赞同这些是美好的目标,但我正在寻找能够很容易地与新技术相联系的目标。我在心中牢记着杰斐逊的目标,并继续我的追寻。

随后的一位美国总统,富兰克林·迪兰诺·罗斯福(Franklin Delano Roosevelt),曾为国会作过《四种自由》的演讲(1941 年 1 月 6 日),他在演讲中展望了"依据四种基本的人类自由建立的世界"。罗斯福寻求言论自由、信仰自由、免于匮乏(经济和健康)的自由和免于恐惧(尤其是军备削减)的自由。这些也是重要的应谨记于心的有用想法,但是我在寻找一个与活动和关系更为详细的联系。

1950 年代,心理学家亚伯拉罕·马斯洛(Abraham Maslow)提出了人类的需要层次理论(图 5.1)。[2] 而当时的精神分析理论认为人们由潜意识的动机所驱动。马斯洛也反对行为主义者关于人们只是刺激—反应机器的主张,并设法将研究者的注意力从变态行为上移开。马斯洛使用令人耳目一新的语言——"人类的潜能",并将人类描述为寻求能够达到自我实现的创造性表现。他早期的著作提出了五个层次的人类需要,并将其建构为从最低水平的生存需要到最高水平的实现,后者他称之为"自我实现":

1. 生理需要:生存、食物、水和空气
2. 安全:安全的住房、没有自然威胁

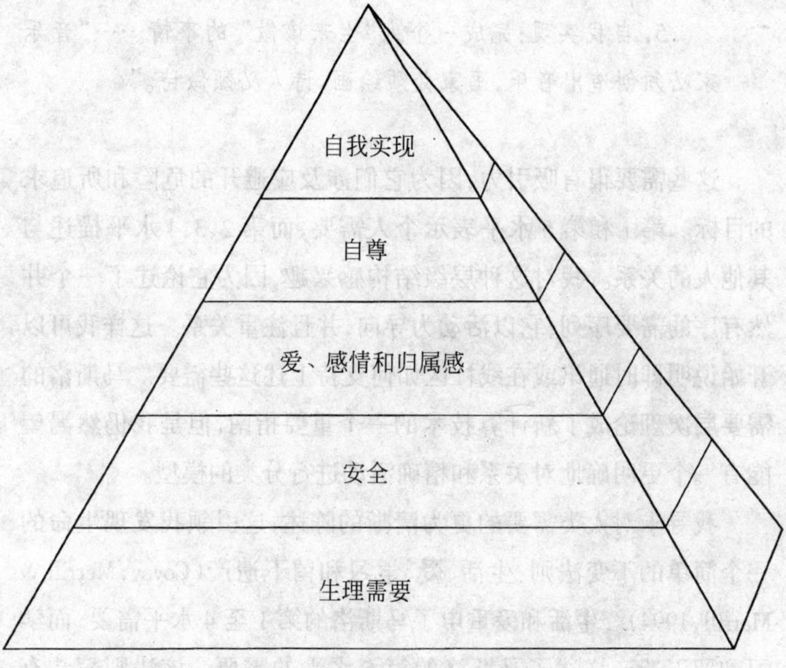

图 5.1　马斯洛的人类需要层次理论。

3. 爱、感情和归属感:给予和获取

4. 自尊:自尊及尊重他人,产生自信

5. 自我实现:完成一个人"生来该做"的事情……"音乐
80 家必须创造出音乐,画家必须绘画,诗人必须做诗。"

这些需要很有吸引力,因为它们涉及应避开的危险和所追求的目标。第1和第5水平表示个人需要,而第2、3、4水平描述与其他人的关系。我对这种层级结构感兴趣,因为它论述了一个井然有序的需要序列,它以活动为导向,并且注重关系。这样我可以开始说明即时通讯或在线社区如何支持上述这些需要。马斯洛的需要层次理论成了新计算技术的一个重要指南,但是我仍然渴望能有一个更明确地对关系和精确活动进行分类的模型。

我寻求对人类需要的更为清晰的陈述,这引领我发现生命的一个简单的不变法则:生活、爱、学习和留下遗产(Covey, Merrill & Merrill, 1994)。生活和爱重申了马斯洛的第1至4水平需要,而学习和留下遗产详述了马斯洛的第5水平的需要。该法则简洁有力,而且颇有创见和引人注目。科维(Covey)和他的同事建议,首先通过撰写关于个人愿景的陈述来设定目标("以始为终"(begin with the end in mind)),然后再仔细地选择方向。他们深入到具体细节,如时间管理、移情式交流和测评进度。我还发现,他们对独立、依赖和互相依赖的描述可有效地明确人类关系的多重方面。

这些哲学上的陈述有助于将注意转移到普遍的人类需要上。它们确实着手于重要的目标,但是提出一个可以为技术开发者提供帮助的模型需要一个整合的以活动为导向的取向,这一取向同样定义了关系,即谁与谁在做什么。

四个关系圈

在我寻求为技术革新发展一个模型时,我直接瞄准了发展中的人类关系圈。在旧计算技术中,计算机使用通常被界定为一种孤独的体验,该概念得到了“个人电脑”(personal computer)这一术语的支持。但是向关注关系的转变把我带入一个崭新的领域,在这里,家庭计算机(family computer)、自治社区(corporate community)或公共网络(civic network)可能是恰当的术语。

位居中心的仍然是计算机的个人使用(图 5.2)。你可能只希望聆听音乐、阅读新闻或写日记。这是一个私人空间,在这里你可以安全地、放心地、秘密地和自由地创造那些你希望能满足你个人 82
的突发奇想的事物。

第二个关系圈包括你与少数可信赖的家人和朋友(2 至 50 人)保持的持久关系,你与他们共享许多知识,并非常期待能与他们定期见面。你曾经接受你的伯父伯母的照料,你曾与你的表兄妹和朋友一同玩耍,你曾与可信赖的同学一起上学。他们非常了解你,并且愿意为你做许多事情。你愿意把你的钱财、汽车和情感托付给他们。

第三个关系圈大得多,包括不断变化的专业同事或邻居(50 至 5000 个人)。你适度地信任他们,你与他们有一些共同的兴趣,而且你期待着能再次见到他们。他们可能是你参加的专业社团中的成员,或是你所在的城市、县或州的居民。你们的信任水平

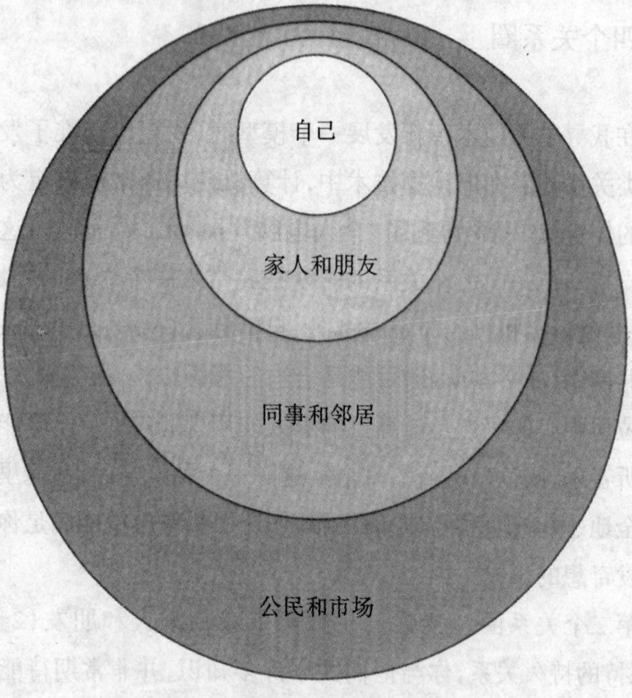

图 5.2　关系圈。

较低,但拥有一些共同的知识。如果不是在某个特殊活动中被引见,你可能不会认识其他的专家或居民,但是如果他们与你做同样的工作或生活在同一个社区,你们就会有许多可讨论的话题。

最后,第四个,也是最大的关系圈,被定义为一个国家的公民或一个市场的参与者(5000或更多人)。你对他们的信任度很低,你与他们只有很少的共同体验,而且你的经济地位可能与他们的有所不同。易趣或音乐电视(MTV)市场的参与者有一些共同的立场、共有的知识和共同认可的社会规范,但是遭遇意外的风险较大。虽然那些经常使用易趣的人熟悉最新的政策变化,并且依赖声誉管理器来建立信任感,但是他们仍小心地对待每一笔交易。同样,MTV迷之间会共享关于最新的音乐榜单和流行趋势的知识,但是他们却不会在舞池中把自己的贵重物品随意搁置而不加任何防范。

这四个成长中的关系圈在规模大小和相互依赖程度、共有知识及信任度上表现出不同的特点。这是一个边界和分界线模糊的不完善的划分,但是它能够服务于鉴别目前的和可能成功的技术革新。好友列表是为亲密的朋友和家人设立的,然而消息版和分发列表是为同事和邻居准备的。为更大群体提供的支持,如新颖的网络策略正在出现,它们可以为属于一个国家的公民或参与一个市场的数百万人间的关系提供支持。易趣、纳斯达科(Nasdaq)和亚马逊(Amazon)都是拥有上百万人的在线社区,尽管评论家将讨论它们存在的局限性和内聚力。[3]

对于计算领域的许多人而言,聚焦于关系是一个新的方向。毕竟个人电脑的基本理念与信息处理专家的高度内倾性相关联。83

他们通常更喜欢待在他们的私人工作空间里，他们相信独自工作是取得进展的最快途径，即使与他人合作有时更为多产。

大多数的软件都是为个人使用而设计的，这不足为奇，但是随着具有其他个性特征的人们开始使用计算机，他们的需要促进了计算机支持下的协同工作的群件（groupware）和研究的出现。随着这些新的合作需要的出现，为了提供恰当的交流，发明了新的软件和用户界面。当然，独立工作总是很有必要的，并且团体工作也有它的问题。许多团体会陷入困境，导致困扰管理者和参与者的颇为壮观的论战。相比而言，个人的失败更倾向于被悄悄地掩盖，因此其损失不为人知。

作为用户，你可以考虑如何平衡你的独立工作和团体工作。有可以用来为你的独立工作和参与三个更大的关系圈提供支持的信息交流技术吗？作为技术开发者，你的创新有适合于独立工作或为小、中、大型团体间关系提供支持的多种版本吗？

当你变化你在独立工作与团体工作间的平衡时，你应该将它们各自的优点和危险谨记于心。独自工作使你不必依赖他人，但也意味着你只能依靠自己的技能和知识。与其他人合作需要额外的努力来建立信任关系，但是你可以从互补的技能和知识中共享成果和收益，或是仅仅简单地分配劳动量以加快完成速度。每条途径都有它令人满意和让人受挫的地方，但是同时利用这两条途径可以获得最具建设性、最令人满意的结果。

活动的四个阶段

四个关系圈只是我的加快技术革新的模型中的一个维度。需要用第二个维度来区分用户参与活动的阶段。一种方法是使用生命周期事件,诸如出生、成年、结婚和退休。这样可以产生新的应 84
用软件和网站,例如为新的父母、处于困境中的青少年或婚礼筹划者提供的服务。生命周期取向是有帮助作用的,但是生活中许多重要的方面发生在这些特殊事件之间。另一个有趣的方法是运用日、星期和年度活动的节律,因此我们将这些都存下来供随后精选。

活动分类的一个更好的选择来自对创造力的研究(第十章)。创造性过程的第一步通常被称为准备阶段,它涉及收集信息——今天的互联网已经可以提供很好的支持。实际上信息技术已成为许多技术的基本标志。但是我们将关注用户收集信息的活动(新计算技术),而不是关注可以呈现多少字节或多少页的信息(旧计算技术)。

信息收集活动成功与否的责任在于用户。用户可以从家人或朋友那里收集(collect)信息,他们可能通过一次拜访或一个电话就从家人和朋友那里获得所需的信息。下一个联系圈包括同事和邻居,他们可能回复电子邮件,因为他们期待当将来他们需要信息时可以获得互惠的帮助。一些公共机构,如专业社团、当地政府、企业、大学、博物馆及图书馆会提供包含丰富信息的网站,或者作为会员收费服务的一部分,或者作为社会公共机构义务的自然部分。

国家资源如美国国会图书馆或英国图书馆,交易数据库如易趣或亚马逊,都服务于广泛的受众。[4] 用户通常有严肃的购物意向,但是在易趣网上查看外婆的水晶眼镜值多少钱,或者在亚马逊上阅读差评和好评也是很有趣的。同样,如纳斯达科或纽约证券交易市场(the New York Stock Exchange)的财经市场都产生了富有活力的企业,如富达投资集团(Fidelity)、精明理财(Smartmoney)、嘉信理财(Charles Schwab),它们提供大量的信息可供消费者或专家进行收集。[5]

收集信息通常是活动的第一阶段,并且用户可能会不断返回到这一活动(图 5.3)。第二个重要的活动阶段涉及与其他人发生联系。这种联系(relate)活动,即向同伴或导师咨询,可能发生在项目的早期、中期或晚期。联系的吸引力非常强大,使得电报、电话、电子邮件和即时通讯得到了快速发展和广泛传播。企业家迅
86 速意识到,交流技术有强大的市场。人们对通过电话及电子邮件保持联系的渴望十分热切,所以许多人走到哪里都带着交流设备,并为这种服务花费了大量金钱。

至今,信息(收集)和交流(联系)技术已经得到蓬勃发展,所以很自然地要问,下一次革命将会是什么样子? 达·芬奇如今又一次成为激发灵感的缪斯女神,因为他提醒了我们对创造性的强烈渴求。对创造(creat)活动的更广泛的解释包括创造一首歌曲、筹办一场生日聚会、开拓一个市场和组织一次社会活动。所以或许紧随信息技术和交流技术之后的下一次革命就是创新技术。第三次革命已经开始,精明的用户和设计者已经发现创造力支持工具所固有的能量。在后面的第六章中我将进一步阐述有关创造力与学

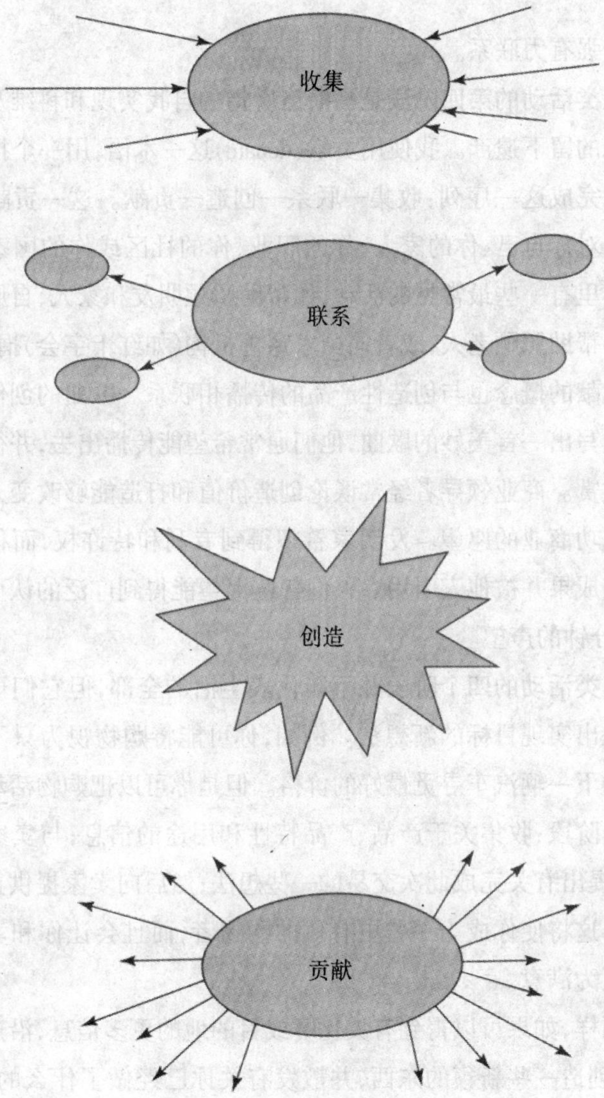

图 5.3　人类活动的四个阶段。

习间的强有力联系。

人类活动的第四阶段是马斯洛所指的自我实现和科维及其同事所说的留下遗产。我使用贡献(donate)这一术语,用一个押韵的形式来完成这一序列:收集—联系—创造—贡献。这一贡献活动覆盖了对你自己、你的家人、你的职业、你的社区或你的国家的给予。这里有一些最常见的活动,如帮助照顾朋友和家人,自愿到社区中心帮助照顾老人,或者向国家慈善机构(如红十字会)捐赠。

贡献的概念也与创造性产品的传播相联系。歌曲的创作者不只是想写出一首美妙的歌曲,他们通常希望能传播出去,并得到别人的欣赏。商业领导者经常谈论创造价值和打造能够改变人们生活的成功商业的愿望。发明家希望得到专利和特许权,而科学家想发表成果并被他人引用。人们普遍渴望能得到广泛的认可和拥有 15 分钟的声望。

人类活动的四个阶段并不能代表生活的全部,但它们可以帮助你提出实现目标的新想法。例如,你可能将购物视为只不过是为你的下一辆汽车寻觅最好的价格。但是你可以把购物活动分解成几个阶段:收集关于产品、产品特性和用途的信息;与卖家建立关系;提出有关完成此次交易的一些想法;然后向卖家提供正性的证明。这将使你成为一名更有效的购物者,而且会让你和卖家双
87 方都更为满意。

同样,如果可以得到有关比赛或目的地的更多信息,沿途建立关系,创造一些新颖的东西,并散发有关你已经做了什么的消息,那么你可能会重新考虑如何参与运动或规划你的下个假期。收集—联系—创造—贡献的活动节律可能产生思考旧问题的新方式。

一个活动与关系表格

你可能会猜测这一讨论将引往何处。四个关系圈与四个活动阶段的巧妙结合组成了一个二维的方格：活动与关系表格（ART）（表5.1）。这个4×4的表格显示出，利用信息、交流、创新或传播

表 5.1　活动与关系表格

88

	收集 信息	联系 交流	创造 革新	贡献 传播
活动与关系表格	>阅读文档 >聆听故事 >浏览图书馆 >了解风俗	>提问 >参加会议 >参与对话和互惠 >发展信任和团结	>编曲、写作、素描、建筑、制造 >头脑风暴、想像 >制定计划与政策 >考察选项 >模拟结果	>撰写报告 >记录历史 >讲述故事 >发表观点 >组织活动 >建议、领导、照顾、训练、指导
自己				
家庭和朋友（2至50个密友）				
同事和邻居（50至5000个定期的会面者）				
公民和市场（5000以上）				

技术中的一项技术，你与每个关系圈的成员可以一起完成什么活动。它并不完美，但它可以帮助作为一名计算机用户的你，以一种崭新的方式来解决你的一些问题。它可以帮助技术开发者发现新的机会。

例如，如果你刚搬进一个新的街区，需要找一名医生，第一步应该是收集信息(ART 的第一列)。来自家人和朋友的建议是一个好的起点，因为你信任他们的意见。他们知道你需要一名医生照顾你的两个年幼的孩子，和一名医生能很好地治疗你的哮喘病和你配偶的高血压。你可以向你的新邻居询问，但是你可能要保持谨慎，因为他们可能并没有充分了解你的偏好或医疗保健方面的需要。你可以尝试参考当地医生的列表或能够提供建议的当地机构，但是你可能会假定这些建议存在偏差或不能充分适合你的需要。最后，你可以查阅国家医疗目录，它根据地域和专业列出了医生的名单，但这只是基本的信息，仅仅是进一步咨询的一个起点。

你的第二步是联系当地的医生或保健组织，描述你的需要，索
89 要介绍信以便与目前的病人联系(ART 的第二列)。就建立新关系中的信任而言，介绍信和推荐书是一个重要的部分。你甚至可以联系医疗评审委员会或国家机构，从而获得有关专家或保健组织的工作成果的详细资料。

如果你特别用心，你可能会组织你所有的信息，使用一些关键特性来对候选者进行排序，如护理的质量、费用和便利程度。如果你确实是一位全心投入的社区行动主义者，你可以运用你的创造力，为社区的新来者编制一本记录着你的信息的小手册(ART 的第

三列）。然后你可以通过在社区网站张贴布告来传播（贡献）信息以帮助他人（ART 的第四列）。“贡献”活动可以导致创建更大的信息图书馆，它是其他人开始收集过程的源头。

用活动与关系表格描绘出的新计算技术也可以为技术开发者提供机遇，使他们可以发明出能组织或加快选择医生过程的软件工具和服务。附带产生的一些想法，如针对某位医生的患者或患有某种疾病的病人的特别讨论组，扩大了这种可能性。如同为提高病人护理质量进行的研究，比较地区或国家范围内医生的绩效这种更雄心勃勃的机会也有可能得到。

这一情景刻画了一位认真的、有动机且资源丰富的人，他拥有为他或她的家人找到最好的医生所需的知识和时间。你可能并不能如此专注，但是你可以寻求其他的方式来创造一个令人满意的社交群体或为家人和同事创造出某些事物。大多数人希望有朋友来邀请他们去慢跑，希望生活在一个邻居们愿意帮他们照看孩子的社区。不幸的是，增长的时间压力、更长的往返路程、更高的期待，甚至增多的互联网使用，都可能会削减你慷慨给予的能力或意愿。但是你可以很容易地更加重视人类的需要和你的社区。你可以使用新计算技术来重建已丢失的社会资本。[6]

许多你所面临的其他的日常挑战，如寻找一间住房、创办一家公司或获取一份新工作，都能够通过思考关系圈和遵循收集—联系—创造—贡献的活动阶段而得到易化。 90

对于技术开发者而言，活动与关系表格可能会激发出新的工具和服务。本章的剩余部分将提供两个界面革新的研究案例，它们都是思考上述活动与关系表格的产物。行和列都没有被严格地定义，而且许多活动可能适合于表格中的多个单元格。虽然很容易发现其中的缺点和疏漏，但是这个表格的目标是激发鼓舞人心的灵感。

第一个案例研究可以令达·芬奇深感欣慰，因为它在处理视觉信息尤其是图像时关注了人类的需要。第二个案例研究涉及对移动性和普遍可得性的渴求，并提出了许多提供信息、扩大关系、激发创造性以及传播思想的新颖方式和场合。

眼睛获取它！视觉信息

这是一个视觉世界！图像可以引起许多人的激动、情绪和关注。艺术给人震撼、激发灵感，关怀摄影是一种传统，而家庭照片是我们最大的财富。达·芬奇应该会对此表示赞同。他曾经写道，“眼睛……心灵的窗户，它是中枢知觉最完全、最充分地欣赏自然界的无限作品的主要感觉方式。”他相信，视知觉是我们了解世界的最重要方式。

视觉信息是新计算技术的一个重要成分，这不足为奇。大多数人主要依赖视觉输入来理解周围世界，并将视觉输入作为进一步的创造性活动的基础。随着设计者能够成功地呈现出超出表格显示数百倍的信息，信息可视化正在成为下一个伟大的成功故事。这些新方式可以展示股票市场趋势、揭示疾病模式或发现加工过程中的疏漏。

主要的成功事迹存在于视觉媒体的普及中，如照片、短录像、精巧的动画。数字照片和承载图像的网页已经是主要的计算技术应用,但是用户仍然需要更高的分辨率和更快的下载速度。

建立图片数据库的可能性可以通过用照片应用软件填充的一个活动与关系表格来理解(表5.2)。最古老的应用软件是传统的数据库搜索,以美国国会图书馆为代表。美国国会图书馆的馆长 92
詹姆士·比林顿(James Billington)曾满怀信心地推动他的这一愿景,即通过美国国家数字图书馆项目来创造美国记忆。[7] 该系统正使700万个目标可以通过互联网得到,这些目标被组织成200个收藏品,其中许多已经能够在网上得到,例如内战时期马修·布雷迪用银板照相法所拍的1100张照片(Mathew Brady daguerreotypes),25000张从1940年代到1950年代的华盛顿建筑的图片、乔治·华盛顿(George Washington)的亲笔信、托马斯·爱迪生(Thomas Edison)的电影和沃尔特·惠特曼(Walt Whitman)的手稿。这是一个为所有公民开发的全民性财富,并被构建为一个面向教师、学生、记者、研究者、历史爱好者及其他人的信息资源。如同在传统的、认真编制目录的图书馆里一样,图像上都标注了摄影师的姓名、拍摄日期、地点及标题的信息,所有这些都可以被用来进行搜索。你可以用"密苏里州野牛"(Missouri buffalo)或"国内战争"的标题来搜索相应的图片。它可以支持最广大的集团、公民或市场的"收集"活动。另一种存储图片的服务可以为广阔的市场提供相似的搜索服务,如考比斯(Corbis)或PictureQuest。[8]

然而,这仅仅是活动与关系表格中的16个单元格之一。我们的研究组曾承担过组织个人和家庭的照片图书馆的课题,该问题针对人们收集和寻找他们的家庭成员和朋友照片的愿望(表格中的第一和第二行)。私人照片涉及朋友和家人的图像,尤其是典型

91 **表 5.2　活动与关系表格中的照片应用软件**

活动与关系表格	收集信息	联系交流	创造革新	贡献传播
自己	数字照片导入		照片日志 PhotoShop	
家庭和朋友	照片搜索器 PhotoMesa 家庭相册	照片分享网站	导出到网站的故事启动器	家庭照片历史
同事和邻居	照片搜索亭 共同的照片历史	邻里间的照片共享		
公民和市场	美国国会图书馆 照片搜索 考比斯		照片编辑 (PhotoQuilt)	照片交流网站

的生命周期事件(出生、婚礼、毕业)和旅行(科罗拉多州河上的漂流旅行、迪斯尼乐园的举家游览、伦敦的夏日之旅)。个人照片的典型特征是小范围的朋友和家庭成员出现在大多数的照片中。

私人照片的图像来自扫描服务或数码相机,它们只能提供一个排序的号码,然后把照片储存在目录中。很少有用户会主动地给每张照片起一个有意义的文件名,并把它们组织在一个已命名的文件夹中。但是即使是投入了这种努力的人们也经常会受限于已有的拙劣的文件名搜索服务。

用户和设计者所面临的挑战是克服这样一种矛盾:虽然家庭照片是我们最有价值的财富,但我们却很少翻看。一场婚礼因为胶片显影冲洗机毁坏了胶片而重办一次的故事,可以证明这种照片的价值。两周后,整个婚宴再次举行,客人重聚一堂,再次穿上他们别致的礼服,重新上演了一次婚礼。同样,房主会冲进正在燃烧或已经被洪水淹没的房子,以拯救他们的照片。然而,这一矛盾 93
来自于当人们想要看他们的数字照片时,大多数人不能轻易地找到它们,而且快速浏览并非总是可能的。因为用户在他们的硬盘上存储了数千张照片,当他们设法找到奶奶在苏茜(Susie)的第一个生日晚会上的照片时会遇到很大的阻碍。

私人照片的矛盾随着时间的推移越来越强烈,因为老照片会变得更加珍贵,但却被浏览得更少。要找到爷爷第二次世界大战期间在海军服役的照片简直是太难了。因此,若搜索能力可以变得更有效的话,私人照片的用户可能会采用它们,并且能在私人照片上花费更多的时间。

定义所需照片的复杂性和恰当地给照片标注的困难性是照片搜索的主要阻碍。如果照片使用拍摄日期和地点进行标注,正如美国国会图书馆所做的,那么你可以搜索到圣路易河、密苏里河、开罗河和埃及河的照片。地点、日期、名字和名词相对容易搜索,但是概念(如亲子关系)和主题(如悲痛)的图像则更难提取。许多根据主题的分类或汇编已经建立,但是可接受的标准尚未到位。

扩展关键词搜索的自然语言技术是很有用的。例如,程序可以用同义词(儿童 Child、年轻人 Youngster、少年 youth、小孩 kid、幼儿 infant)或者等级术语("新英格兰"是"缅因州、马萨诸塞州、新罕布什尔州、佛蒙特州、罗得岛州和康涅狄格州"的更常用的术语)。一些机构,如人类学导向的巴黎人类博物馆,使用诸如农业、房屋和宗教的主题来组织照片,又如底特律的艺术学会,将图片划分为静物、肖像及抽象图像。

既然标注是非常耗费时间的,那么许多研究者尝试使用计算机成像技术对照片进行自动分析,以便再认特征、纹理、面孔和颜色。颜色匹配可以帮助找到日落的图像,而特征探测有助于发现角、线或圆,这在对一些图像进行定位时非常有效,如眼睛或公司图标。当良好的照明条件和正对面孔的姿态成为可能时,一个人的照片可以被匹配和定位,但是标注和搜索的问题尚需留待未来以得到普遍解决。还有,自动化技术的进步不久就可以计算出一张照片中面孔的数量或者再认室内或室外的照片。另一个类似的
94 可能是,将建筑物与树分离,区分男性与女性的面孔,即使结果不完全准确,这些也将非常有用。

自动分析和标注的另一个可供选择的方法是易化人类的标注。当美国国会图书馆和其他机构愿意花费资源来支持详细的数据输入时,大多数用户不愿意花费数小时的时间来键入朋友或家人的名字、地点和内容。即使他们这样做了,他们使用的不一致的方法(如 Bill, Billy, William, Willy,或者 New York, NYC, New York City, NY)也会破坏成功的搜索。

我们解决私人照片图书馆这个问题的方法是,让你能够从家庭成员列表中把名字拖动到照片上(Shneiderman & Kang, 2000)。在照片搜索器(PhotoFinder)中实现的这一直接标注界面可以将这些名字记录在易于搜索的数据库中(见图 5.4)。例如,为了能够容易地搜索到爷爷的照片,我们添加了一个拖-放(drag-and-drop)搜索,因此你只需将一个名字拖动到搜索区域,爷爷的微缩版照片

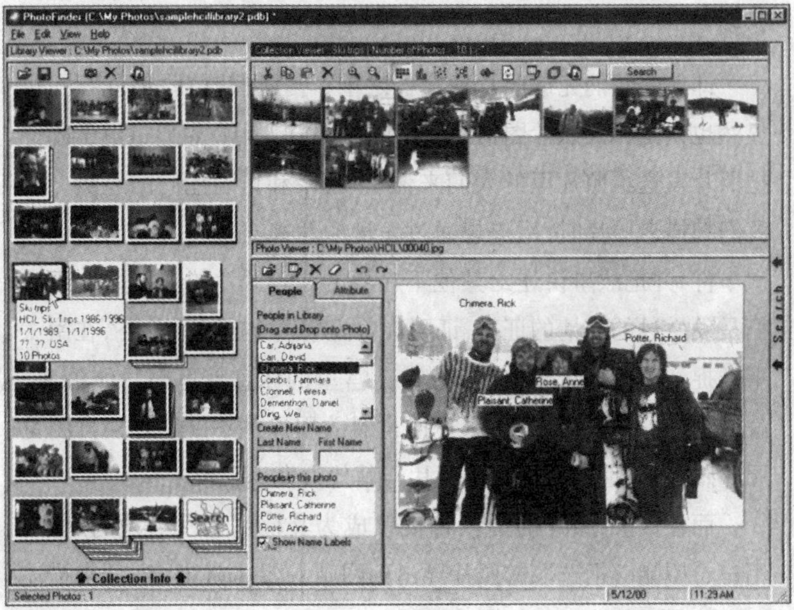

图 5.4　照片搜索器软件工具使用户可以组织、标注、搜索及共享私人照片。〈**http: / /www. cs. umd. edu / hcil / photolib /**〉.

就会立刻显示出来。我们的解决方案在私人照片图书馆领域运行得很好，因为即使有成千张照片，也只有20到50个人频繁地重复出现。

即使在我们完成照片搜索器之前，寻找图片（“收集”活动）很显然也只是私人照片图书馆使用的一部分。用户想通过电子邮件把照片发送给照片里的人们来证实、记录和重温他们的经历。当我们扫描老照片时，用户想通过发送照片来与参与者一同回忆那次事件，并把故事讲述给其他不在场的人。照片的吸引力在于它们是发生过的事情的证据，证明你曾经乘筏穿越过大峡谷，在南太平洋捉到过一条大鱼，或者曾在白宫里的休息室里与总统握手。就活动与关系表格而言，照片搜索器的用户并不仅仅对独自浏览照片感兴趣，他们希望利用照片与其他人发生联系。

而且很快，照片的提取将仅仅成为其他创造性活动的起点。用户希望能够把选取的照片导出到网站上，并加上标注，用来描述一个故事（“创造”活动），例如女儿从一岁到两岁的成长。用户也
96 希望打印出标有文本标题并附有多张图片的精美作品。这引导我们在照片搜索器中添加了故事启动器（StoryStarter）成分。它允许你通过一种便利的方式把带有标注和标题的一套照片导出到一个网站上。并且允许使用普遍通用的编辑器来进行附加的编辑。

当然，大多数用户的目标并不仅仅是制造这些具有创造性的产品；他们也希望向家人和朋友传播它们（“贡献”活动）。每位用户的需要都导致照片搜索器的扩展，使它们超越原有的概念。这些经验有助于证实活动与关系表格的有用性，但是下一步是利用表格来发明新的应用软件。

在为同事或邻居寻找照片应用软件时，我们想到了商业应用，如房地产代理为出售的房屋拍照，保险代理人拍摄汽车事故，医生记录受伤或治疗的结果。这些活动涉及从提取照片（收集），到为了进行咨询而与同事共享照片（联系），再到做出一个建议性的报告（创造），以及把它们发布在互联网上供其他人使用（贡献）。支持创造性活动的特殊化软件成为可能，如保险代理人为找到所有失败的缓冲器或翻车后的幸存者而进行的回溯式搜索。同样，医生可以对外科手术程序进行标注，然后从数千个案例中探求模式。

我们的研究计划扩展到了群体的标注过程。我们扫描了 20 年来人机交互领域会议上的 4000 多张的照片，并邀请我的同事一同参与（联系）为这些照片提供标注和标题。2001 年春天在西雅图召开的人机交互领域的美国计算机学会会议上，我们安装了 7 个照片搜索亭。在会议最繁忙的三天中，有上百名参观者来到我们位于展厅后面的小隔间内浏览照片，与朋友共同追忆往事。他们添加了上千个名字的标注和 400 个主题，并捐赠了 2000 张新的照片。

同事间的这个过程为创建这一研究者和开发者团体的发展史做出了贡献（创造）。在 2001 年年底，我们建立了一个网站，其中包括所有的图片、标注和主题，为这个新兴学科提供一个公共档案（贡献）。当然，在从私人收集到公共档案转变的过程中，尊重个体对隐私的愿望是核心关注点。参与者在一个公共会议上的照片相对来说是没有争议性的，但是当将个人的照片公开时，这必然会导 97
致敏感的问题，并需要照片使用授权书，尤其当商业赢利是其部分目标的一部分时。对撤回照片的要求及时地做出反应必须是任何公共展示的一部分。

对家人和朋友来说,一个有吸引力的应用软件是建立一个照片和故事的个人历史数据库,它可以快速查找愉快的事件,如出生或婚礼,或是悲伤的时刻,如生病或死亡。许多人可能会保存带有图片、录音和视频的更为详细的电子日记。编制索引、组织和探索这些复杂信息形式的软件可能成为未来几年的一个巨大机遇。可包含数千张扫描的或数字的照片,并使用人名、日期、地点和事件对这些照片编制索引。能够浏览数千张照片的用户界面,并且能够快速放大某张照片以便更仔细地进行检查的软件,正逐渐可能应用于普通的便携式电脑上。[9]

既然浏览已经变得令人非常愉快,那么你可以想像你与你的奶奶坐在一起,一边观看这些老照片,一边聆听你查找到的有关它们的故事的音频文件。然后你可以与某一个允许你很容易地创建家庭历史的家谱数据库相连接。家谱的图形式展示及时间呈现让你大致了解了一个家族演化和当时的社会背景概况。在这个过程中,你可能会被奶奶曾提及的一位日渐老去的亲戚的故事所吸引。照片和标题描述了他的充满激情的商业冒险和激动人心的旅游猎奇的丰富多彩的人生。你可能认出了他的一个孩子,他是你的远房堂兄,他曾从加拉加斯来拜访过你,并留下便条让你下一次去委内瑞拉出差时与他联系。

街区和公司也有历史。记录事件和故事的简易性,加上组织和呈现它们的改良工具,激励一些用户建立他们邻居和同事的历史和微型博物馆。如果布鲁克林是你的家乡,你只需点击它们的网站,就可以找出关于它、它的街区如展望花园及其历史的信息。[10]

同样,IBM 的雄心勃勃的档案馆是在线的,英特尔的物理博物馆有一个丰富的网络版本。[11]小一些的公司在互联网上也有它们的历史,附带有创始人的照片及公司成长的故事。许多小型文化群体的日益老去的故事讲述者和全心投入的案卷保管人通过使用能够记录经历和推动社区的技术工具而变得更加强大和受欢迎。98

另一个更雄心勃勃的努力来自于考比斯,这是由比尔·盖茨创办的以营利为目的的公司。考比斯一直在扫描世界著名博物馆和档案馆的照片和绘画,并意图获得出售权。但是图像扫描只是一个起点。标注、索引和搜索服务是使这种收集活动成为可能所必需的。看到考比斯如何被比喻为所有图书馆中最大的图书馆——美国国会图书馆,是很有趣的。

皇室和总统拥有关于他们成就的图片的档案博物馆,但是在未来,更多的人将会在网上创建自己的博物馆,展示他们的生活和祖先的幻灯片。同样,今天仅有少数的勤奋的专家会收集照片收藏品,如建筑历史学家、鸟类观察者或植物收藏者。但是未来的专家和许多类型的狂热分子能够发展和传播他们的照片收藏品。他们能够以此当作自己的业余爱好或职业,副业或一个严肃的研究成果。群体标注的公共性、照片的电子邮件分发和无数基于网络的照片图书馆可能会在一个更广阔的人群中促进更高水平的视觉素养。

柯达的一个成果,照片编辑(PhotoQuilt),让数千人能够创造出一个共同的照片档案。[12]消费者发送带有标题的照片,这些照片组成了巨大的棉被一样的图像。用户可以框定其中的一部分,然后点击它以获得更大的带有标题的照片。这个合作性的创造包括数千名贡献者和数百万浏览者,但这仅仅是一个开始。下一步自然而然的是成功实现同伴间音乐文件共享的概念,并允许照片的共享。照片共享的参与者能够很容易地获得家庭照片,或者从锁藏于堂兄妹、伯父、伯母及祖父母的个人档案中的历史照片数据库中收集照片。这种照片能够与每个家庭的家谱数据库相联系,允许亲戚们浏览彼此的家庭照片。

照片是视觉信息的一种普遍的形式,但是也有其他的形式,如商标、图标、卡通、广告、绘画和地图。在互联网的早期,马里兰大学计算机科学的一名本科生曾与我探讨过他的基于网络的滑雪地图图书馆。他是一位充满热情的滑雪爱好者。他曾认真地下载并
99 扫描过数百幅的滑雪地区地图,并按照地理位置、字母顺序、滑雪难度及其他编制简单的索引来寻找旅游胜地。在大学的技术联络事务所的帮助下,他把所有权卖给一位网络提供商,因而成功地支付了研究费用,并为年轻的家庭提供了经济支持。

你可能有你自己的关于你、你的家庭、你的公司、你的邻居或你的大学校友录如何创建相册、故事及档案的例子。照片是一项基本的技术,当它们被用来为人类的自我表现、合作和创造性努力方面的需要提供支持时,它们将变得引人注目。

移动性和无处不在性:掌上电脑、微型遥控器、信息门、网络树

活动与关系表格可以适用于任何地方、任何时候的用户需要

(表5.3)。从令人尊敬的晶体管收音机,到值得怀念的随身听,再到令人惊奇的MP3数字音乐播放器,都说明了消费者对移动式音乐的强烈愿望。同一位用户在办公室和家庭中需要大屏幕及吸引人的台式机器,同样也需要小型便携式装置,以便到任何地方都可以随身携带它们。他们需要用大屏幕来浏览地图和设计房屋,需要小屏幕随时随地查看股票价格、天气预报和航班信息。达·芬奇也是同样,有时候在墙壁大小的壁画上作画和绘制大的肖像画,但也使用许多小的记事本。他是一个随处都带着记事本的乱写者、涂鸦者。

表5.3　活动与关系表格中的移动性和无处不在性应用软件

100

活动与关系表格	收集信息	联系交流	创造革新	贡献传播
自己	航班信息 天气		日记	
家庭和朋友	地址列	找朋友 电子贺卡	音乐播放列	家庭旅游历史
同事和邻居	信息门 收集电子邮件	发送链接 信息门	电子用户手册	
公民和市场	股票报价 网络树	点击付费	电子用户手册	交流旅游信息的网站

由于认识到对移动性的渴求,1990年代的设计者开始生产小型装置。掌上电脑(图5.5)和赛意昂(Psion)表明,技术爱好者愿意使用设计精良的便携式信息工具——真正意义上的指尖信息(Bergmann,2000)。同时,手机的爆炸式激增暴露出对交流的强烈愿望。到2000年代早期,这种组合变得不可抗拒:手掌大小的无

图 5.5　掌上电脑 . Palm^{TM} 是掌上电脑的商标 . Inc.

线通讯和手机的较大显示屏。

掌上电脑的设计者明智地关注于少数的便携式信息需要：日历、地址本、待办事项(to-do list)和记事本。令人惊讶的是，用户愿 102
意学习一种被称为“涂鸦”(Graffiti)的英文字母表变体(图 5.6)，这样他们就能够通过每个字母很少的快速笔画输入来录入数据。更令人吃惊的是提供手写单词再认的 Apple 公司的 Newton 却失败了。很明显，与经常被错误识别的手写单词相比，大多数用户在录入容易再认的小笔画时将会获得更多的满足感和效用。许多用户愿意学习一种的新的字母表来获得可靠的数据录入。大多数用户觉得自己应为“涂鸦”的笔画再认错误负责，然而他们在单词识别错误时则倾向于谴责 Newton，这可能是因为在“涂鸦”中，错误的位置和原因更加清晰，所以可以容易地返回并修改它们。

掌上电脑的附件，如游戏和饭店指南已迅速出现，并且随着屏幕尺寸的增大和可读性的提高，电子图书和新闻标题正在成为新兴的应用软件。同样，手机的设计者发现了用户的一个令人惊奇的愿望，即用电话的键盘输入简短的电子邮件。很快，数百万年轻用户从谈话转向了文本。在这里，掌握一种新的技能似乎又一次吸引了许多年轻用户。名录黄页的座右铭是“让你的手指行走”，但是使用手机进行数据输入可以让你的手指谈话。

掌上电脑以屏幕的可读性取胜，这使它有可能成为一种超越新闻、日历或导航的信息资源。手机以其商业生存能力而取胜，因为它已经与为服务付费的思想联系起来，因而通过电话消费是自然而然的。一个人不仅可以通过手机购买股票或飞机票，而且许多小的便捷功能似乎也可以实现。为什么不能通过手机为停车或

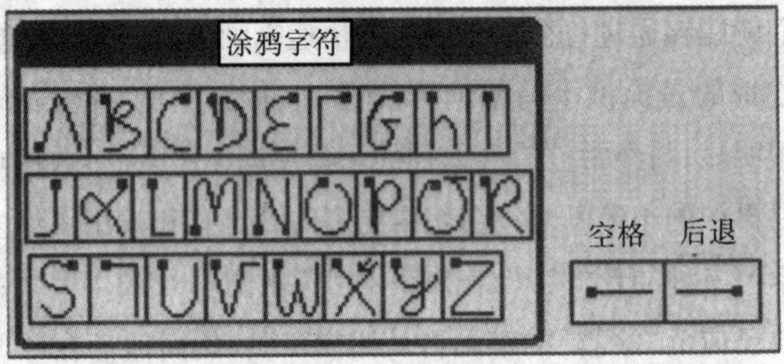

图 5.6　字母表的涂鸦。Graffiti®是掌上电脑的注册商标。

为一罐可乐付费呢？当你停车时，只需键入计量器上的密码，一美元就从你的电话费中支付出。当你站在一台汽水机前，只需扫描一下汽水机的密码，那么“你以你自己的方式完成了支付”。

但是这些装置只是微型化和无处不在性执行过程的起点。腕表式装置已经包含照相机或日历，其他技术也将被镶嵌到鞋、手 103
镯、项链、戒指及衣服中。一些技术将会易化信息收集，如交换联系信息，或者成为商业活动的一部分，如付费过程或收集医疗信息。在这里，有远见的洞察力又一次来自对人类需要的思考，而不是技术的潜能。

交换商业名片是一个令人愉悦的传统，这个传统已经形成了许多吸引人的礼节，如正式的日本式呈递过程或在会议桌上投掷的戏谑风格。掌上电脑的用户采用红外线光束完成联系信息的传送。但是设想一下，为了发送消息，我要收集出席会议的 50 个人的电子邮箱地址。掌上电脑的一次只能定向联系一个人的解决方法太慢了，而且要把所有的电子邮件地址写到消息的标题处则更令人厌烦。认识到对群发邮件（GatherEmail）工具的需要是第一步，然后将会出现一打可以用来解决这个问题的不同技术。

另一种装置也可能成为时尚。若 10000 个名字可以存储在垫肩或腰带扣环上，那么上衣翻领上的胸针或耳饰也可能成为信息交换装置。另一些指尖应用软件将会使戒指、项链及指挥棒可以用来操纵你周围的装置。想像一下，旋转一枚戒指可以让你所在的任何一个房间的灯光变暗、空调温度降低、电视或收音机的音量提高。一条能够监测手势的项链也可能完成这个工作，如握拳可以把灯关上，把你的手指从音响系统升到天花板可以提高音量。

旅游时我经常需要信息服务。设想当你登上一架飞机时，你可以检查一下是否有公司同事或大学校友也同在这架飞机上，或者更实用一些，是否还有人也要去希尔顿饭店，这样你可以与他共享漫长的计程车旅程。随着信息获取变得更为广阔，这种可能性也变得可行起来，但是用户对隐私的控制将日益受到关注。当我在参观一座新城市时，尤其当我独自徘徊时，我希望能有一个类似雷达的装置——找朋友（Find-a-Friend）——可以帮助我识别出附近的一位朋友，这位朋友可能会为我推荐一家餐厅或带我四处参观一下。

这种思想的一个延伸是，在参加一个商业展览时，你可以在你的便携式电脑上自动地获得演讲者的幻灯片——移动幻灯片
105 （Slides-to-Go）。这可以通过文件或者只是简单的网络地址的无线传送（无线电波或红外线信号）来完成——发送链接（Send-a-Link）。走出会场后，幻灯片、会议记录和活动项目列表便已经在你的便携式电脑中，或者可以很容易地在网络上获得它们。

但是便携式设备只是对个人信息交流装置强烈渴望的一个证明。在活动与关系表格上，涉及朋友、邻居及同事的信息工具也可能为开发者提供机会。让我们再具体看一下另一种想法。

请留心你工作中的办公室的门，它可能有一个木制的或金属的标志牌，写有房间号以及你的姓名和头衔。如果你换办公室，你的标志牌也将被替换。通常从你的门上能获得工作日程信息的附加说明、帮助转介或者一张照片。办公室的门经常成为一个粘贴便条的固定场所，比如“出去吃午餐，下午2点回来”，或者“到厨房找我”。旅游计划也出现在许多办公室的门上，如“我在纽约，一直

待到周二”或“我在巴黎旅行，劳动节后返回”。

设想在你办公室的门上安装一个带有网络连接（有线或无线）的掌上电脑。对了——信息门（InfoDoor）！信息门是一种安装在你门口的信息装置，它可以提供诸如个人时间安排、天气预报或组织通告的实用服务。它将有一个网络连接和一个安装在办公室门口或附近的与眼睛平行的触屏式界面，并与大厦的某个服务器相接。信息门在紧急情况下有重要的作用，在火灾、毒气或地震时它能够把你引向安全出口。信息门在挽救生命方面的优点可能会为 106
它们的安装提供很好的支持，但是聪明的用户无疑将会找到其他一些吸引人的用途，或者仅仅只是作为娱乐，如张贴卡通或个人照片。

一幢典型的写字楼可能有数百个或者数千个信息门。如果在建设时成批地购买或安装，每个门的花费将少于 100 美元。未来将得到发展的灵活性和开放性对于“智能大厦”的推动者来说很有吸引力。常规的操作将是一种安静的模式，即信息门上显示着你的名字、头衔或其他标准信息，但是它也可以变为包含一段语录或当天的笑话。

你可以向信息门发送一个消息，表明你开会迟到了，你也可以提供信息或指导语，例如“我待到上午 10:30，同时请在前门找朱蒂”。如果你张贴了一张日程表，那么拜访者可以挑选一个你空闲的时间前来拜访。如果你正在开会，你可以贴上一张便条，说“中午前请勿打扰”并建议拜访者选一个晚一些的时间来拜访。

如果你不在办公室或正在处理事务，信息门可以提供适当的帮助转介信息，例如，“需要帮助请到 472 房间找我的秘书。需要获取工作申请表请到532房间。需要获得工作信息请按这里。"

你或者管理人员可以在大厦里张贴出时间敏感性(time-sensitive)事件的通告,如报告、会议、拜访者、献血车、慈善项目、流感注射和假日礼物购买。另一些通告可以包括天气预报,如突降大雪、酷热天气警告、空调或暖气变化。交通事故、犯罪警报或提前结束办公也可以张贴出来。其中一些信息可以使用电子邮件发送,但是把它们发送到信息门会使其脱离电子邮件的形式,而在熟悉的地方呈现于公众面前。

火警或紧急事件的消息可以以一种警示的口吻发送。这种消息将比目前的火警系统更为明确,并且能够在指导消防战士抵达火源的同时,引导人们找到最近的安全出口。信息门警报可以满足在地震、洪水、工业场所毒气释放、爆炸和银行里扣押人质时对快速信息的紧急需要。

写字楼、宾馆或住宅里的信息门只是无处不在性的一个证明。即使在自然的环境下也有萌生新的信息、交流、创新和传播途径的有趣机会。我把这些称为网络树。既然每块石头每棵树都可能成为安置一个新的显示装置的场所,那就探索一下更简单的方法,即运用条形码或小型应答器,仅仅将不同的物体标注出来。我们将可以把掌上导航器(PlamPilot)指向一棵棕榈树,找出它是何种棕榈树,它有什么药用特性,它可以如何使用以及其他的环境、文化、科学及历史信息。

当你沿着美国科罗拉多州的河流漂流时,你遇到了一些引人
107 注目的沉积岩地形,你可以通过点击来发现你所看到的是何种地质学构成,谁首先描绘出涨潮的速度,河流在春天的什么时候达到

最高水位。有关地理位置、其文化上的重要性及部落历史的详细信息都可以提供给感兴趣的读者。因为每棵棕榈树、每条河流都有一个相关联的网站，当你游览时，你的便携式装置可以累积详细说明你的旅程的一系列 URL(Uniform Resource Locator，在互联网的万维网服务程序上用于指定信息位置的表示方法)。然后，当你回家后，你可以重新回溯你的每一步，因为你将有一个对你曾经去过的位置的详细记录。

文本信息只是网络树的一个起点。每一棵棕榈树或每一条河流的速度也可以成为贯穿每个季节的和历史的专业照片数据库的基础。拜访者可以留下他们撰写的经历或照片，供将来参考或其他人观看，也可能会收取费用。他们可能会从一个具有纪念意义的地方发送电子贺卡，并附带此时此地的照片来联系远方的人们。

对于许多游览者和自然场所而言，博物馆和宾馆的用户手册也可以成为扩展的应用软件。电子用户手册可以引出用户的故事，激发富有创造力的报告，这些故事和报告可以增强讲述者和接受者的体验。

电子用户手册为信息收集和创新提供了其他的机会。设想沿着刘易斯和克拉克(Lewis & Clark)的足迹骑自行车从密苏里州到华盛顿州，骑摩托车穿越 184 英里的切萨皮克(美国弗吉尼亚州东南部城市)和俄亥俄州运河，或者沿着阿巴拉契亚山脉的轨迹从乔治亚州步行到缅因州。在每个休息地你都可以根据你的兴趣，将有关下一部分行踪的信息下载到你的便携式装置上，你也可以上传你拍摄的日落照片或添加对一个稀有的苍鹭巢的观察。一些人可能会争辩，这样的媒体将分散对自然体验的注意力，但是它们可以通过使参观者更多地认识当地的鸟类、植物或历史来增强这种自然体验。并不是每个人都想阅读早期参观者的经历或留下他们自己的评论,但是似乎许多人很喜欢这种交流。

专门化的信息也可以产生恰当的受众群。从对有孩子的父母、残疾的旅游者、业余考古者等的指导可以推知用户手册及其他信息资源的现有发展趋势。跟循先驱者戴维·克罗基特(Davy Crockett)的足印或达·芬奇的住所可能是特定的愿望,但是这种个人化的经历能带给许多人极大的满足感,并给他们提供可以回家后详细讲述的好故事。登录每个目的地并获取照片,这或许与当参观者在每个国家的使馆护照签证后到达迪斯尼的“未来社会主
108 题公园”(EPCOT)一样,充满了乐趣。

现在这些想法大部分已经可以填入活动与关系表格(表5.3)。但是这些也仅仅是一个开始。时至今日,你可能会拥有能够使你自己、你的家庭、你的同事或更广范围的用户都受益的新产品或服务的发明和想法。你可能会发现可以促进新计算技术,并为人类对信息、交流、创新及传播的需要服务的新途径。

怀疑者的观点

活动与关系表格并不如门捷列夫(Mendeleyev)的化学元素周期表那样简洁明了。人类的活动与关系比水银更不稳定,比氢气更难保存。活动与关系表格很容易遭受到攻击,认为它不够完善,且过于模糊。但是它确实有助于将讨论从技术转移到人类需要上来。它帮助我思考我与谁在相互影响以及在有生之年我希望做些

什么。思维上的这种转变并非易事，尤其是对于那些具有以技术为中心的背景的人们，然而把用户的需要放在首位是新计算技术的关键。

你可能会批评我设想的一些与照片有关的应用软件，甚至更为怀疑信息门和网络树。它们是一些探索性幻想，可能看似难以实现，或者可能会让你着手起草一个吸引风险投资的商业计划。如果我已经驱使你做得更好，那么它将会产生一个更为乐观的结果。

你也可以挑战基本的观点——人类的需要应该引导技术的发展。即使我也认识到优先考虑技术的强大诱惑、巨大力量及乐趣，我还是把它作为一个中心的论点提了出来。可能我还没有完全地把你争取过来，但是我希望在你应用和设计新技术时，能更多地考虑你或其他人的需要。 109

接下来的四章将把活动与关系表格应用到电子学习、电子商务、电子保健和电子政务中去。这些章节从新计算技术的观点出发，探索了这些扩展了的应用。你将看到改变你的家庭生活和工作方式的机会。你将看到面临的一些危险，但是警惕性的取向可能会产生最成功的结果。

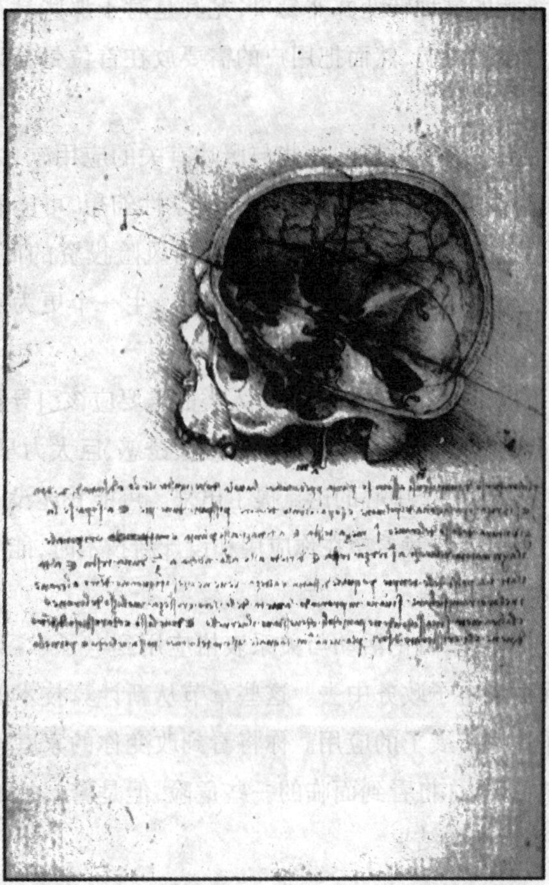

头骨的左侧面解剖图。选自无需版权授权的
《列昂纳多·达·芬奇精选集》,行星艺术出版社。

第六章　新教育——电子学习 111

> 一个能触及到从最富裕到最贫穷的公民的各个层次的大众教学系统，在我放任自己去关心的所有公共事物中，最早关心的是它，最后关心的还是它。
>
> ——托马斯·杰斐逊给约瑟夫 C.卡贝尔的信，1818

为何并非每个学生都能得 A? 112

难忘的教育经历是充满快乐且可转化的。它们用增长的知识和技能来丰富学生，为他们提供获得成就的满足感，并且重塑他们的期望。在这些强制性的环境下，学生们在强烈的动机驱使下，勇于解决具有挑战性的问题，并满怀成功的喜悦。他们为自己所做的事情感到自豪，更明了自己的身份，并愿意为自己的教育承担更多的责任。

作为一个主动性学习的学徒，达·芬奇在安德烈·德尔·维洛西奥的工作室里参与了现实生活中具有挑战性的项目，以此来学习艺术。瓦萨里在一个有关达·芬奇成就的著名故事里写道，“当他在安德烈·德尔·维洛西奥门下学习艺术时，安德烈正在绘制一幅圣·约翰(S.John)给耶稣洗礼的画，达·芬奇负责画一个拿着衣服的天使。尽管他很年轻，但他处理得非常好，他的天使比安德烈的画像更好。这就是安德烈从此不再触及颜色的原因，他因一个男孩比他知道的还要多而感到愤怒。”故事的另一个版本以达·芬奇大度的回应收尾，即学生超过老师是对老师最高的褒扬。

维洛西奥理应得到充分的肯定，因为他曾创造出一个让他的学生参与其中并发生转变的环境。这些学生完成自己的项目，并与其他人或维洛西奥本人合作。这种艺术工作室有许多优点，但要把它应用于现代学校里的大量学生身上却存在困难。标准的授课易于评价，并且某些授课是令人难忘的，但是，来自老师的类似工作室的挑战和小群体中学生间的相互作用通常更有影响力。[1]

引人入胜的经历通常是在一个产生了令人满意结果的个人或团队项目中产生的。人们对班级游戏、管弦乐演奏、辩论赛及科学展览计划往往表现出很高的热情。本章为教育指出了一条整合新计算技术的积极学习取向，以创造出基于雄心勃勃的、真实的、以服务为导向的项目的合作式团队体验。新的软件工具将推动这种项目。

反思过去25年多来我的经历和对学生的观察，我开始重视以
113 学生为主导的活动，如课堂展示，以及越来越多地分担我的教学任务的团队项目。因为我加入了那些正在从众所周知的“讲台上的贤人”向“身边的指导者”进行角色转变的人们的队伍，所以我更加珍视在一个充盈着计算与交流技术的环境中讲授和学习任何科目的机会。[2] 我的经历和事例主要适合于大学环境，但基于这一基本原理的变式正被应用于大多数的环境和年龄阶段。

旧教育强调获得事实和由易于传授并易于测试的小单元构成

的信息组块。记住拿破仑章程的日期、美国总统的名字或非洲的河流,都与信息无处不在的时代格格不入。新教育强调批判性思维、分析性策略及与他人合作:家人和朋友、邻居和同事、公民和市场。这些目标与提高交流技能与创造性的问题解决能力相关。

旧教育强调竞争,尤其是当基于一条曲线将学生们划分等级时。因为只有一部分学生可以获得 A,因此超过同班同学和吸引注意的需要通常主导了学习需要。学生们被禁止观看彼此的工作,而被要求独立工作。新教育强调合作,通常要求学生获悉其他人的工作。当目标转为提高每个学生的工作质量时,评分标准必须转向允许每个学生得 A。这并不意味着标准的降低,而是更努力地激励和指导每个学生达到一个高的技能和知识水平。

为了应对新教育的这些目标,教师们需要一个与他们的个人风格、课程内容、学生人数和新计算技术相适应的指导原则。基于新技术的四种活动,我们可依据收集—联系—创造—贡献重新思考教育:

收集　搜集信息和可获得的资源
联系　在合作性团队中工作
创造　开发雄心勃勃的项目
贡献　产生对课堂外的人们有意义的结果

收集活动包括事实获取和传统的图书馆研究,但是学生需要 114
更多的指导和工具来评价基于网络的资源的有效性和完备性。

联系活动鼓励教师重视可以发展交流、管理和社会技能的团队努力。现代的工作场所要求精通这些技能，然而学生们经常被迫独自学习。对合作性学习的研究显示，在合作的过程中，学生们可以澄清和用语言描述他们的问题，从而易化了问题解决方案以及对新信息的锚定、同化和适应。合作有一定的风险，但当有恰当的工具支持时，它可以激发出许多学生的强烈的动机，激励同伴们互相学习，并降低辍学率。

创造活动指向学习和创造性工作的融合。当教师们要求个体或团队项目产生创造性成果时，学生的学习进度加快了。在我们的现代社会里，除非学习可以使学生富有创造性，否则它将是无意义的。成功的学生创造学习，且学习创造。软件工具使产生出异乎寻常的高水平创造性成果成为现实。

贡献活动强调对课堂外的人们同样有意义且有用的那些真实的、以服务为导向的项目的益处。拥有外部“顾客”进一步增强了动机，有助于澄清目标，并为未来的专业工作提供培训。然而，学生们需要恰当的工具来与外部顾客相协调，他们可能是学生的兼职老板，或是志愿者组织或校园团体的管理者。如果可能的话，我愿意根据一个学期内产生的社会效益值来打分。

教学指导原则的任何定义，对于以自己的创造性方式采纳、调整及应用这种指导原则的教师而言，只不过是一个起点。主动性学习的变式已有数千年的历史，正如古老的中国格言所指出的：

耳听为虚
眼见为实
做而知之

或索福克勒斯的语录: 115

> 一个人必须通过做一件事情来学习它
> 因为尽管你认为已经理解它了
> 但只有你真正尝试以后,你才能确定你是否已经理解它

约翰·杜威(John Deway,1916)在 20 世纪早期提出了用真实的项目来支持教育的理念。对达·芬奇而言,杜威的实践理念和对经验主义的热衷是完全可以接受的。后来,吉恩·皮亚杰(Jean Piaget)对主动性学习和儿童的认知发展阶段的描述影响了许多人,包括西摩·佩帕特(Seymour Papert,1980)。佩帕特和他的弟子们开发了基于计算机的数学学习环境,孩子们可用一种被称作"Logo"的强大但简单的语言来写程序。为了使这个环境更为形象,他创造了一只拿着一杆笔的机器龟,可以通过编程让它来画正方形、圆及精细的图像。

在被恰当地命名为《没有人可以向任何人传授任何知识》(*Nobody Can Teach Anybody Anything*)的著作中,意大利的教育家威拉德·威斯(Willard Wees)于 1971 年大胆阐述了主动性学习的情形:

> 儿童可以获得他们自己创造的任何知识;
> 他们可以发展他们自己创造的任何个性。

他提出的有必要让学生创造自己的学习经历的有力陈述给我留下

了深刻的印象。

威斯的激进观点激励我大胆地思索并质问：为何并非每个学生都能得A？习惯于竞争的教育家对此的第一反应是冷嘲热讽的：他们认为这个目标只能通过降低标准来实现。他们仍然相信基于一条曲线划分等级的价值，即固定比例的学生——比方说，15%、35%、35%和15%——获得A、B、C或F等级。这种策略使得学生间相互竞争，并经常阻碍他们与其他人讨论他们的项目，或从其他人那里得到帮助。

然而，基于曲线的评级鼓励平庸而非卓越，并且它通常妨碍学生们学习交流技能。与之对照，如果教育家们有一套清晰的教育目标，那么有可能设计出让每个学生都能掌握的课程吗？指导者们是否应该为每个学生的成功承担部分的责任，从而把每个学生的失败视为自己的失败呢？这些问题促使我通过要求学生彼此评价对方的项目并提出改进建议的方式进行教学。学生们可以互相
116 学习，并且通过评论其他学生的工作必然会反思自己的工作。

当我还没有实现让每个学生都得A的目标时，失学率甚至已经随着工作压力和我的期望值的提高而下降了。我开始意识到学习的声音并不是我说教的声音，而是在合作练习时发出的集体讨论的交谈声。我开始意识到知识的传授并不在我的讲义中，而是在学生间的电子邮件交流和即时通讯中。

问题还是有的。10个组中有两个会陷入困境，有一个可能会出现严重的冲突，但是解决这些问题也是他们学习内容的一部分。我记得一个由土耳其、以色列和约旦的学生组成的团队，他们学会了跨越语言、文化和冲突进行合作。他们认识到人们关于分工合

作和时机的期待存在着差异。令人兴奋的结果是他们完成的一个项目发表在一本专业杂志上,并且三人中的两人多年后仍然保持着联系。

信息交流技术易化了主动性学习和合作性教学的方法,学生们可以使用这些技术创造出更非凡的成果,并能更容易地协调他们的工作。受达·芬奇的激发,我们可以想像出一个教育性的网络工具,可称为"利昂"(LEON)的在线学习工具,它贯彻了维洛西奥的工作室精神。"利昂"的主页包括具有吸引力的艺术品和可以抚慰人心的音乐。学生和教师们可以共同致力于雄心勃勃的项目,并把它发布在网络上,供其他人评价。下面我来讨论一下 LEON 的设计。

在强调合作、基于询问的项目和主动性学习方面我并不孤独。美国高等教育学会(AAHE,1987)针对好的本科教育训练提出了 7 条原则,其中就包括主动性学习:

> 鼓励学生与教师间的联系。
> 鼓励学生间的合作。
> 鼓励主动性学习。
> 给予即时反馈。
> 重视完成任务的时间。
> 传递高期望值。
> 尊重多种才能和多种学习方式。

投入式学习(Involvement in Learning)——美国高等教育优秀

117 条件研究组的最终报告(NIE,1984)声明,“积极的教学模式要求学生不仅是知识的接受者,同时也是探究者和创造者。”它提倡让学生参与教师的研究项目、实习、小型讨论组、课堂展示和讨论、个人学习项目及发展模拟,强调设定高期望值并给予反馈的重要性。

国家科学院(NAS/NRC,1996)强调学生的主动性:“学习是学生要做的事情,而不是对学生所做的事情(20);……对源自学生经历的真实可信的问题进行调查是教育学的核心策略”(31)。

《加强美国 K－12 教育中的技术使用:给总统的报告》(*Report to the President on the Use of Technology to Strengthen K－12 Education in the United States*)(PCAST,1997)更有力地支持了主动性学习和真实项目:“基本的技能并不是孤立地学到的,而是在承担(通常是在合作的基础上)更高水平的‘真实世界’中的任务过程中学习到的……学生们认为他们自己才是主动建构他或她的知识或技能的主角,而不是被动地吸收老师提供的知识。”在英国也曾有相似的观点(Dearing,1997;Hazémi 等,1998)。

对于小学教育,我的同事阿里森·德鲁因(Allison Druin)通过创造使 6—13 岁的孩子成为技术设计合作者的深刻经历,把这些观念更推进了一步(Druin,1999;Druin 等,1999;Druin 和 Hendler,2000)。她的目标涉及她的代际团队创造的技术革新,并且参与真实项目获得的教育体验是非常强烈的。那些孩子甚至成为了令人肃然起敬的会议或书籍中专业论文的合著者。

教学和技术

教学技术上的任何突破都不能解决教育中的问题。然而，随着教师们融合各种通用的计算工具，如字处理器、网络浏览器、电子邮件、在线交流、数字图书馆和模拟，向新计算技术的转换将给教育带来积极的变化。在课程和内容管理的教育软件的供应商之间已存在激烈的竞争，如 WebCT 和 Blackboard，它们拥有我们在"利昂"中需要的许多成分。[3]

然而，像"利昂"这样的教育技术通常会引发许多争议。甚至 118
连图书和纸张也因降低了人们的记忆能力而受到了抵制。反对者们可能会争辩，教育技术会削弱教师的作用。支持者可能会争辩，课本辅助教育意味着学生可以在自学的同时也从老师那里得到帮助，而老师们则可以集中精力考察、指导或评价学生的成绩。纸和书本改变了教育的内容，因为记住英国王室或药用植物已让位于查阅详尽的王室家谱或详细的药理学表格。强大的技术会改变我们的期待和课程。

除了可以储存知识外，纸张有更大的潜在作用。当它是一张白纸时，它有更为非凡的力量，它可以激发学生的创造力。但是，学生们不应该只是复制者这种转换型观念历经好几个世纪才显现出来，并且肯定曾一度难以推广。到如今，教师们都认为学生应该既能读又能写。

听广播和 CD，看电视和录像带，已经被认为是教育的万能药，但是它们也还只不过是 WebCT 和 Blackboard 中的多媒体成分。它们大多数是被动的媒体，在使得学生富有创造性方面的能力有限，除非教育者将注意力转移到让学生使用这些媒体自建内容。教育者又一次花费了几十年才认识到，只有当教师给学生提供空白带时，录像带才能最大程度地得到利用。

同样，除非包含创造性的成分，万维网或“利昂”不可能成为满足教育需要的一个解决方案。我们需要的不仅仅是教会孩子们在网上冲浪，还必须教会他们如何制造波浪。找到网络资源很不错，而创造出新的资源则是新教育的关键。

应用“收集—联系—创造—贡献”链

对“利昂”的愿景是在为电子学习编制的活动与关系表格的引导下产生的（表 6.1）。因为学生大多数时间仍需独自工作，所以
119 “自己”这一行保持不变。“家庭和朋友”一行变为“组员和老师”，每个学生都与他们有着亲密的联系。学生与他们的老师及其他同

表 6.1 活动与关系表格中的以教育为导向的任务

活动与关系表格	收集信息	联系交流	创造革新	贡献传播
自己			解决问题	
组员和老师	信息资源	想法、数据、计划	确定问题 头脑风暴 精练解决方法	
同学和助教	信息资源	帮助	评价	草稿
顾客和读者	信息资源		应用解决方法	最终报告

学的关系通过电子邮件得以显著加强。学生团队不必再寻找会议日期，但是可以在任何时间给任何人发送想法、数据及草稿。

“邻居和同事”行变为了“同学和助教”，一个学生可以在任何 120
时候向他们发出寻求帮助和信息的要求。最后，表格的最后一行变为“顾客和读者”，他们是可以从发布在任何人都可以浏览的网络上的项目中获益的课堂以外的人。根据对活动与关系表格的修改，我们将关注于这些活动：收集—联系—创造—贡献。

收集：搜集信息和可获得的资源

研究过去，可以对未来进行有效的指导。学习前人曾做过的事情，是进行革新的坚实基础。“利昂”将提出一种万维网上的巨大资源应以学生为导向的观点，并且警告学生们要为风险做好准备。它将为评论文章和基本资源作索引，使学生可以不必去国会图书馆就可以阅读到乔治·华盛顿的信件，学生们可以根据目前的环境数据来做出自己对森林采伐的测量，并形成他们自己的关于如何控制森林采伐的理论。

“利昂”也将指导学生认识到，一家药品公司对其药效的评价同食品与药物协会监控的临床试验之间的差异。同样，学生们需要学习基于资源对当前事件或历史回顾的新报道进行分析。“利昂”应该帮助学生认识到，网络可以同权威报道同样快速和容易地散播错误信息、流言及仇恨。

联系:在合作性团队中工作

对合作性教学方法的详尽描述揭示出可为教师提供的一系列丰富的机会。[4]合作可能如同一对学生的两分钟课堂练习那样简单,也可能像包含许多学生的为期两年的以项目为导向的课程那样复杂。合作性团队项目具有提高动机、降低失学率和发展与工
121 作相关的技能的潜能,但是合作性方法并没有被普遍使用。大多数教师对合作性方法和团队管理的经验很少,因为他们可能曾接受了授课式的训练方法。授课可能是有效的,而且技术可以通过展示软件和在线演示帮助进一步改进授课,但是合作性团队的更为积极的教学策略提供了具有吸引力的机会。

"利昂"将为教师们提供一系列的合作方法,然后指导学生更有效地参与其中。似乎教师们更接受在课外完成的一学期的或更短时间的团队项目,这可能是因为它们对以授课为导向的课程计划的干扰程度最低。在一个大的团队项目中,合作工作的学生们会学到许多关于项目管理、领导风格和有效利用时间的知识。"利昂"将指导学生制定模拟的工作计划,设定时间进度表,评价他人的工作以及解决分歧。比较有代表性的是,大学水平的合作项目靠一些半小时的会议组织在一起,并被2到10小时的个体工作隔断开。项目团队为整个班级做简短的报告是发展学生公共演讲能力的一个具有吸引力的方式。"利昂"将包含演讲模板和具有示范性的学生幻灯片展示的资料。

配有计算机并可以上网的教室使许多合作成为可能。学生可

以在他们的计算机上进行创作,用一个大屏幕投影仪或通过复制到每位学生的计算机上,为全班同学做一次演示以便进行讨论。通过快速审阅学生的工作,每个人可以看到一系列由好到坏的工作,并可以磨炼他们的评价技能。通过恰当的软件,许多学生参与的课堂头脑风暴能够在几分钟内产生令人惊奇的多种评论,这些评论随后会被讨论或保存下来以便回顾。匿名的输入可以激发丰富多彩且富创造性的建议。对头脑风暴阶段结果的快速课堂投票通常可以引发一场令人振奋的辩论(Alavi,1994)。"利昂"将建立在组系统(GroupSystems)一类的工具上,这种工具允许通过网络或电子课堂进行群体头脑风暴、投票和辐合。[5]

对于课堂内的合作,每台机器前坐一对学生比坐 1 个或 3 个学生会产生更多的具有教育意义的结果。[6] 一对学生坐在一起,用语言表达出可能的解决方法;通常一个学生处理计算机,而另一个学生集中于问题。定期地转换角色可以确保学习的平衡。当学生彼此间解释他们不知道的事情时,他们可以巩固他们的知识,并快 122
速地学习。问一个好的问题是学习的金钥匙。教育心理学家讨论元认知的技能:学生对他们知道什么和不知道什么进行反省的能力。具有较高成绩的学生不断地调整他们的进程,并勇敢地向他们的指导者或同学宣布"我不理解"。

"利昂"将包括电子邮件和即时通讯——它们的低费用加上高回报应该会使它们在大多数的课程中发挥作用。即使在第一次面对面会议之前,"利昂"将自动包括每门课程的邮件列表或线性讨论(threaded discussions)。这些工具非常棒,它们可以用来为整个班级发送课外作业的提示或为个别同学发送对他们工作的评价消息,尤其是当下一堂课是在 3 天或 4 天之后。学生也可以在任何时间向整个班级、个别学生或老师提出问题。

这种 7 天 24 小时的课堂可能会创造出一个足以压倒一些学生或教师的紧张气氛。我曾尽量学习为学生提出如何管理他们的时间的建议,并设定我期待的努力水平的期望值。我对“利昂”的设计包含了监控工具,它使教师可以看到哪位学生过于积极或过于消极。

许多学科及教育设备的经验正在增长,但仍存在许多开放性的问题:多大规模的团队是最佳的?由教师安排的团队成员已被证明比允许学生与他们的朋友结合在一起更为有效。但是教师应该根据什么来创建团队?一致的技能和动机有益吗?当一个团队的成员不断出现操作失误时,教师应该如何进行干预?应该针对个体还是针对全体评分?

对合作性教学和学习的研究将继续进行,因为它可能会为教师们带来更深刻的理解及精练的指导。使用“利昂”的合作性工具的经验将改进对学生的管理和指导,尤其是对于较大的团队和课程。

创造:开发雄心勃勃的项目

教师经常会为团队项目及课内合作的规划而伤神,尤其当课本只提供了一些价值不大的帮助时。“利昂”中来自数千门课程的
123 案例将会起到帮助作用。一种自然的学生项目是为他们的课程建立在线的教科书或百科全书。在一个有 10 到 100 人的班级里,这

成了一个主要的工作。由一个编委会提出大纲,确定观众群,产生一个指导风格,管理任务分工并安排内部评论。在我的虚拟现实研究生研究组中,24 名学生创造了一个非常棒的资源——虚拟环境百科全书(EVE),它由华盛顿大学的人类界面技术实验室(图 6.1)继续维护。[7]18 名学生为网络开发者开发了一个非常有用的普遍可用性的指南(图 6.2)。[8] 这种想法已反复出现在本科及小学水平,一个五年级的班级为三年级的学生建立了一个非洲动物的数据库。

网络使学生可以发布他们的项目,让任何人都可以获得它们。学生会因其成果如此公之于众而焦虑,但是这确实促使他们比过去更加努力地润泽他们的项目。学生通过电子邮件将对其他人项目的评价发送给其他作者或我,是这个过程中一个很重要的部分。我要求用一段文字描述他们喜欢这个项目的什么地方,用一段文字提出改进在线展示的建设性建议。我对这些评价进行评分,并在我向网站上(图 6.3)的一些新闻组或邮件列表公布成绩之前,给学生几天时间来作修改。[9] 学生为他们的成绩而自豪,每个人在其求职面试的文件夹中都有一项令人印象深刻的成果。许多论文的修改版已在专业期刊、会议录及在线杂志上发表。

我希望"利昂"帮助我管理评论过程,确保每个项目都得到评价,并且每个学生都作出一个评价。然后我希望监控每个在线报告的修改过程,而目前这对我而言是一个不可能完成的任务。

The Encyclopedia of Virtual Environments

Produced by the students of Dr. Ben Shneiderman's CMSC 828S Virtual Reality and Telepresence Course, Fall 1993

See also Ben Shneiderman's essay on *Education by Engagement and Construction: Can Distance Learning be Better than Face-to-Face?* for a discussion on the theory and background of this distance education project.

Abstract:

The Encyclopedia of Virtual Environments is an attempt to describe the technologies and techniques being used to produce Virtual Reality (VR) applications. It is a collaborative effort, whose contents and structure evolved through discussions that took place mainly over electronic mail, supplemented by some face-to-face discussion in class.

The list of authors contains biographic information and photos

Be sure to look in the definitions article if you encounter any unfamiliar terms in the other articles

---

Table Of Contents

图 6.1　虚拟环境的百科全书(部分),
〈http: //www. hitl. washington. edu/scivw/EVE/〉。

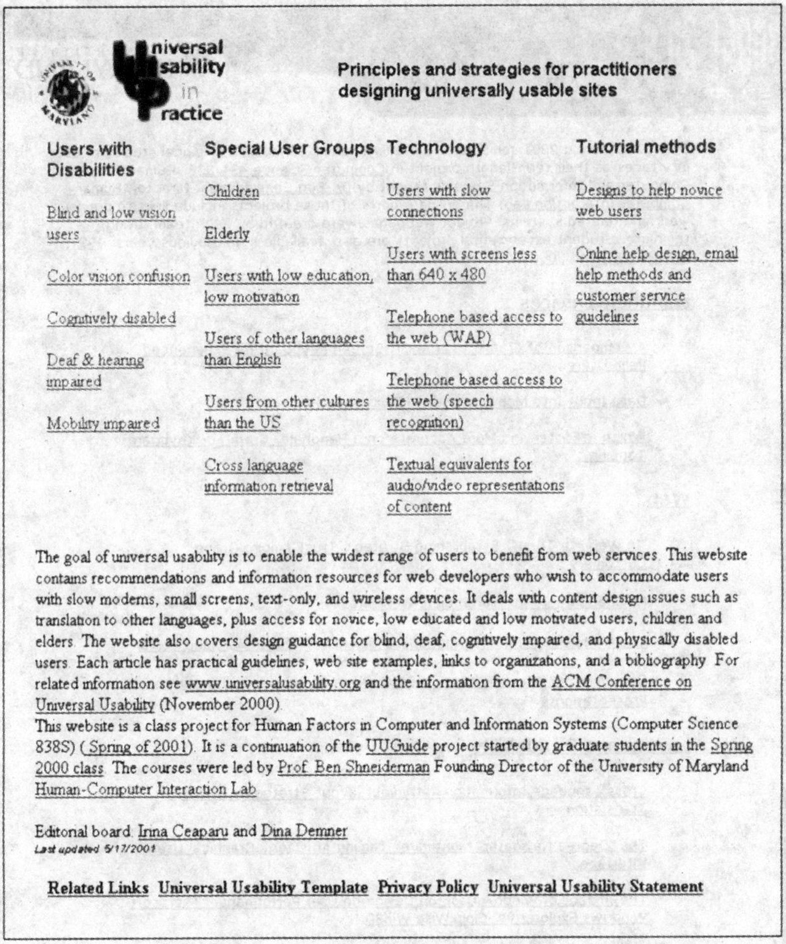

Universal Usability in Practice

Principles and strategies for practitioners designing universally usable sites

Users with Disabilities	Special User Groups	Technology	Tutorial methods
Blind and low vision users	Children	Users with slow connections	Designs to help novice web users
Color vision confusion	Elderly	Users with screens less than 640 x 480	Online help design, email help methods and customer service guidelines
Cognitively disabled	Users with low education, low motivation	Telephone based access to the web (WAP)	
Deaf & hearing impaired	Users of other languages than English	Telephone based access to the web (speech recognition)	
Mobility impaired	Users from other cultures than the US	Textual equivalents for audio/video representations of content	
	Cross language information retrieval		

The goal of universal usability is to enable the widest range of users to benefit from web services. This website contains recommendations and information resources for web developers who wish to accommodate users with slow modems, small screens, text-only, and wireless devices. It deals with content design issues such as translation to other languages, plus access for novice, low educated and low motivated users, children and elders. The website also covers design guidance for blind, deaf, cognitively impaired, and physically disabled users. Each article has practical guidelines, web site examples, links to organizations, and a bibliography. For related information see www.universalusability.org and the information from the ACM Conference on Universal Usability (November 2000).

This website is a class project for Human Factors in Computer and Information Systems (Computer Science 838S) (Spring of 2001). It is a continuation of the UUGuide project started by graduate students in the Spring 2000 class. The courses were led by Prof. Ben Shneiderman Founding Director of the University of Maryland Human-Computer Interaction Lab.

Editorial board: Irina Ceaparu and Dina Demner

Last updated 5/17/2001

Related Links **Universal Usability Template** **Privacy Policy** **Universal Usability Statement**

图 6.2　实践中的普遍可用性网页(部分),
〈**http: //www. otal. umd. edu/uupractice/**〉。

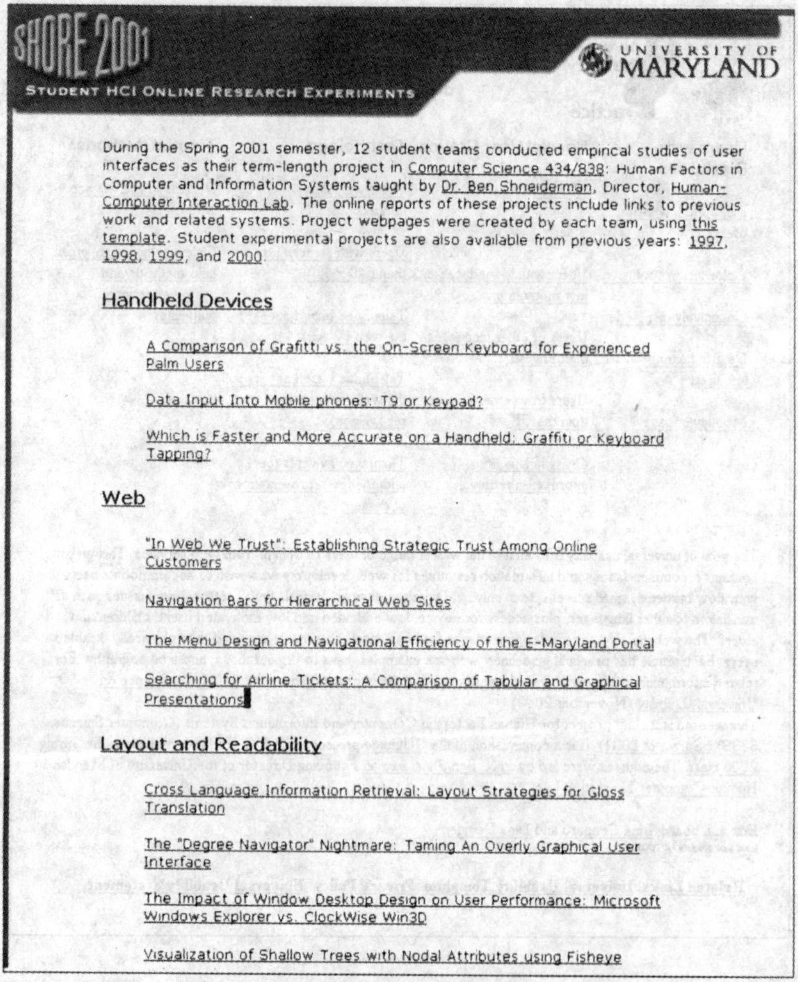

During the Spring 2001 semester, 12 student teams conducted empirical studies of user interfaces as their term-length project in Computer Science 434/838: Human Factors in Computer and Information Systems taught by Dr. Ben Shneiderman, Director, Human-Computer Interaction Lab. The online reports of these projects include links to previous work and related systems. Project webpages were created by each team, using this template. Student experimental projects are also available from previous years: 1997, 1998, 1999, and 2000.

Handheld Devices

A Comparison of Grafitti vs. the On-Screen Keyboard for Experienced Palm Users

Data Input Into Mobile phones: T9 or Keypad?

Which is Faster and More Accurate on a Handheld: Graffiti or Keyboard Tapping?

Web

"In Web We Trust": Establishing Strategic Trust Among Online Customers

Navigation Bars for Hierarchical Web Sites

The Menu Design and Navigational Efficiency of the E-Maryland Portal

Searching for Airline Tickets: A Comparison of Tabular and Graphical Presentations

Layout and Readability

Cross Language Information Retrieval: Layout Strategies for Gloss Translation

The "Degree Navigator" Nightmare: Taming An Overly Graphical User Interface

The Impact of Window Desktop Design on User Performance: Microsoft Windows Explorer vs. ClockWise Win3D

Visualization of Shallow Trees with Nodal Attributes using Fisheye

图 6.3　学生的人机交互在线研究实验(SHORE)网页(部分),〈http://www.otal.umd.edu/SHORE2001/〉。

贡献:产生对课堂外的人们有意义的结果 127

当你在帮助他人的同时还可以帮助自己时,所获得的回报特别美好。当学生致力于面向课堂外客户的、以服务为导向的真实项目时就是这种情况。学生们拥有使许多公司获益的技能,而学生则可以因一名客户的需要所推动的高级学习而受益。[10]

"利昂"为以前学生的项目及实现项目的结构化过程提供了一个档案,我的学生曾从事过与校园相关的项目,如巴士服务和电视台的时间安排系统、潜水俱乐部的记录保持、学生的搭便车张贴栏、合伙使用汽车和物理系的账目系统。除了校园软件系统之外,还有大型的慈善项目捐赠人及支援者的名单管理、乡村娱乐服务的时间安排和全天护理中心的信息管理。其他的学生项目已经开发出了针对初中生父母的科学教育软件的指南,针对计算机病毒的超媒体指导,以及当地中学的计算机使用计划。

我最喜欢的一个项目是帮助附近的一家退休者疗养院的年长居民的项目。学生们阅读相关的文献,获悉已知的关于老年人学习和使用软件产品的情况。然后他们多次到这家退休者疗养院中拜访,以尝试不同的培训策略。在他们最后的报告中列举了有关的文献和相关的软件,并为退休者疗养院的负责人提出了建议。

有时我会为学生接受特定项目的请求,但是多数学生自己寻找他们的项目。他们的资源包括他们的兼职工作、业余爱好或学生组织,还有的常常是他们的父母或兄弟姐妹。很自然,我的学生会寻找与计算机相关的项目,但是在考古学、新闻业、商业、生物及其他领域的师生们也已经报道了在寻找以服务为导向的真实项目上的成功事例。

客户的期待应该适度,必须认识到学生们只是科研机构中的志愿者。以我的经验来看,客户们对这种体验表示满意,因为它为他们提供了新的想法,并且经常会成为未来项目的原型。10个项目中的2或3个可能会产生可使用的操作系统或作为一种即将开发的成果的基础。

马里兰州要求中学毕业需要有75个小时的社区服务。我想这个很好的要求应该作为一个范本,在大学水平也开展相似的计
128 划。拥有一个真实的客户会很大程度地激励学生,并且他们会为自己的成绩感到自豪。当他们参加工作面试时,在他们的文件夹中还会拥有一个雄心勃勃的项目。

当许多中小学教师已采用课堂讨论、小群体活动及真实项目时,这些方法在高等教育中却并不普遍。因为存在着对教师而言的新奇、对能否全面覆盖必修课程的担忧,以及给个人评分的难度,大学教师和管理者们可能依然抵触合作性方法。大学教授的"讲台上的贤人"印象是很深刻的,所以可能会在成为"身边的指导者"之初并不适应。当我第一次布置一个3分钟的双人课堂讨论主题时,我对我所做的并不确定。但是当充满热情的谈话从嗡嗡声逐渐变大且难以停止时,我开始欣赏合作性方法的力量。

教师们期望他们的讲稿"覆盖所有的资料",而且他们在这个过程会获得满足。然而,这种结果可能只会使主题模糊。讲课者很难确保学生们学会了知识。学生们应该自己揭示或发掘这些资料。在课堂展示及合作中,学生们的参与至少是更为可见的。传

统的测试和个人家庭作业可以恰当地与偶尔或定期的合作式方法相结合，以便教师对学生的个人技能进行评估。

大多数的学生很容易适应合作性工作，但一个班级中通常会有1或2名学生要求独立工作。他们宣称有沉重的工作或家庭负担，但具有讽刺意味的是，他们通常表明他们愿意独立承担整个项目的责任。计算机科学的学生（及教授）在内向性量表上得分很高，所以他们的抵触是可以理解的。我确实要求参与团队，并指出把学习与他人一起工作作为软件工程或用户界面项目的一个自然部分的重要性。一些学生更喜欢较为传统的、以授课为导向的且伴有简短的基于课本的家庭作业问题的课程。但是对于这些同学，也有其他人报告以团队为导向的项目已改变了他们的生活，并 129
且在他们的受教育过程中是最有影响力的经历。即使是在10年之后才收到来自学生的感谢信也非常令人满足。

未来的一个科技节场景

举一个假设性的例子，一位名字为安德里亚（Andrea）的中学教师和他的理科学生唐纳（Dona）、拉斐尔（Raphael）、迈克尔（Michael）。他们想通过一个脑膜炎的分子遗传学项目参加一个在线科技节，因为唐纳的父亲最近刚从非洲旅行回来后就发作的轻微病情中康复过来。他们把术语“脑膜炎”和“遗传学”输入到“利昂”的科技节工具中，它们将提供来自百科全书的基本科学信息及权威性研究中心网站的链接，如美国国家健康协会、德国的马普分子遗传学研究所。

他们也链接到了以往科技节的7个项目,它们覆盖了这个主题以及加利福尼亚州和法国正在从事相关主题的两组学生。在学习了脑膜炎细菌的性质和它给大脑与脊髓带来的通常是致命性的炎症的基本知识之后,在迈克尔与他的家庭医生讨论脑膜炎治疗的基本原则时,拉斐尔则更深入地研究了“奈瑟球菌脑膜炎”(Neisseria meningitidis)的链接。

唐纳找到了最近测序出的细菌基因组,2、184、406个基本碱基对(A、G、T、C核苷酸)的整个序列已经发布在网上。她兴奋地报告给拉斐尔和迈克尔,因为他们没有找到以往或当前科技节项目中曾研究过脑膜炎的基因序列。他们考察了“利昂”中关于基因项目的模板,包括实验控制、数学分析和结构建模。了解研究方法可以增进知识,而且在经过了一周时间的朋友间的邮件交流和讨论后,他们使用“利昂”向他们的老师安德里亚提出了他们的计划。安德里亚看好对奈瑟球菌脑膜炎变种的基因模式做统计分析的基础性前景,但是她决定让学生们找一位知识渊博的指导者来帮助
130 指导他们。拉斐尔使用“利昂”来确定合适的研究者和教育者,并向他们发出了寻求咨询的电子邮件。除了一位巴西的退休的基因学家外,其他人都有礼貌地回复说他们太忙。这位基因学家的反应非常积极,因为他的女儿死于脑膜炎。拉斐尔运用“利昂”来帮助核实基因学家的经历及其合法性,以便保护学生。

有了顾问的参与,安德里亚同意了这个项目计划,但添加了额外的进度报告以帮助组织这个工作。学生们以电子的方式互相合作,当他们在尝试多种模式匹配程序时,通过“利昂”的即时信息交流,有时甚至熬到深夜。他们发现的基因结构都与已知的基因匹

配,但是唐纳注意到一个有趣的基因组合,这与她父亲年轻时曾得过的疾病的基因模式有关。他的医生曾评价为儿童期感染的家族史。她在“利昂”的在线笔记本做了一个猜想:“我父亲儿童时期的感染可以防止患上感染更为严重的脑膜炎吗?”唐纳没有足够的知识来回答这个问题,但是当把这个猜想连同她的数据发送给巴西的顾问时,他为这种可能性而感到兴奋,并且在回复工作组的报告中提供了支持性证据。

他们的科技节项目经历了许多阶段后,基因分析及详细报告才准备在线展示。评审者使用“利昂”对来自他们中学的 27 个项目进行评审,审查活动日志以确保符合科技节的规定。唐纳、拉斐尔和迈克尔获得了银奖。他们通过“利昂”给精选出来的研究者发送了一个告示,这引起一位英国基因学家的兴趣,他寻求基金以继续深入研究他们的观点。他们的项目为明年许多类似的学生项目奠定了基础。唐纳获得第二年夏天去剑桥大学做访问学生的邀请。

怀疑者的观点

尽管教育者通常把自己描绘成对新思想持开放性的态度,但是改变教学指导原则仍颇具争议。虽然收集—联系—创造—贡献是一个适应性的教学和学习指导原则,但是它确实要求教师和学
生扮演陌生的角色,许多教师和学生发现难以从标准的授课模式 131
转移到新教育下的四种活动:

收集 搜集信息和可获得的资源
联系 在合作性团队中工作
创造 开发雄心勃勃的项目
贡献 产生对课堂外的人们有意义的结果

我相信这种指导原则可以被转化为适合当地的需要，并加以改进以支持学生间的合作。他们可以学习与同伴和指导者有效地进行交流，以支持以服务为导向的真实项目所带来的雄心勃勃的成果。学习可以成为一项令人愉快的合作事业，它可使学生为更有效地参与社区活动、成功求职和个人实现作好准备。

依然存在着许多原因抵制向新指导原则的转变。改变通常是困难的，但是教师们拥有充分的理由来考虑在合作的方法上走得更远。团队工作可能是有问题的，而且比个人家庭作业更难管理。用真实的团队项目来评价学生的个人学习成绩更为复杂，因为在团队成员付出的努力及创造性活动的质的主观标准上不可避免地存在差异。旧式的标准化测验因为具有容易评分的客观答案而显得更为可靠，但是它们并不能测量出学习中的许多重要方面。可明确表达的标准对项目评估确实有用，项目与标准化测试的融合是一个可行的解决方案。

一个更基本的担忧是，创造性并没有被普遍重视。许多文化和社会更愿意训练学生接受已有的框架，而不是训练他们形成新的框架；与研究和创造性写作相比，他们更喜欢默记和复制。这些冲突可能仍然存在着争议。

建筑素描。选自无需版权授权的

《列昂纳多·达·芬奇精选集》,行星艺术出版社。

133 # 第七章　新商业——电子商务

我们必须学会平衡技术上的物质奇迹和我们人类天性的精神需要。

134 ——约翰·奈斯比特:《大趋势》(1982),40

为何你做不成你想做的生意?

旧商业是创造利润;新商业亦是创造利润。这个无情的事实表明什么都没有改变,但事实上每个人都清楚,很多都已发生了改变。

如今,航空公司、书店以及餐宿经营者都需要网络支持。作为一位商人,如果你有强大的网络支持,你将拥有竞争优势;但创建和维护网站需要很大一笔费用。作为一名消费者,你将获益匪浅,因为你可以预订航班、购书或在一天中的任何时候找到一个住所,可以获取详尽的、精确到每一分钟的信息。不过许多人悲叹个人接触的缺失,例如,与那位自愿递送沉重包裹的店主来往,还有与那位记得你喜欢将支取的现金全部兑换为20元的纸币并装在信封里的银行出纳员打交道。这些常规接触帮助人们建立起给他们带来集体感和安全感的社会资本。对老年人或新移民而言,可以接受逾期退货的店主和无需查看身份证的银行出纳员都是重要的人物。有时,信任的关系比高效的交易更重要。

但新技术的倡导者着眼于他们所见到的问题:服务人员可望而不可及且令人不悦。这些技术倡导者向商人们宣传"电子商务"的解决方案,并指出网页服务将会更加优质、便捷和廉价。同时,这些技术倡导者告知消费者,在网上他们能够更容易地比较价格、向其他消费者咨询提问或抱怨申诉。充满希望的第一波浪潮已经过去,而现在,即第二波浪潮正逐渐成形之时,对有责任心的商家和消费者活动家而言,正是一个在尝试革新途径的同时构想逼真前景的大好时机。大范围的商家是否可以使用网络进行支付结算,或者公司采购职员是否可以使用电子商务完成货物买办?消费者能否得到保护,免受那些仅将精美的图表和冠冕堂皇的许诺作为幌子的不道德商家的侵害?是否能避免政府调控和征税?

既然好的决策建立在深入理解的基础之上,那么,用户和设计者需要仔细揣摩商家和消费者的经历正在如何发生改变。有一些变化很明显。对于商家而言,供应链和客户关系管理是更为关注的内容。依靠次日送货来满足预订需求,商家得以保持较低的库存。商家重视顾客,但究竟向他们供应多少却需要精打细算。对 135
于消费者而言,更大的选择自由和新颖的关系形式是其优势,但要获得这些好处却需要技能且花费时间。

消费者想要低廉的价格、即刻的回复及提前送货(deliveries yesterday)。没有任何一项技术可以满足所有的愿望,但是,让我们来思考这样一个诘问:为何你做不成你想做的生意?对于那些与旧计算技术的思考方式依然保持稳固联系的人们来说，这是个荒谬的问题。他们认为消费者希望分文不花而得到一切。

新的计算技术包括对各种鼓励寻求双方均获益的双赢交易的关系、合作与合股的考虑。理智的消费者知道，公司必须通过赢利而得以生存，并且他们希望公司能够在商界立足，以便当所购买的产品发生故障或需要升级更新时可以为他们提供服务。与生意兴隆的制造商相比，倒闭的汽车制造商的汽车售价要低得多。作为商家，你想做的是那些能够赢得老主顾的交易，他们还会回来购买其他商品，并且会向朋友讲述他们的满意体验。这一新兴理念有时带有理想主义色彩，但客户关系的重要性正在不断提升。

餐馆老板知道，觉得物有所值的消费者是他们最好的广告。满意的食客会带着朋友再次光临，不仅为了享用其他美味，而且因为他们希望他们当地的餐馆生意兴旺。这种私人服务的场景能否迁移到在线的电子商务零售及批发业务呢？将对关系的原始信任注入网络世界的态度转变尚未完成，但它非常重要，因此这已成为许多有关网络世界的书籍、研讨会和指南的关注焦点。

态度的转变会导致机构的变更。你曾经在街区的跳蚤市场里溜达过摆放着杂乱桌子的拥挤的临时摊点，并挑选一些小摆设，而这种街区跳蚤市场将让位于易趣(eBay)。曾为你拿来几部海明威(Hemingway)著作的旧书商将会被一封来自旧书搜索引擎的提醒电子邮件取代。与街区小贩或者裁缝谈论你的嗜好的闲聊将会消失。你的嗜好简化为客户关系管理数据库中的几千字节(kilobyte)的信息。个性化的处理能否幸存？大众社会就一定是非个性化的

136 吗？

畅销的未来主义书籍《大趋势》(1982)的作者约翰·奈斯比特就存在这样的担忧,即某些计算技术倡导者的关注点削弱了人类的价值。他知道新的计算技术必须将高科技与"高接触"(high-touch)融为一体。他使用了"高接触"这一概念来描述个体体验和社会接触。他看到,成功的电子商务提供者正是在保持低价的同时关注人类价值的那些人。奈斯比特意识到,谁创造了信任关系,谁就会赢利。近期的作家一再重申这一主题,并已将客户关系管理作为基于网络的商务策略的关注点(Swift,2000;Lee,2000)。

想想看,达·芬奇应该也会鼓励我们朝着将高科技与高接触相融合的新计算技术方向发展。我们可以想像,达·芬奇通过 Macys.com 订购他那件亮粉色的及膝束腰外套式的奇异服装。我们可以设想,他为完成作品而在 MisterArt.com 上挑选画布和杂色木盒。但达·芬奇也许还想要一个戏剧表演和公众接触盛行的网络。他将推动电子商务全面关注人类的需要,在这样的电子商务中,个人风格、个性化表达及创造性精神将受到鼓励。达·芬奇将会向一刀切(one-size-for-all)、有限选择和中央控制宣战。

来自达·芬奇的另一个灵感将是普遍可用性,这能使所有公众都获益。达·芬奇可以舒适自在地走在米兰公爵的庭院中,或是佛罗伦萨平民百姓的露天广场上。他了解与他的家庭类似的中产阶级的需要,他也会在佛罗伦萨的街道上购物。达·芬奇鞭策我们确信商家和消费者也能够保护他们的隐私。毕竟,他对个人隐私持有狂热态度——事实确实如此,他用颠倒的符号书写,使别人难以阅读他的手稿。

对达·芬奇的反思也激励我们考虑能为商业和社会场所提供

支持的基础设施。他的市区规划既充分考虑到商家的运输需要,也很好地满足了提供给人们相互联系、彼此互动的充满生机的场所的渴望。他启发我们将剧院、音乐和演唱营造为商场里大家所
137 熟悉的一部分。达·芬奇式的思维方式鼓励我们把油画、素描画和雕塑提升为每一个购物商场中不可或缺的部分。简言之,我们必须铭记,用艺术来装点商业,将社会体验镶嵌于商业之中。

本章将把同样扮演重要角色的 B2B(business-to-business)关系搁在一边,思考电子商务将如何影响商家的机会,如何为消费者带来优势。本章提出了一对孪生的议题:商家控制的个性化和消费者控制的用户化。接下来,本章通过建议消费者应该对基于网络的电子商务提供者抱有怎样的期待,将关注点集中于在线信任的产生上。

商家的机会

电子商务对商家的诱惑在于这样一个信念,即创建一个网站比建造一间店铺更容易。理想经济学的梦想依此而存——在网络上开展商业的低成本将会吸引大大小小的参与者。这一梦想的变式是,仅用微软的 FrontPage 或 Macromedia 的 Dreamweaver 编辑几个网页,网络商业就能够毫不费力地开始运作新的生产线,从容地向新市场甚至国际市场扩张。

理想经济学的梦想不过是一个梦而已,因为现实是残酷的,如寻找供货商、托运商、广告商及客户服务人员的庞大花销及复杂性。创建一个有效网站的努力甚至也被严重低估,特别是当商品

目录中必须为成千上万种商品附上引人入胜的照片、变动的价格和适时的信息时。

认为建立一个网络商店很轻松的错觉就如同一个孩子想在自己家门前办一间汽水站的幻想一样。这只需用几分钟做好一块牌子,准备一些盛着柠檬水的大水罐,再把厨房里的大桌子搬到室外就可以了。在炎炎夏日里,她或许可能向富有同情心的家庭和邻居卖出了几瓶汽水,但这并不意味着她已经行进在成为下一个可口可乐的道路上。认真地做好广告宣传需要严肃认真的工作,尤其是存在竞争时;在网络世界做广告并不比在现实世界中更容易。

然而,网络确实有其独特之处,即可以提供创造成功传奇所必需的有利条件。网站可以每天 24 小时、每周 7 天营业,因此消费者随时都可能受其诱惑、被其争取过来并购买其商品。消费者依 138
靠图片订货,从而降低了保持库存的需要。这种虚拟商店经历也意味着,商家可以在托运货物之前拿到订单并核实付款。这意味着收款几乎没有损失,并且不会有任何延误。

构建一个活动与关系表格或许能帮助商家发现新的机会(表 7.1)。终极的市场定位是那些在飞机上就可以为其创造量身定做的购买提议的个体消费者。这种真正及时(just-in-time)的广告可基于消费者的年龄、性别、收入、受教育水平、籍贯、居住地及上百种其他变量。它可能在购买某一产品的一瞬间被创建,例如亚马逊网站的建议会给出其他购买过该书的消费者还购买了哪些其他书籍。个性化的销售策略也能基于先前的购买模式、网站浏览和每个消费者电脑上使用的软件。

商家可以沿着这个活动与关系表格的各行往下看,并关注有着宜人性格的朋友和家庭小群体。这种目标明确的广告正好就是那些聪明的旅行社在说服经常环球旅行的高收入顾客时所做的事。

MCI通讯公司在其亲友忠诚计划(Friends and Family loyalty plan)中使用这种方法占领了市场。MCI公司向一个人最频繁电话联系的20个人提供了较为优惠的通话费。其他公司则瞄准与企业、企业的雇员、频繁旅行的成员和专业社团的特殊交易。面向不同渠道的营销已成为一门艺术。明确目标受众的数据挖掘计划是一个好的开端,而理解并着手处理目标受众的需要正是新计算技术所要做的。你如何能够节约他们的时间或是简化他们的生活?你怎样才能使他们感到更开心或更安全?

网络体验一个明显而独特的方面是,信息的收集过程是即刻且廉价的,这意味着精明的商家能够发现动向(trend)、亚动向(subtrend),甚至亚-亚动向(sub-subtrend)。如果星期二下午,住在辛辛那提的20岁的女孩们开始购买亮蓝绿色的大头巾,那么靠星期二晚报的标题广告和发送给辛辛那提每一位20岁女孩的电子邮件就可以刮起一场时尚风,并为精明的供应商创造出市场契机。坎昆(Cancun)旅游的推销者、福特敞篷车的广告商、出租滑雪公寓的房地产经纪人都可以在上千个分化的市场微环境中创造和满足需求。但请记住,生活中的不利风险也能创造需要,因此防盗报警器安装公司可以利用警方的盗窃报告在高犯罪率的街区开展销售活动,制药公司可以通过联系哮喘病或关节炎患者来刺激销售。

表 7.1　在活动与关系表格中的电子商务 139

活动与关系表格	收集信息	联系交流	创造创新	贡献传播
商家和消费者	比较价格	协商交易 协商交易		
家庭和朋友	家庭模式 值得信赖的推荐	忠诚计划 形成购买群体	针对小群体的产品	讲故事
同事和邻居	当地购买模式 推荐的来源	针对性的广告 形成购买群体	新颖的产品	推荐书 投诉
公民和市场	网络使用模式 消费者信息	大众营销	大众产品	用于交换交易信息的网站

注：用仿宋体书写的角色和活动是针对商家的；其他是针对消费者的。

这些个性化策略是对大众市场旧有观念的明显改变。在 140
1950 年代和 1960 年代，电视广播网有三种渠道，能传播到几乎每一个人。但因特网使商家能够与有特殊需要和兴趣的人们取得联系。对于定期向芝加哥派遣团队的公司，航空公司可以为其预订的下 50 趟往返航班提供折扣价。在大量购买佛罗里达水果的街区，征募某个人建立批发点可以减少运输费，在为商家增加收入的同时也为消费者降低了价格。

当然，存在着不利于在线世界和市场可得性的条件——即商业欺骗（scam）和兜售信息（spam）。不择手段的商家会欺骗消费者，从不送货或只送去品质低劣的商品，然后就消失得无影无踪，再换一个新网站和新商标重新露面。消费者必须通过寻找建立信任的指标，小心提防在线欺骗（见本章稍后有关信任的讨论）。

兜售信息是一个带贬义的说法，它专门用来描述大多数人得到的一大堆不需要的销售消息，它们提供了从激光彩色唱片到母亲节花束礼品的几乎所有商品的信息。这样的消息十分烦人，因为它们打扰了你的工作，扰乱了你的注意力。由于它们浪费了你的时间和精力，你理所当然会感到愤怒。对于商家而言，应该优先找到抵达恰当消费者的方式，同时应该允许用户毫不费力地将自己从这类邮件列表中移出。

消费者的优势

从消费者的角度来看，电子商务和网络购物的新计算技术取向存在优势。这些优势也可以通过一个活动与关系表格（表7.1）
141 来揭示其可能性。个体消费者可以更容易地收集信息，以了解相互竞争的同类产品，比较价格、运输费、可获得性、资金及担保。交流的机会意味着你能与其他消费者讨论服务的质量，加入聊天室提出一针见血的问题。你甚至可以与你偏爱的商家取得联系，创建属于你自己的个性化交易。如果你对某一公司的交易不满意，你可以相对容易地考察其他公司，了解它们的报价，或者登录以消费者为导向的产品比较网站，如CNET，查看更广范围的可选产品。[1]在新计算技术下，消费者应该能够做成他们想做的电子商务交易。

在CNET，消费者可以即时比较任何一款电脑或电子产品的5到15个供应商提供的报价、递送时间及担保。当消费者在网上购买，或是带着打印出来的资料到当地商店购物时，这使得他们占有巨大的优势。这种方式可能对高价项目(如汽车、抵押贷款)影响最大。消费者对各种可能性有更多了解,讨价还价时的自信也将提高。也许你通常是一位理性的购物者,但作为一名谈判者,你也应该意识到你的情绪状态。了解不同的卖主能使你成为一名更有效的购物者。

做成你想做的交易是电子商务极具煽动性的承诺。愤世嫉俗者可能会说,任何消费者想做的交易是花一美元买到任何一种产品,能当日送货,且担保终身替换。现实在于提供这种交易的公司并不可能支持这种担保。更现实些的承诺将是,在尊重你的供货商的需要的同时,做成一笔与其他人成交的同样好的交易。这是一种指出了新计算技术合作特性的较复杂的陈述,但它暗示了因特网能够给予帮助的途径。你可以与其他购物者讨论,查明已进行了何种交易,了解供货商能提供什么。那么,至少你可以避免被敲诈,误以为自己得到的是公平合理的交易。你也可以与商家合作,因你多次购买或愿意延迟一个月发货而讨价还价,以得到一个较低的价格。

新计算技术使消费者甚至可以不仅仅创造交易。你还可以创 142
造你想要的产品。你可以订制或订购你想要的产品。你能够为你从底特律购买的新车选择外观和颜色,或者从泰国找到丝绸编织者来制作你设计的衬衫。编织者甚至可以让你挑选染料的颜色、编织的图案及衬衫风格的细节。你可以在依赖供货商为你生产和递送产品的同时,在网上创建你自己的小店,出售你的创作。不过,你仍将需要应对一个重要问题,即制定一个网络营销策略来传播和推销你的设计。

许多企业家已经觉察到了创造和出售旅行包、教材或电影评论的商机，并且已经开办了他们自己的企业，成为了商人而不再仅仅是消费者。但是由于通常存在竞争，所以通过出售你的新发明谋生可能并不如你想像中那么容易。网络是以信息为导向的商业的自然场所，因此，提供专家建议、书写电子时事通讯以及创办杂志都是自然的商业冒险行为。能否找到合适的微环境是成败的关键。

作为一名消费者，你的选择越来越多。追踪到运费低廉或提供会面机会的当地服务是搜索设计的下一阶段。i411 这项服务中就有一种新颖的黄页查号簿，能够帮助你找到你所在街区或美国任何地方的干洗店或医生。[2]

由于发送到恰当人群的私人电子邮件往往能推动多种咨询服务，因此出售关系的服务将成为一项繁荣的产业。向个人、小团体及大公司出售新产品和传播信息的服务持续增长。当计算机或汽车制造商让你在线设计你自己的产品时，这甚至会成为国民市场的一部分。

早期网络分析家曾谈及非居间化(disintermediation)，即撤除中间水平的销售人员，因为这样消费者可以直接与供应商打交道。对于一些产品，尤其是高度标准化的产品来说，非居间化的效率是巨大的，但再居间化(reintermediation)的新机会已经显现。聪明的旅行者可以通过创建徒步穿越尼泊尔的指导性旅行套餐而成为企业家。将航班、旅店、导游、餐馆甚至服装组合在一起，会使一次境
143 外旅行看似很容易。那么网络可以帮助将这种旅行套餐卖给世界上任何一个地方的年轻冒险家，或某个城市中那些靠乘坐廉价航

班攒钱的大学生。

对于适合社区需要的街区购买服务形式来说,这一主题的很多变式似乎都是可行的。广告和营销仍然是必需的,而且供应商与消费者在网络中建立信任的社交过程可能并不会更容易。社交过程仍然是重要的成分,因为信任的建立很缓慢,但却很容易被破坏。一些供应商和商家仅仅是没有兑现他们的承诺。

如果你对购买不满意,你可以在传统组织的网络版上投诉,如优秀企业管理局在线("提升因特网上的信任和自信")。[3] 另一个选择是,去新的在线投诉网站:[4]

> eComplaints.com 是你进行还击的机会。这是你的声音能被有过失的公司听到的惟一机会,而且更为重要的是,它还能被你的消费者同伴听到。毕竟,你不希望其他人重蹈覆辙。因此,开始做吧:发布你的投诉。我们将在网上发表投诉,并将它发送给公司。这不仅将使你更有可能得到回复,而且我们将利用你提供给我们的信息来帮助公司提升它的服务。

正如在许多领域一样,因特网增强了个人从大公司或组织获得他们想要的东西的力量,然而在过去,对于不幸的消费者而言,选择则比较少。当然,这样的网络干预将有多大效率尚待静观,因为对于那些厌烦对投诉进行回应的不道德商家而言,尤其是当这些投诉来自遥远的国度时,这几乎没有刺激作用。极端的消费者控告,即集体诉讼,同样能够通过网络渠道得以推动。在集体诉讼中,律师能够更容易地确定参与者并和他们取得联系。

基于新计算技术的电子商务使你能够创造属于你自己的交易、讨价还价或在供应商之间展开一场投标大战。网络的社交空间提供了新的可能性。一种方式是反向广告(reverse advertising)，它使得作为一名消费者的你可以让商家知道你有意购买某物。这就是价格在线(Priceline)的策略，它使你可以"开出你自己的价格"，然后让相互竞争的航空公司决定它们是否准备向你提供那一
144 天的这一价位的航班座位。[5] 价格在线要求你在提供的确定航班之前付款，但是这对于那些在日程安排上很灵活的人来说，可以节省很大一笔开销。

角色和议价的反转建立在联系性和创造性的活动之上。消费者与供应商交流并创造新的交易，而不是仅仅收集可利用的信息。当然，有胆识的消费者可能廉价购入大量机票，然后转手售给其他人以牟取利润。有时这对于邻居或同事而言，可能是一次假期旅行。找到新市场的容易性可以激发出各种创新机会。

一种更为激进的方式是团体购物，它发展了这样一个概念，即在朋友或邻居间宣传一笔好的交易。消费合作社组织或合作采购网曾设法在无网络的世界里开展这种工作，但是这一概念在网络世界下将更为可行，因为在这里交流变得容易了。CNET团体购物的终极指导(Ultimate Guide to Group Shopping)是这样描述它的：

> 因特网上存在人数上的优势，尤其是当涉及每个人都喜爱的电子活动——购物时。学会如何在团体购物网站上与其他购物者通力合作，即在在线零售店里与其他人共享资源，以便以更低的价格购入大批产品；而且你可以获得在离线世界

中通常预留给大宗购买的折扣。

购买合作社一直以来就已存在，但网络使志趣相投的购物者能够更容易地通力合作，以优惠的价格买到他们所需的物品。

个性化和用户化

网络的独有特征之一是它能够生成每位用户点击的数据流。这一网络记录数据也被称为点击流数据，它能够保留一份你访问某个网站的庞大记录。虽然这些数据显露了严重的隐私问题，但 145
却能使商家看到你去了哪里，然后量身定做他们的网页展示。这是好的商店经理应该做什么的现代版本。他们把牛奶一类的日常必需品放置在商店的后部，这样使得消费者不得不穿越整个商店，一路上挑选一些额外的物品。相似地，特价的商品可以高高地堆叠在付款处附近，这样可以让每个人都能看到它们。其他机会是对于相似的货物而言的，比如低盐产品可以聚在一起摆放。商家的目标是增加销售额，特别是高利润项目的销售额。对那些乐于了解特价商品，并且喜欢查看与他们喜爱的商品处在同一搁架上的新产品的消费者来说，这同样可以奏效。

网络商家与现实商店的管理者相比，有一个重要的优势。在网络上，消费者可以获得属于他们自己的布局摆设，这种布局依据的是：(1)他们是谁，(2)他们的购物模式历史，(3)他们今天的选择。

这一网络优势已经产生一个由可以提供用户模式分析的公司

组成的完整行业,使商家可以为个人用户、可识别的团体以及更大的组织提供个性化的网站。一条与此相竞争的哲学原理是,允许用户订制他们自己的网页,并挑选他们想要的东西。个性化(personalization)的倡导者争辩说,用户太过懒惰或是缺乏知识,因而不能进行订制,而且商家控制能够使利益最大化。用户化(customization)的倡导者相信,个性化项目常常误入歧途,因而在更改网站使得消费者感到困惑的同时,错失了销售良机。

一个行业网站是这样定义个性化策略的:“使用网络和电子邮件个性化技术的商人能够量身订做潜在消费者和原有消费者所看到的每一页内容。这样做了之后,商人可以仅用传统大众营销的费用就获得使用个人售货员的利润。”[6]

很容易想像基于消费者人口统计学资料的场景。可向富裕的购物者展示国际知名品牌的高价位产品,同时也可向较贫穷的消费者提供品质稍差的地方品牌的折扣。富裕的购物者可能对一只60美元的 Waterford 的水晶高脚杯感兴趣,然而一只一美元的塑料杯子对于一位较贫穷的消费者来说正合适。对于光顾在线音乐站
146 的成年人,可向其提供甲壳虫合唱队(Beatles)或古典音乐的样片,
而对追赶时尚潮流的少年,可能得到布兰妮(Britney Spears)的样片。城市的公寓居住者将获得有关组合柜的报价,但是城郊的住宅主人将得到一份草坪割草机的试用邀请。

这些场景依赖于商家拥有的有关消费者的人口统计学信息。这些信息可以通过让消费者登录并回答有关他们的收入及居住地的问题来获取,或通过基于他们的邮递区号做出的统计假设得到。这一方式具有风险性,因为商家可能会对消费者做出不正确的假

设。一些居住在富人区的消费者可能是吝啬鬼,而一些较贫穷的人们喜欢攒钱来买拉尔夫·劳瑞·保罗的衬衫。我相信更吸引人的方式是用户化,即仅仅让用户挑选他们想要的那一类产品。对于任何人而言,给予用户控制权通常是一条成功的策略。

第二条策略是,根据个体消费者的购买记录实现个性化。如果一名消费者购买了三本有关照料新生儿的书籍,那么几个月之后,向其推荐有关一岁婴儿的书籍可能引发一次新的购买。如果消费者购买了 IBM、Intel 和 Microsoft 的股票,那么其他计算技术的股票对他来说可能是重要的,不过多样化地提及可口可乐或迪斯尼股票可能也是可行的。

第三条策略是,根据近期订单来实现个性化。随着许多可以识别购买者购物篮中的采购模式的精细数据挖掘项目的出现,诸如向采购花生酱的人们推荐果酱的旧观念,已经得到扩展。

亚马逊网站已经探索了这些可能性中的很多种,并找到了一个成功的方案。在一个网页上,我得到的问候是:"你好,本·施奈德曼。我们有给你的建议"(图 7.1),在另一个网页的问候则是,"你好,本·施奈德曼。看看今天有什么东西对你来说是新的。"我点击进入,发现了一系列与我近期购买的 CD 和书籍相关的建议以及一些特价商品。接着出现了"《行动者和动摇者》(*Movers & Shakers*):最近 24 小时畅销书第一名"的字样,它突显出畅销书籍并邀请我参加这个活动。我同样有许多通过电子邮件详细说明我的所需的机会。当我发现了一本我感兴趣的唐·诺曼(Don Norman)的书后,它的后面附有这样的广告信息:"购买了唐·诺曼作品的消费者还购买了这些作者的作品。" 147

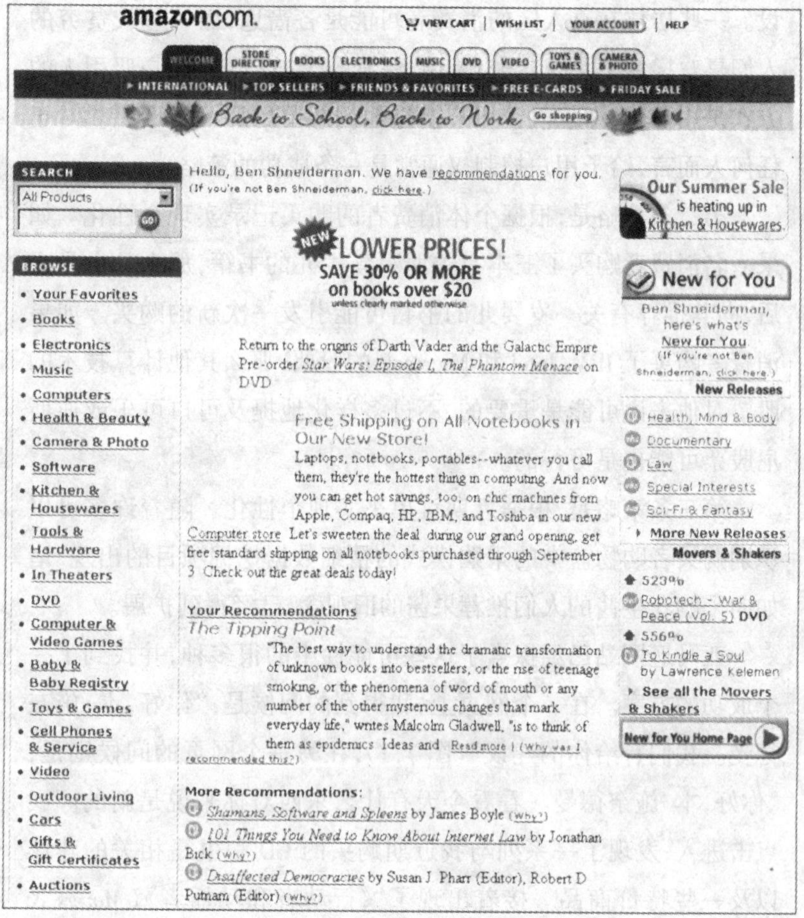

图 7.1　Amazon. com®网页,〈http: //www. amazon. com/〉。

ⓒ 2001 Amazon. com 有限公司版权所有。

由个性化程序制作的聪明的建议会取悦一些用户，但另一部分用户会对此感到愤怒或恐惧。满意的消费者将会成为自发购买者，而且并不介意这些建议是否适用。不满意的消费者对于分心物、强卖方式及对他们隐私的侵犯感到愤怒。当知道你的健康、旅游、投资或购买色情书籍的记录可能会被投资公司、商业竞争对手或家庭成员利用时，这令人非常恐慌。

一旦商家选择了某种个性化策略，那么也就出现了有关如何应用它的复杂问题。消费者对于经常光顾的、保持熟悉布局的网站或每次根据新的供应进行新颖布置的新奇网站所产生的反应很少被了解。大多数商家选择一种固定的版面安排，即一些部分专门刊载针对所有消费者的特价销售，其他部分刊载针对每一位消费者的个性化内容。一些商家给予用户订制属于他们自己的主页的机会，从而将决定权转交给了用户。对于许多用户来说，这是一条正确的途径，因为他们有控制他们所处环境的强烈渴求。当用户意识到网站管理者以不可预期的方式改变版面安排时，他们会担忧下一步可能会发生什么。当然，通过使用时间敏感性的标题标记不同部分的方式，如“今日特价”、“新产品”、“为您特供”等，来告知所发生的变化可以帮助人们理解其设计。

对于产品编目网站而言，一个关键的设计问题是每一个产品距离主页多近。将一件产品放置在有着30000件产品的网站的主页上，这很明显是一个强有力的保障。实证研究显示，找到一件产品所需的点击数越多找到它的可能性就越小。需要的点击数几乎总是越少越好。每一页上有较多的类别，可帮助用户用较少的步骤、犯较少的错误找到其路径。尽管这会导致出现“忙”页（“busier"page),即让初次进入的浏览者感到费神的网页,但其以较少的步骤找到产品的益处是很明显的。

突显商品也是一种艺术形式。特色产品可以通过放置位置(较高位置通常更好)、大小(较大的更好)以及鲜明性(镶金边或使用亮背景)得以突显。这些及其他一些策略可以帮助消费者找到他们想要的产品,并将消费者引导到特色产品上来,它们有助于创
149 造电子商务的竞争优势。

信任还是不信任

社交传统被设计用来在不确定的相遇中博取信任。甚至在达·芬奇时代之前,握手是为了证明没有携带武器,干杯是由证明酒未下毒的相互倾倒杯中酒水的程式演化而来。如今,需要新的社交传统,以加强为电子商务、电子商业、电子服务及在线交流提供支持的电子环境中的合作行为(Preece,2000)。

当你在线购物时,你不能与电子地毯商一同品茶,因此设计者必须开发用于推进电子商务和拍卖的快速策略。既然你不能与在线律师或医生进行眼神交流,判断他们的语音语调,那么设计者必须创造出针对专业服务的新的社会标准。既然你不能在在线社区中散步,在途中偶遇领着孩子的邻居,那么设计者必须促进这种信任,使集体活动能够实现。

政治学者埃里克·尤斯兰纳(Eric Uslaner)(2001)将信任誉为"社会科学中的鸡汤。它带给我们所有美好的事物——从心甘情愿加入我们的社区到经济的高速率增长……再到让日常生活变得

更加美好。然而,就像鸡汤一样,它似乎是在神秘地起着作用”。他设法通过区分道德信任(moral trust)和策略信任(strategic trust)来解开这个谜团。道德信任是指一种持久稳定的乐观看法,认为陌生人都是善意的;策略信任是指参与特定交换的两个人的自愿性。

信任是合作行为的助推剂。这是一个复杂的概念,已经由此产生了许多博士论文,不仅有社会学和政治学领域的,现在还有信息系统研究领域的。存在许多信任维度及信任失败,这足以让学者和哲学家忙碌一阵,但是电子商务、电子服务及在线社区的设计者需要实践行动的指导。

设计者的目标是快速地吸引用户,建立战略性信任,且在具有
挑战性的情景下保持它。但是对于许多用户来说,战略性信任难 150
以建立,却易于动摇,且一旦动摇则很难重建。战略性信任是易碎品。

大量有关信任的文献提供了多种观点。福山(Fukuyama)在其所著的政治学导向的著作《信任》(1995)中,将信任定义为:“在有着规则、诚实、合作行为的集体中产生的一种预期,这种预期基于普遍共有的行为准则,且针对该集体中的一部分成员。”这一简明的定义包含了这些关键概念:信任是关于未来的,并且它关注于合作行为。

在向电子环境的转换中,斯坦福大学的研究者福克(Fogg)和曾(Tseng)关注于通过技术媒体联系在一起的个体间的信任。他们说,“信任表明了一种积极的信念,这种信念是对某个人、某种事物或某一过程所感知到的可信赖性、可靠性及信心。”为了将对个

人或组织的信任从对物体或过程的期待中分离出来，我使用依靠(rely on)或依赖(depend on)来表达对事物(诸如计算机、网络、软件)或过程的积极期待。

计算机科学家已经专注于建立可靠的设备；现在电子商务和电子服务的提供者正在设法博取你的信任。他们希望你能毫不犹豫地输入你的信用卡号。

关注一个人对另一个人或一个组织所拥有的战略性信任强调人际关系这一独特的人类天性。公司是合法实体，且在解决个人与这类组织(它们最终是由其他人组成的)间的问题上已有很长历史。这引出了我的定义：信任是一个人对另一个人或组织拥有的积极期望，这种期望是基于这个人或组织过去的业绩和诚实的担保而形成的。

信任涉及对未来的期望。对个人和组织的信任，会根据他们以前的优质工作和清晰承诺而逐步积累起来。这暗示着对排除故障的行为和意愿的责任感。因为责任感和担保，信任(trust)比依靠(reliance)的程度更强。如果用户依靠一台计算机，而这台计算机出现了故障，那么他们可能会感到沮丧，或者通过猛摔键盘来宣泄愤怒——因为与计算机不存在信任关系。若用户依赖一个网
151 络，而该网络崩溃了，那么他们也不会从网络中得到补偿。然而，他们可以从他们信任的能够为他们提供适当功能的计算机和交流服务的人或组织那里寻求补偿。对于一名电子商务、电子服务、在线交流及其他网站的用户，理解人们与组织间明确的、契约似的信任将产生更为清晰的规则。更清楚的理解将使你意识到在这样的网站中应抱有怎样的期待。

是否存在一个激发信任的历史?

只有当你能得到有力的保证,确信你参与的是一个积极的关系时,你才能参与网络交易和关系。寻求有关过去业绩的可靠报告和对将来担保的清晰陈述。看到一个熟悉的品牌和标识会产生信任,因为历史悠久的公司通常品质更好、更值得信任。但那仅仅是一个起点,因为欺骗同样是网络世界的一部分。作为一名认真细致的消费者,你应该遵循下面的步骤。

调查过去业绩的模式

航空公司报告航班准点抵达率,房地产商打广告说明他们售出了多少户房屋。这类对业绩的周期性自我报告可能会吸引用户并激发对未来业绩的信任,关于组织自身、其管理、员工及历史的信息也能有同样的作用。你应该查询有关过去业绩的明晰报告,并考察消费者投诉记录。

从过去和当前用户那里核实证明

大多数人通过寻求朋友的介绍来选择医生,但基于网络的医疗服务很可能是通过阅读病人的在线评论来进行选择。易趣在线拍卖之所以成功的一个原因是,其拥有设计周密的声誉管理体系(反馈论坛),这使得购买者能够记录下对售货者的详尽评论。[7] 这里即是我找到的 978 名独立买主对一位照相机出售者所做的 988 条好评中的几条。 152

好评：东西都很好用。送货快捷。谢谢你！相处和睦。A+的卖家。

好评：东西与描述的完全一样，送货迅速，交易很顺利。A+ + + + + + + + + + +

好评：送货快速，相机与所承诺的完全一样，我非常满意。A+ + + +

好评：杰出的服务和快捷的送货。

只有3条中性评价和4条差评——这是一份出色的激发信任的记录。然而，你会发现，所有的卖家都拥有极好的声誉，因为他们致力于赢得购物者来发表好评，还因为不满意的购物者似乎不愿意发表差评。当然，声誉可以假造，而且声誉不佳的卖家可以换一个用户名重新出现，因此完全可靠的报告仍然是一个遥远的目标。

从第三方获得证明

通过那些适当的可以即刻证明其在线服务情况的评论布告栏，律师、医生及其他专业人员得以证明其业绩。来自消费者和专业团体（如美国医疗或律师协会）的认可标志，通过第三方报告的形式帮助建立信任。寻找来自 TRUSTe 和 BBBOnline 的标识，它们是评论在线保密性政策的第三方服务机构。[8] 但请当心，因为对政策陈述的评论并不能确保公司必然遵循它。查看正性的证明，然后浏览投诉网站查看负性评价。

有关保密性和安全性的政策是否易于寻找、阅读及执行？

保密性政策已经被广泛接受，但某些却很难找到并阅读，所以它们会破坏信任。好的政策是可执行且可检验的。当消费者获得明确的信息时，期望会迅速升高。你应该被吸引到有设计良好的政策陈述且伴有有效执行报告的网站上来。如果你关注你的个人隐私，那么你需要熟悉网站上的议题，诸如电子私人信息中心(Electronic Privacy Information Center)。[9] 153

责任是否明晰?

当你在寻找一件物品或建立一个商业关系时，你应该期待对责任和义务的明确陈述。一个设计良好的网页将具有有序的结构，包含方便的导航、有意义的商品描述及易理解的交易过程。良好的设计可以激发信任。有关谁在何时做了什么的简单陈述应该可以激发你的自信。例如，你可能更喜欢承诺免费送货或收到付款收据后 24 小时内发货的卖家。附有争议解决政策并提供仲裁服务的拍卖服务会减少不满意用户的数量。因晚餐延迟而提供免费甜点的餐馆老板知道，为弥补问题而作的及时道歉和真诚努力，加上对疏忽的补偿，能够赢得终生的顾客。敷衍的承诺和失约应该是一个出局的警示。

试图阐明每位参与者的责任

正如任何一份合同或协议一样，用可理解的、简洁的条款进行详尽的表述有助于建立信心和信任。当交易条款，如价格、递送时间和费用、税款、小费以及退货政策均说明清楚时，你知道可以期待什么，并且不会因不满意的意外而感到震惊。与此相似，社区的政策,如记录保留多长时间,谁有权使用存档,以及在威胁和中伤上有何种限制,应该能够使你在拥有一个更加开放的交流的同时感到安全。

期望附有赔偿说明的清晰担保

因为所有网络提供者都是相对的新来者,因此他们必须克服对改变的抵触,以及对信用卡滥用、隐私侵犯及界面故障的特定恐惧。对信用卡行骗的担保保护是必需的,但并不是一个充分的起
154 始点。延迟送货赔偿相对容易明确,但声誉记录、证明及由第三者保存的附带条件委付盖印的合同(易趣安全港令人称道的部分)应该包含在你使用的网站中。这些是值得信赖的商家的品质证明。

寻找争议解决方案和仲裁服务

不可避免的是,你会陷入令你失望的产品或服务中。一个压碎了的包裹箱、一份迟到的医学实验报告或对隐私的破坏,这些都可能导致不愉快的经历,但真正的考验却是,商家将如何处理这些问题。消费者服务经理就是靠面带微笑地应对不满意的用户来挣薪水的,但你应该寻找能满足你的需要并赢得你的忠诚的真诚努力。组织完善的消费者服务应该成为服务标准,并且第三方的促进和协调是一种吸引人的选择。下面就是一个在线争议解决服务的推销方式(pitch):[10]

> 通过 SquareTrade 的简单、快速、公正的在线争议解决(ODR)服务的在线交易解决争议。无论你是购物者还是售货

> 者，我们的服务可以帮助你仅花费传统法律方法所耗费的时间和开销中的一小部分来解决争议。ODR 完全是基于网络的，且能够处理分散在不同州或国家的各方之间的争议。

对于电子商务的参与者而言，这些原则仅仅是一个起点。一位小心谨慎且见识广博的消费者通常是一位愉快的消费者。

怀疑者的观点

新计算技术足以影响电子商务并使其成功吗？似乎电子商务不存在消亡的危险，但仍然存在会被许多非法商家破坏的风险，这些非法商家的欺骗行为会把善良的消费者吓跑。格雷欣法则指出，黑钱会把合法的钱逐出。与此类似，劣质的电子商务网站可能会将优质的网站逐出。用户对网络流氓、海外黑客及网络危害的幻想可能会完全破灭，以至于即使声誉良好的供应商也将难以找到消费者。 155

另一个令人不安的情况是，只有大型公司的网站才能够成为有效的电子商务提供者，而小型的新来者将被逐出或是被并购以减少竞争。最后的担忧是，政府会进行干预以控制电子商务或对其征税，从而限制了其竞争力和创新性。

应对这些令人沮丧的情形是可能的，只要用户和开发者都关注于人类的需要。宽带的网络和广阔的网络服务“农场”是旧计算技术必然的产物，但旧计算技术将成为能够产生令商家和消费者满意的成果的新计算技术的灵敏感受器。

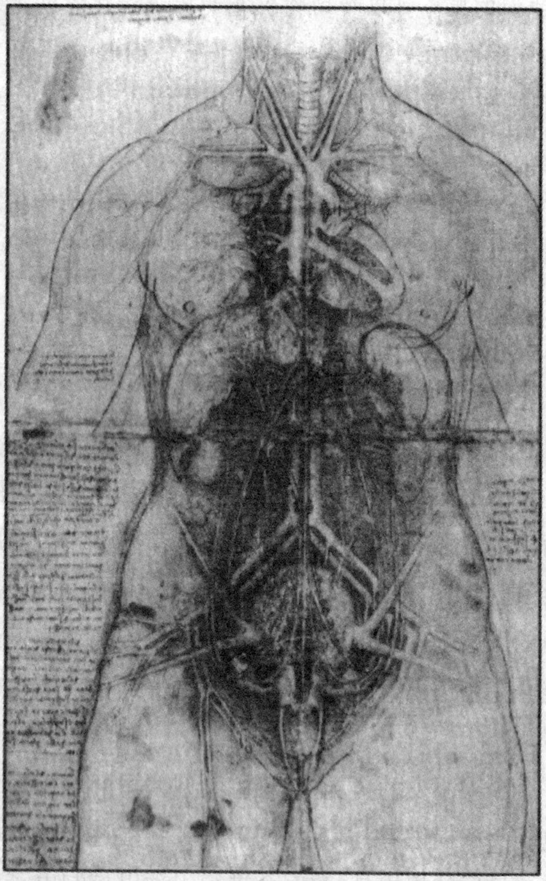

一个女人躯体的素描。选自无需版权授权的
《列昂纳多·达·芬奇精选集》，行星艺术出版社。

第八章　新医学——电子保健

虽然达·芬奇进行解剖学研究是为了增强他的艺术表现 157
力，但是这些研究却恰恰成为一种基于它们自身的狂热，并且
最终成为聚集了他的天赋的主要努力之一。

——舍温·B.努兰：《列昂纳多·达·芬奇》(2000)，10 158

为何你曾经患病？

这个煽动性的问题意在激发新的想法。疾病一直都是人类生活中的悲惨部分，不过现在越来越多的疾病得到了控制。在19世纪，人们无法想像脑灰质炎、肺结核或疟疾可以被预防，然而现在我们却可以对此有所期待。研究人员还需多少年才能够发现导致艾滋病和某些癌症的遗传过程？我们也许不能预防每一种疾病，但是，思考如何降低疾病的流行可以激发与过去截然不同的新颖想法。

医学研究的核心就是控制疾病，而信息和计算技术能起到关键性的支持作用。预防意外损伤、普通感冒和食物中毒是信息计算技术能够做出贡献的重要目标。对于生活在发达国家的人们而言，人类进步的一个明显标志是不断增长的人口寿命和能相对地

免受痛苦疾病的折磨。在全球范围内扩展这些成果仍然是一个持久的挑战。

第一步就是要积极地推动改进医疗记录的保存方式。我们已跨入“计算机时代”半个世纪之久,却没有一个可全球联网使用的标准医疗记录,这似乎是一种悲哀,而且几乎是不道德的。相比而言,我们的付账卡和航班预订记录方面的情况远远好于我们的医疗史。食客可以在世界各地的主要餐馆记账吃饭,在任何机场都能迅速办理航班预订,甚至能跨越相互竞争的公司的系统或敌对国家的国界。然而,你可能会躺在某家医院里,生命危在旦夕,只是因为主治医生不了解你的医疗史或药物过敏史。

目标应该是这样的,当你被送到世界上任何一个地方的急诊室里,50 秒钟内你的患病史已用当地语言呈现在屏幕上。这一全球可用的医疗记录,我们姑且称之为全球医疗系统(World Wide Med),不仅将改善对病人的护理并潜在地降低成本,还将使临床研究者、流行病学家和人口统计学家以及其他人受益匪浅。当然,对隐私的显著威胁是减缓其发展的重要原因,但其他力量也可能造成影响。适度保守的医疗业的变革进程十分缓慢,尤其是当对控制的威胁以及对你的医疗记录的所有权都存在危险时。由于对医疗记录进行标准化,你的医生或健康计划可能会失去对你的某
159 些控制。如果你的血检、X 光检测、超声波扫描图及全部医疗史随处可得,那么最初的医生可能会担心失去你这个病人。由于开放医疗记录,提供健康护理的人员可能害怕所犯的错误和误诊会公之于众。

然而历史先例表明,若隐私问题得以解决,那么开放标准化记

录将因提高的效率和改进的服务而有利于服务提供方。摒弃重复检查和无效治疗将使每一个人受益,因为更多的病人有望以更低的花费得到救助。搭建全球医疗系统的合适的硬件、软件及网络,可使计算机行业的规模扩展20%—30%。

新计算技术的另一个目标是,增强病人知道更多有关自身疾病的信息的能力,以及为自身健康护理治疗承担更大责任的能力。病人通常在朋友和家人的引导下,查找与他们的诊断条件相关的资讯网站和讨论组。获取医疗信息是互联网使用最为频繁的用途之一,该系统拥有强大的资源,如家庭版默克诊疗手册(Merck-Manual)就有19个国家的版本。[1] 这一以往供医生使用的包罗万象的百年医疗指南现已变成面向普通大众的既具可读性也具权威性的指南,附有大量照片、影像和动画。病人支持小组在线社区的广泛使用同样也在改变着病人的体验和医生的实践。在雅虎聊天组里有超过20000个讨论组都在健康和健身(Health and Wellness)标题下。[2] 其中半数以上属于支持性小组,另外1/4是针对专业人员的。一些小组的成员数量超过了10万人,但是大多数小组的成员数在1000名以下,并且小组的活跃程度在不断变化。当然,正如早先的媒体一样,同样也存在一些具有误导性的网站,它们提供错误的信息或推销有问题的治疗方式。

在达·芬奇生活的时代,医疗信息仍源自古代资源,医学研究十分罕见。甚至血液循环的要素或主要器官的功能都是未知的。达·芬奇揣摩解剖学,并使用可视化以支持研究,其所做出的一切努力为医学插图作家们提供了有价值的经验,为科学家提供了灵感。达·芬奇参与过多达30次尸体解剖,以研究肌肉、骨骼及循环

系统，但却觉得有必要对这项工作保密，因为这样的医学探索当时
160 并不被广泛接受。他的形象思维和表征能力使他能够描绘出其后两百年中解剖学家没有观察到的细节。历史学家想知道，若他的工作曾得到更为广泛的传播，医学进程会怎样地突飞猛进（Nuland，2000）。达·芬奇近乎琢磨清楚了心肺循环系统，这一系统被认为是威廉·哈维（William Harvey，1578—1657）首先做出解释的。达·芬奇是精确描绘出"S"形脊柱并理解其重要性的第一人。他的好问风格预示着今日的超级病人会更积极地提问，这些病人越来越有可能挑战他们的医生并做出他们自己的诊断。

达·芬奇的遗产同样能激发对旧计算技术目标的反思，比如能够像最优秀的医生那样完成任务的医疗诊断项目。替代性的想法——即模仿游戏（the mimicry game）——并没有充分奏效，因为它设定了一个太低的目标。新计算技术的宏伟目标是，使一般水平的医生甚至能比最好的医生更出色地进行诊断。

给予医生能力

通过创建全面的包含病人历史的临床数据库、能对疾病模式进行有效模拟的模型以及能够进行简单咨询的合作软件，可以使医生的表现比现在好上1000倍。

在急诊室、诊所及医生的办公室里就能快速链接到全球医疗系统，这将使保健专家了解你现在的身体状况，并结合历史记录和当前电子诊断结果来确定身体变化。当病人拜访专科医生以寻求另一种诊断意见或是搬到其他城市时，他们完整精确的医疗史将

持续有效。与之截然不同的是，在现有的医疗实践中，病人的医疗记录存放于多个医生的办公室中，埋藏在一墙又一墙不同颜色编码的文件夹里，其他人无法接近，且常常出现归档错误的情况。当病人拜访新的医生或专科大夫时还是先得在一份新表中填写冗长的医疗史，病人的恼怒由此而生。

这正是我试图帮我 85 岁的患疱疹的老母亲寻求止痛帮助时所经历到的。纽约大学的疼痛医疗中心要我填写一份长达 20 页 161
的表格，但我感觉我根本无法提供一份准确或完整的记录。然后，当转到贝丝以色列医院求诊时，又需经历一次提供背景数据的冗长乏味、耗时且漏洞百出的尝试。与我设法填写这些表格时所遭受的挫折相伴而生的是，我意识到这些结果并不可靠，每个地方为保存这些鼓鼓囊囊的文件都将付出很大的代价，而且可能根本不会有任何人阅读这些信息。我觉得我的时间本应以更有效、更具人文关怀的方式度过。

与此类似的是，当我父亲因膝盖恶化而去拜访一位新的专科大夫时，他被要求照一张新的 X 光片，然后不得不重约时间几天后再去看病。能够获得先前的 X 光片不仅可以节约花费，避免多次看病的不便，还能避免延误诊断。此外，若医生能够看到过去几年里先后拍摄的全套 X 光片，她将对病症有更好的理解。

随着标准记录的逐渐普及，其他的用处也将逐步发展起来。例如，当制定治疗计划时，难道医生将不会因获取过去一年中相似病人治疗情况的准确统计数据而获益吗？目前医生依赖于对少量人口进行临床试验得到的浓缩信息。可以设想，医生坐在自己的办公桌前即可快速查阅数千名相同情况的病人的治疗结果，甚至能与成功率很高的医生进行联系。我们可以仅仅猜测一下，如果医生的绩效也能以与共有基金、棒球运动员或航班准点的绩效相同的方式获取到的话，医疗护理将发生怎样的变化。为什么医生不能够像大多数其他工作者那样被评估呢？

除了帮助个体医生发展治疗计划外，全球医疗系统也能成为临床研究者的一个重要资料库。马萨诸塞州的弗雷明翰研究项目(Framingham)是一项针对10300名新英格兰人的长达50年的研究，它为研究者提供了一个可以用来检验假设并寻求关系的丰富的数据库。除这些外显的益处外，参与者得到了有效的持续性的医疗护理，而这种护理通过倡议健康膳食、运动及预防性用药的方式，可能改善了参与者的健康状况。为什么不能让世界上的每一位公民都成为国家级的弗雷明翰研究的参与者呢？当然，一些有全国性医疗保健的小国家，如以色列和荷兰，已经在这一目标上取得了进展，并且它们能够为那些只拥有由分散的医疗保健提供者组成的四分五裂的医疗体系的国家给予指导。

在美国，实现可获得性医疗记录的梦想因有关标准化格式和术语的大量争论而停滞在早期阶段，裹足不前。有争议的部分需要经过很长时间才能达成共识，比如是否要继续追求“基于计算机的病人记录”(CPR)或者“电子医疗记录”(EMR)，对疾病、治疗或药剂应使用什么术语。[3] 没有公众压力就没有加速进步的动力。
162 决策者并不认为改进的医疗保健给患者带来的回报足以成为值得去证明其代价或风险之合理性的理由。

改进过的对网络化的病人信息进行的数据挖掘，能够使流行病或食物中毒的早期探测成为可能。约翰·斯诺(John Snow)博士手绘的伦敦1854年众多霍乱病例地图，是对未来在日常基础上可能发生的事情的一个指南。他通过在街道地图上对霍乱病人的位置做出标记，很快地将某一口特定的水井确定为污染源。通过整理来自许多医生的数据，可以更早地察觉疾病的模式。流行性感冒或其他传染性疾病的年度模式能够被快速识别，并且能够启动疫苗注射或预防手段。

在一起引起广泛关注的事件中，等到确定了事故是由于一家快餐店出售的腐肉所致时，已经有两名孩子身亡，许多孩子病情严重。因为没有任何找到疾病发生模式的有效手段，很有可能更多的食物中毒突发事件不被人们所觉察。相似地，如果已经存在共享的数据库，就可能更早地探测到生物恐怖活动（bioterror）的威胁，如炭疽热病毒的使用。

依市场而行可能是标准的商业惯例，但有远见的思想家有时能够创造市场。医疗专业人员现在并未强烈要求建立全球医疗系统，因此尚需做一些基础工作。事实上，医生、健康护理人员及行业联合会可能对这一创新有所抵触。一个可能的起始点是，在挑选出的社区里建立测试系统，找到克服许多困难的办法，并改进设计。经过三至五年的州际范围测试后，在接下来的15到20年就可以发展全国和全球性系统。这一时间框架是必需的，因为要发展这些大规模的系统，教育和聘用医疗从业人员，改变医疗管理者和保险公司的从业实践，以及修正病人的期待。确实，许多行业中 163
的社会转型都要比技术应用问题更加困难。

抵触很可能会来自许多方面。若病人的数据和诊断能更广泛地获取，那么长期习惯于控制病人历史数据的医生可能会感受到威胁。要改变医患关系的这一基本方面，将承受到来自病人、管理者及保险公司的强大压力。但在许多方面正在发生着变化，比如马里兰医生质量保证委员会（Maryland's Board of Physician Quality Assurance）基于网络的可提供每一位医生的受训经历、简历和业绩信息的项目。[4] 这一委员会也提供在线投诉方式。我很欣慰地看到，过去 10 年里没有针对我的医生的投诉。

对隐私的关注是核心的问题。是否能够做到当需要并获得授权时可以很容易地获取医疗记录，但同时又能避免未获授权的窥探呢？这方面的失败都将得到广泛的关注，并且哗众取宠的记者和狡猾的黑客也会发现薄弱的链接。然而，似乎对现有的医疗文档在避免隐私受侵、遗失及毁坏方面的保护力度不够。许多医生的文档就放置在接待员办公桌的后面，当接待员离开房间去吃午饭时就很容易被拿到，或者在接待员下班后易被偷窃。医疗记录的计算机化可能会提高文档的可保护性，并能保存关于谁查看过每个文档的记录。在线医疗记录的目标应该是，提供比纸质文件更好的隐私保护。也许达·芬奇的隐秘书写风格（secret writing style）能激发出用于医疗记录的更安全的隐私形式。

反对病人记录计算机化的另一个经常被提及的理由是，难以改变医生使用纸笔总结医疗面谈的方式。尽管纸笔界面相当有效，但它们存在许多严重的局限性和无效性。纸易于使用、不耗费能源且相对耐用，因此需要很好地设计计算机化的病人记录以赢得医生的青睐。用一种计算机化的输入策略来取代现有的行医模式是一项重要的任务，但毋庸置疑的是，这些改进的实现将使医生和患者都获益。

一些未来主义者将声音识别输入视为通向未来的途径，但是配有触摸屏的便携式书写板的视觉显示是一个更可行的方向。与语音输入/输出相比较，通过指点(pointing)的视觉显示和输入更为快捷，且减少了认知负担。但是比手工数据输入更好的是，从体重 164
秤到血压计，每一种医疗设备都将变为可自动向你的病历发送结果的输入设备。医疗检查、解释、推测、诊断、治疗计划及进展记录将全部计算机化。当然，这是一项浩大的工程，但是医疗护理的改进和因简化记录保存而节约的费用都应该能证明这一事业的价值。

加速数据的收集和记录似乎是可能的，但进行更全面的深度访谈的潜力也可能会是一种推动力量。未来与医生的会面可能会因一些软件工具而变得更容易，它们能校验输入的准确性和完整性，同时提示医生异常情况，提醒他们核查所有可能的诊断。这些工具必须被设计成用来加速医生的工作，使他们能够为更多的病人看病，或者能够更加关注病人的问题。组织起来的护理人员迫切要求更高的医生产出率；患者群体必定迫切要求更多的个体关注。

标准的医疗记录意味着医生将不必重复询问，却可以快速回顾那些能明确关键问题所在的标准视觉格式呈现的病人患病史。那么，比较理想的是，你的医生可以对问题探测得更加深入，并且能关注你真正的担忧。许多优秀的医生确实都花时间这样去做，一些健康保健人员也鼓励这样做，但是，时间和营利的压力也是医疗护理方程式中的一部分。

自 1895 年威廉·康拉德·伦琴(Wilhelm Conrad Roentgen，1845—

1923)发现X射线以来,医疗成像上的显著进步继续发展。X射线能检测出骨裂或脊柱受伤,而计算机辅助的X线断层摄影术(CAT)扫描和超声波扫描能显示出癌症或婴儿的畸形状况。更清晰的图像和三维显示将有助于诊断,并帮助你理解你的问题。在结肠镜检查中使用微型摄像头能显示出你的肠道中的息肉,但随着更细小的可吞咽的摄像头在你体内移动的同时能将图像发送出去,这些过程将变得更加容易。佩戴起来就像珠宝手镯或戒指的医疗监控设备可以持续不断地记录你的血压、脉搏及体温,并及早提醒出现的问题。其他设备使你能够从家中把数据传送给你的医生,以便进行各种治疗,正如许多胰岛素监控病人已经这样做了。

另一类赋予医生能力的工具应该是对身体系统、疾病过程及
165 治疗效果的先进的模拟。可以将对你的身体机能、医疗图像及基因模式的测量结果放入模拟程序中,它能够显示出你的由动脉硬化造成的血液循环问题或由伤风感冒引起的鼻塞。然后可以测试不同剂量的药物的药效,并检测可能的副作用。

基因检测和基因转移可能会产生重大技术突破。基于对细胞过程的更深刻的理解而显著改进的治疗方法,可能来自国际人类基因组工程(Human Genome Project)所取得的杰出成就。[5] 伦理道德问题是很麻烦的,当父母知道可能生出有遗传缺陷的孩子时将必须决定做些什么,当成人知道自己可能患上乳腺癌、卵巢癌或前列腺癌时将必须决定做些什么。随着生物技术从检测转向预防和早期干预,更有希望的情形将会出现。通过确认和替代有缺陷基因的基因治疗,最终可能导致特定的癌细胞消亡或预防艾滋病。由于信息技术对生命科学发展的支持,这些梦想可能在近几十年之

内就能够实现。重要的计算机研究项目,如 IBM 的蓝色基因工程(Blue Gene Project),将为那些正试图理解人类蛋白质的三维结构和功能的生物学家提供支持。[6] 当这些难题被攻克时,将能够专门针对你的基因模式设计和创造药物,虽然这确实存在医学挑战和伦理道德问题。

当代医学的复杂性意味着你的医生必须经常收集附加信息来进行决策。你可能有不寻常的遗传史、曾患过罕见的疾病或是使用过新型药物,因此快速获取电子资料是必需的。熟悉的医师桌上手册(Physicians Desk Reference)已经得到推广,其电子化的能够不断更新的光盘和网络版本也已经启用。但是许多个案需要医生向其他专家咨询,或是将病人转介给其他专家,以便为病人提供需要昂贵设备和特殊技术的新颖疗法。改进的通过远程医疗协作的咨询工具正在使快速评估成为可能。设想一下,你的医生对你的在线医疗史中的相应部分进行组织,将它们通过全球医疗系统呈现给一位专家。然后,当你的医生翻阅你的医疗史并讨论治疗计划时,他们可以通过语音进行聊天。这位专家可能需要一些时间去查看这些材料并考虑备选方案。安排技术支持将需要一些能够 166
实现快速转介和顺利讨论方面的创新。但是技术上的解决方案必定伴随着在付费和责任分配上的深思熟虑。一位医生(或是律师或其他专业人员)可以在穿过走廊时与同事非正式地讨论案例,在这种情况下无需考虑付费或责任。然而,如果专家更为正式地参与其中,在某种意义上,付费及责任与对文档及账单的需要将形影相随。

联网咨询是介于同事间非正式对话和介绍病人去会见专家的

中间形式。这样的电子医疗咨询提出了管理和法律问题，特别是当会诊的医生是在一个医疗费用较低而责任可能受法律限制的不同国家时。将如何调和对病人潜在的益处和对质量关注的威胁呢？

给病人授权

技术为医生和其他健康保健的专业人员提供的支持如何，将对健康保健的未来产生影响，但一个更强有力的影响因素是超级病人的出现。越来越多的病人来到他们医生的办公室时会携带着从医疗网站上获得的有注释的打印材料和亲友通过电子邮件发过来的指南。那种全盘接受医生所言的逆来顺受的病人仍然存在，但会仔细揣测医生意图的超级病人正变得越来越普遍。

一份 2000 年的佩尤基金会（Pew Foundation）的报告发现，5200 万美国成年人或 55% 的上网人群曾经使用网络来查找有关疾病或医疗状况的信息（Rice 和 Katz，2001）。在这些在线获取保健信息的人中，有 48% 的人报告他们找到的建议改进了他们保养自己身体的方式，有 55% 的人说网络改进了他们获取健康保健信息的方式。近来的报告仍然显示出在美国存在着更大范围的活动，以及国际上不断增长的数量（Preece 和 Krichmar，2002）。

许多医生乐于看到消息灵通的病人在他们的治疗中扮演更积
167 极的角色。然而，一些医生还不习惯某些病人的这种挑战性的态度，并且会因为病人拥有的可能破坏医患关系的不准确、不完整或过时的信息而恼怒。医疗网站的研究揭示了误导性信息的问题，但现在的许多病人比过去的病人受过更好的教育，信息也更为灵通。

诸如美国国家医学图书馆和美国国家健康研究所的信息源分别提供了分别针对医生和病人撰写的完美的信息资料。[7] 这些网站全面覆盖了如癌症等在内的多种疾病，提供了有关疾病、标准治疗及试验情况的细节信息。[8] 提供全面的以消费者为导向的医疗信息的公共医疗资源包括 WebMD 和前美国公共卫生部部长埃弗里特·库普（Everett Koop）博士的网站。[9] 你可以用从痤疮（acne）到受精卵（zygote）等各种各样的术语进行搜索，也可以查找到用日常词汇写作的信息。

对更为特殊的疾病的报道来自于专业协会、消费者团体及个体医生，如帕金森氏病、乳腺癌或牙科疾病。通过推荐顶尖的治疗中心和介绍近期研究结果，它们向病人提供有用的信息。但是它们比仅仅向病人和健康保健人员提供信息做得更多。许多团体拥有一个行政议程，比如增加研究经费或改变主要健康保健管理组织的保险政策。电子邮件和讨论团体显著地促进了将世界范围内数以千计的患者和患者权利拥护者组织在一起。领导者可以主持讨论以制定政策，然后协调资金募集、事件策划或发起联名信活动。这种团体形式的活动可以很具影响力，帕金森氏症倡导者从美国国会获得了显著增加的科研经费就证实了这一点。

然而，随着每一个医疗倡导团体使用电子邮件和讨论组逐渐纯熟，早期采用者的优势随之减少。号召到 5000 名患者一起给国会领导人发送邮件将会很普遍，并且将会需要更多的引人注目的支持性签名（signs）。对网络持有怀疑态度的人会说，技术什么都

没有改变,还有许多其他决定成功的重要因素,比如支持某疾病团
168 体的著名好莱坞演员,或有力地推动他们事业的重要领导人。领导人是很重要的,可能还是最重要的,但早期使用适当技术的采用者所获得的优势也可以是实实在在的。早在达·芬奇以前的时代,军事谋略家们就已了解这种差异,这导致他们倡导先进的技术。工业竞争者们同样已经意识到创新的价值,正如专利品、新产品及高级基础设施支持所证实的那样。现在,公民团体正在使用技术来组织他们自身,尤其是在医疗领域中。

其他有力的交流形式是数千个拥有数百万名患者参加的健康支持团体。患有罕见疾病的病人可以通过支持在线交流的许多技术与世界各地的相似患者讨论他们的治疗,这些在线交流包括:聊天室(图8.1)、邮件列表、新闻组及线性讨论列表。参与者可以交流有关医生、医院、治疗及结果的信息。信息的交流具有重要价值,但更大的回报似乎是参与者从同伴那里获得的情绪上或移情的支持。

如果你在滑冰、打篮球时或仅仅是因下楼梯时滑倒而撕裂了你膝盖的前十字韧带(ACL),那么你将希望访问鲍布的ACL公告板(图8.2)。他的网页展示了他做外科手术时的有点血淋淋的照片,鲍布面带微笑而两只膝盖上都固定着支架。他提供了许多基础信息和在线信息资料的链接,但是有趣的行动发生在公告板,那上面每周都会发布数百个问题及其回复。这是一个典型的例子:

> 嗨!我想知道,大家接受外科手术时是否有人进行了局部麻醉。当你做了局部麻醉,你是否还感到疼呢?因为当我

> 做外科手术时我接受了局部麻醉，而且我的确觉得很疼。我只是想知道，一般情况下是否一点也感觉不到疼痛，因为局部麻醉被认为可以使你的腿麻木并且不会有任何疼痛。非常好奇，Erin。

珍妮·普里斯(Jenny Preece,2000)对论坛消息的分析显示，大多数消息包含移情内容，而纯粹的信息交换或简单的叙事仅占少数。参与者描述他们的伤势，寻求有关是否要动手术、如何动手术、去找哪位医生或去哪家医院的建议。他们得到了许多建议，同时也得到了富有同情心的回复，如“别担心，我已经战胜它了，你也将康复的”。讨论通常进行得很深入，涉及个人的担忧，并且可能 171
持续长达数周或数月，贯穿手术和康复期。那些早期收到良好建议和温馨祝愿的人们会常年回访，并给予回报，向新来者发出邀请“让大家知道你的手术结果怎么样——我们在为你加油”。艾滋病患者和白血病病人也有相似的网站，每个网站都针对那一团体的特殊需要，这些网站通常针对男性或女性、老年人或年轻人、重病或轻度疾病，设有各自的讨论组。当参与者分享共同的背景或经历时，移情变得更为强烈，因为他们能更容易地认同其他人面对的挑战。

随着这些团体的发展，它们通常会分裂成更小的、更集中的小组，在那里，随着时间流逝，讨论会成熟起来，不同个性的领导人会出现，被大家信任的参与者会提出新的主题。人们刚刚开始理解在线社区进化的动力，也刚刚开始理解让参与者从数千人倍增至数百万人的策略。普里斯的理解在线社区的框架对于参与者决定

169 **安** 我现在非常沮丧,我应该是有进食问题。我直到27岁才进行IDDM的诊断(我自身不产生任何胰岛素)。在患糖尿病以前我的饮食很健康。突然,食物占用了我太多时间。

安德烈 嘿,我发现减轻体重的惟一方法是适当饮食并进行运动,以使你的新陈代谢活跃起来。两年前我减掉了大量体重,你猜现在怎么样?我的体重又全部反弹回来了,因为我没有进行足量运动。

卡泰丽娜 安,你考虑过用胰岛素泵吗?

安 而且用错误的方法设法减肥是很容易的(因此也是很有诱惑力的)。我能确信在这一点上我并不孤单。

迈克 安,你的意思是不是通过注射不足量的胰岛素?

安德烈 你知道的,患糖尿病后一段时间,你开始知道你能吃什么,你不能吃什么,而且你可以将一种东西换成另外的一种……尽管一开始这是很困难的。让食物在所有时间都占据你的头脑并不很好。

安 我装了一个胰岛素泵。

伊丽莎白 我发现,运动以后因为血糖降了下来而不得不进食,这是很令人沮丧的。它阻挠了运动的目的,因此我并不烦心。总之,这是一个很好的借口。

卡泰丽娜 它是怎样起作用的?我们刚刚开始我女儿的这个夏天的疗程。

安 是的,通过大剂量的服用来诱导糖尿病酮症酸中毒(DKA)。

卢克 我可以看到在何处可以很容易地试图找到糖尿病诊断的

续表

一些好的结果,并开始相信,体重减轻可能是一种将你认为是不好的东西转变为你可以利用的东西的途径。这里有这样的内容吗? **安**　伊丽莎白,我很高兴你把那个问题提出来了。我也有那样的问题。 **安德烈**　安,如果你装上了这个泵,有什么问题吗?我的意思是,利用这个泵仅仅摄入你需要的胰岛素量,你可以控制你的糖尿病。如果你没有摄入足量的胰岛素,可能面临着高 bs's,可能的酮病(ketosis)和昏迷,那么你正如履薄冰吧。 **安**　**卢克**:很可以理解。我也这么认为。**卡泰丽娜**:你是在对我说吗? **迈克**　我确信安知道那个(问题),但大脑和心脏不会总是意见一致的。 **伊丽莎白**　问题是,体重减轻并不是持久的,安。一旦你的血糖缺乏控制,体重还会立马反弹。

图 8.1　WebMD 的糖尿病聊天室的聊天记录(部分)(姓名已做更改)

170 **鲍布的 ACL 公告板**

消 息 索 引

欢 迎!

发布消息　　　　显示了 3140 条消息中的 137 条

在过去的 3 天内　　　　　(转换成线性列表)

·**我膝盖的中间部分一直在疼……**—Susan—星期日,2001 年 10 月 7 日,下午 5:06。

·**手术后的石膏铸件?? 有人吗?** (浏览数:8)—James—星期日,2001 年 10 月 7 日,下午 3:51。

·**局部麻醉**(浏览数:10)——Erin——星期日,2001 年 10 月 7 日,下午 3:39。

- **是的,有些不舒服**(浏览数:1)—mds—星期日,2001 年 10 月 7 日,下午 4:27。
- **回复:局部麻醉**(浏览数:6)—Debra(Austin's mom)—星期日,2001 年 10 月 7 日,下午 3:42。
    - ·**回复:局部麻醉**(浏览数:5)—Erin—星期日,2001 年 10 月 7 日,下午 3:45。

·**血块?** (浏览数:5)—Sim—星期日,2001 年 10 月 7 日,下午 3:31。

- **检查和治疗**(浏览数:4)—Michelle N—星期日,2001 年 10 月 7 日,下午 4:00。

·**胫骨疼,现在!** (浏览数:19)—dr. anuradha singh—星期日,2001 年 10 月 7 日,上午 10:36。

续表

- **这一两周内我就可以开始运动了!** (浏览数:24)—Joseph—星期日,2001 年 10 月 7 日,上午 12:07。
- **膝盖骨的肌腱疼**(浏览数:30)—oggie—星期六,2001 年 10 月 6 日,上午 9:48。
    - **回复:膝盖骨的肌腱疼**(浏览数:1)—jenna—星期日,2001 年 10 月 7 日,下午 4:25。
- **膝盖支架**(浏览数:39)—Amar Dhaliwal—星期六,2001 年 10 月 6 日,下午 8:35。
    - **你有盔甲了……**(浏览数:26)—oggie—星期六,2001 年 10 月 6 日,下午 10:05。
- **一个约会……**(浏览数:21)—stuart2348—星期六,2001 年 10 月 6 日,下午 8:04。
- **回复:请问,英国的 ACL 外科医生需要的建议?** (浏览数:12)—Fiona—星期六,2001 年 10 月 6 日,下午 6:46。
    - **回复:请问,英国的 ACL 外科医生需要的建议?** (浏览数:5)—Stephanie—星期日,2001 年 10 月 7 日,下午 12:44。

图 8.2 鲍布的 ACL 公告板。鲍布的膝盖板(kneeboard)是 Factotem Constellation 的一种发布服务。

加入哪个团体、主持人决定如何管理团体来说都是有用的。她描述了这些要素：

> 人。参与者是谁？他们的年龄、性别、知识水平、所处地区、收入、受教育程度如何？有多少长期或短期参与者？兴旺的在线社区通常有一个良好界定的参与者群体。

> 目的。这个团体的目的是什么？目标是否被清晰地定义，并被参与者所共享？是否围绕着目的进行讨论？成功的团体通常拥有明晰的目的。

> 政策。这是一个封闭的还是开放的团体？讨论是否成功？是否允许匿名发布消息？是否有人进行管理或监控，以保证讨论针对主题进行，并避免极端的敌意或其他不适宜的行为？有哪些隐私得到保护？有关管理政策、决策过程以及争端解决程序的明确陈述正在逐渐普及。

随着在线社区变得更大和更重要，真实社区的常见问题出现
172 了。如果要让其他的参与者感到安全，那么必须恰当地处理破坏分子的粗鲁或非法行为。这种在线社区的新来者应该寻找政策条款、行为或礼节条例、规章制度。很多新手是保持缄默的，因此一个舒适的方法可能就是加入典型的潜水大军——那些仔细看讨论但不做贡献的人。这是一种普遍的行为，而且通常是一个判断讨论水平、争论风格或对新手的接受性的好办法。对于大多数在线社区而言，长期做一名潜水者是很好的，然而在一些团体中，比较典型的是那些小团体，积极的参与是被大家所期待的。

一旦你确定参与在线社区中的人们对你很有吸引力，陈述的目的与你自己的一致，并且相应的政策可以使你感到安全，那么你就可以加入进来。在只有几十或几百位参与者的小型社区中，每天的消息或帖子数可能并没有多少，因此监控讨论很容易。一个活跃的主题一天内可以引发几十个回帖，但那依然是可以管理的。一些参与者加入讨论中，每天花数小时来读帖子或参与聊天讨论。对于较大型的社区，每天可能会有几千条消息，因而限制发帖和组织主题的策略是必需的措施。

医疗支持社区非常体谅新来者，并为适应他们的需要而准备了数页的常见问题(FAQ)，以便一些典型的询问不会被不断地重复而惹恼那些老手。这里有新伤员或近来才诊断出的患者所提问题的标准模式。但是一些新手想获得比 FAQ 中提供的更多的信息，那么委任的欢迎员时刻准备着提供热烈且更私人的问候以及有用的回复，即使这些信息在 FAQ 中已经有了。

医疗讨论可能关注于患者的需要，或是正在照顾患病的朋友或家人的护理人员。越来越多的团体聚焦于政治活动，以促进增加科研经费、变革法律、修改政府规章或者改变团体保险政策。随着社区变得越来越庞大，不得不创造出可将其分割为带有概括说明的、更小的讨论组的策略。很多服务机构按照更为特殊的主题、地理位置、性别或年龄来划分讨论组。

一个自然的期待是，针对医生业绩或医院满意度的政府和私
人的排名服务将会出现，比如医生质量保证委员会。从很多病人 173
那里收集评价可能会很有用，但为了使这样的服务机构兴旺起来，必须克服对质量控制和法律挑战的担忧。把易趣的信誉管理者健

康的经验迁移到医疗界可能还需要一段时间。

此刻,你可能已经开始思考健康保健的活动与关系表格了(表8.1)。浏览表格的这些行和列将引导你通向这样的观念,即一小部分全心投入的患者会用创造性的方式,在网页和书中讲述他们的经历,以帮助他人。作为未来患者的一种自助形式,医疗书籍会有一个很大的市场。这样的书籍可能会报道医疗失败的悲惨故事或成功治疗的出色报告。它们通常呼吁来自医疗专业人员或组织的改变,这些改变可以很有建设性并确实奏效。基于网络的故事通常是医疗在线社区的一部分,可以给作者一个治疗期间的放松,给其他患者一个传播知识的途径。随着这些故事数量的增加,索引和搜索方法应该使你能够找到出自相似年龄、性别及治疗方法的人们的报告。最终甚至是在你没有明确的检索关键词时,语义上的分类也将使你找到报道有关富有同情心的医生或改变饮食的作用的故事。

表 8.1 健康保健的活动和关系表格

174

活动与关系表格	收集信息	联系交流	创造创新	贡献传播
医生和病人	饮食跟踪器 健康调羹	个人日志	个人总结 医疗簿	出版的回忆录
家人和朋友	家族疾病史	信息咨询 移情性支持	体验报告	家族遗传史
同事和邻居	专家资源 转诊资料	信息咨询 移情性支持	新颖的治疗 体验报告	学到的经验
公民和市场	医生信息 病人信息	拥护团体		结果报告 行之有效的治疗

注:仿宋体书写的是健康保健提供者的角色和活动;其他是病人的角色和活动。

医疗技术另一个可能的方向将是,通过应用信息门和网络树的观念为患者的数据收集需要提供支持。一些患者已经开始在家中收集每天的血压读数,监控他们的食物摄入,并进行医学测试,如糖尿病的血糖水平。使用小型信息设备来促进数据收集可以提高病人的医疗护理,并有利于促进身体健康。设想一下,若你的厨房用具安装了饮食追踪(DietTracker)感受器,使你能够监控你的食物储备中的胆固醇、盐分、糖或卡路里,那么你就可以检测出不利于你的健康的食物,发现你的膳食中缺乏哪些维他命或矿物质。便携式设备可以让你发现餐馆的菜肴中过多的盐分或脂肪。调羹式的设备怎么样?健康调羹,它的把柄上有一个显示出你舀的食物中的营养成分值的数字读数器。并不是每个人都想知道这些事实,但是越来越多的人们有了健康意识。

其他类似于家中的油烟和火警警报的设备可以探测出你上升的血压或下降的铁含量水平。这些设备可以警告你脱水情况或血 175
液中的癌细胞前体。你佩戴的先进设备能够监控你的睡眠模式、锻炼成果或应急水平。一些设备可以将这些数据记录到你的私人医疗簿中,就像你在你的账本或家庭支出日志中记录下你的经济活动一样。其他设备可以与全球医疗系统连接,将数据发送给你的医生或健康管理组织。当然,安全和隐私保护必须得到适当的支持。

给予患者能力不仅需要昂贵的设备还需要教育,这是关注医学治疗差距的深层次原因。提高受教育水平是一个根本性的挑战,并且通过批量生产来降低成本可以起到帮助作用,但对于促进平等地获得高质量医疗护理而言，政府机制是必需的。CompuMentor 及其 TechSoup 网站提供信息技术指导、专业志愿者及在线资源。[10] 1987 年以来，它们已经帮助了超过 2.3 万的非营利团体，向它们提供医疗、教育及社区项目方面的更优质服务。向全球提供改进的医疗护理的进一步挑战，应该成为新计算技术日程的一部分。[11]发起于 2000 年的联合国信息技术服务有类似的国际性目标。[12]致力于急救医疗帮助和提高国际医疗护理的组织包括创办于法国的英勇的无国界医生组织（Dortors Without Borders）和国际医疗帮助（Med Help International）。[13]

未来的一个医疗场景

让我们展望一下未来你去看病时可能会是怎样的情景。你的医生可能一开始先回顾你的医疗史，检查你近来的医院治疗记录，并进行基因实验室测试，以确定你所患疾病的准确性质。然后他们可能连接到全球医疗系统，收集有关备选疗法的成功率的最新信息。如果你的情况有些不寻常，他们可以快速地向其他医生咨
176 询，创造适合你需要的新颖疗法，并进行不同剂量水平的模拟研究。当完成了你的治疗，该记录将提供给其他人（同时保护个人的隐私），并且任何新颖的治疗将被添加到其他医生都能进入的疗法图书馆中。

我希望那些健康保健和计算机技术专业人员的读者能够让他们的想像力飞翔片刻，与这个幻想的情景同行。我们从一位名叫多萝西·盖尔（Dorothy Gale）的病人开始，她近来刚从绿野仙踪

(Land of Oz)的翡翠城(Emerald)探险归来。[14]不幸的是,她正在发高烧,而且她的脚上还长了红疱疹。多萝西的姨妈把她带到路易斯·巴斯德(Louise Pasteur)医生处,医生对多萝西进行了检查,并做了一系列血液和基因测试。

巴斯德博士研究了多萝西的医疗史生命线显示(图 8.3),这展示了她以前的住院治疗经历。[15]巴斯德博士检查了多萝西的 X 光照片、身体扫描以及心电图,但这些似乎都是正常的。红疱疹症状很严重,而且很不寻常,因此巴斯德博士决定考察一下诊断参考资料,并以症状、多萝西的医疗史加基因测试结果的方式链接到诊断参考资料。

出现了许多种可能的诊断,但与红疱疹联系最强的是 Munchkin 症,也称为 Redmond Rush(图 8.4)。Munchkin 症通常会导致定向障碍和记忆丧失。它是由 William Gaitze 博士于 1982 年发现的。

为证实这一诊断,巴斯德博士选择了主要的症状——高 Toto 细胞数——并链接回生命线记录。足够确信的是,多萝西的生命线记录显示,在最近的血液测试表明 Toto 细胞数高达 81,还有另一个异常状况,血液浓度高达 7。这是一个多少有些不寻常的情况,因此巴斯德博士决定向包含 6.31 亿患者资料的全球医疗系统咨询。

她抽取出 4000 个 Munchkin 症个案,并将个案集减至 308 个与多萝西有着相似的年龄和遗传背景的个案(图 8.5)。然后,巴斯德博士从治疗模板数据库中找到了可能的治疗方法。她通过选择"化学疗法"、"血液透析"、"干扰素"及"外科手术"来探索治疗方法。化学疗法仅仅用于女性，血液透析是一种备受青睐的疗法，干扰素只有缓和功效，而外科手术似乎太冒险了。她用 X 轴表示 Toto 原始细胞数，Y 轴表示减少量，将这些个案都显示出来。在这一 Spotfire 图中，红色的点代表女性，蓝色的点代表男性。大小表示血液浓度。[16]

180 对于高 Toto 原始细胞的个案，血液透析显示出对与多萝西类似的患者有最高的 Toto 细胞减少量。然而，多萝西的家族有高血液浓度的普遍基因模式，这可能会降低血液透析的效果。足够肯定的是，对血液浓度进行的扫描显示出，对那些具有高血液浓度的患者使用血液透析并不是很起作用。

但巴斯德博士是一位血液浓度方面的专家，她相信血液稀释治疗可能会使血液透析更有效。因此她进行了一个每分钟使用 10 毫克血液稀释药物的模拟。这一模拟并没有显示出足够的效果，因而巴斯德博士决定选择这个模拟史，并重新运行模拟程序，同时改变血液稀释药物的量，从 10、20、30 直到 100 毫克/分钟。

巴斯德博士发现，在 50 毫克/分钟时有最佳的 Toto 细胞减少量，但她担心存在血液稀释问题，并决定向 Munchkin 症血液透析疗法的创始者里昂(Lyon)博士咨询。巴斯德博士通过安全电邮将多萝西的个案史，连同多萝西在全球医疗系统上的记录链接和血液透析模拟结果一并发送给里昂博士。

几个小时之后，巴斯德博士与里昂博士进行了视频咨询，他们是医学院的老朋友，里昂博士对模拟结果很感兴趣。他认可使用 50 毫克/分钟的速率，并作为咨询员签下了姓名，确认了这一治疗计划，并将分享收入，承担责任。巴斯德博士安排多萝西接受血液

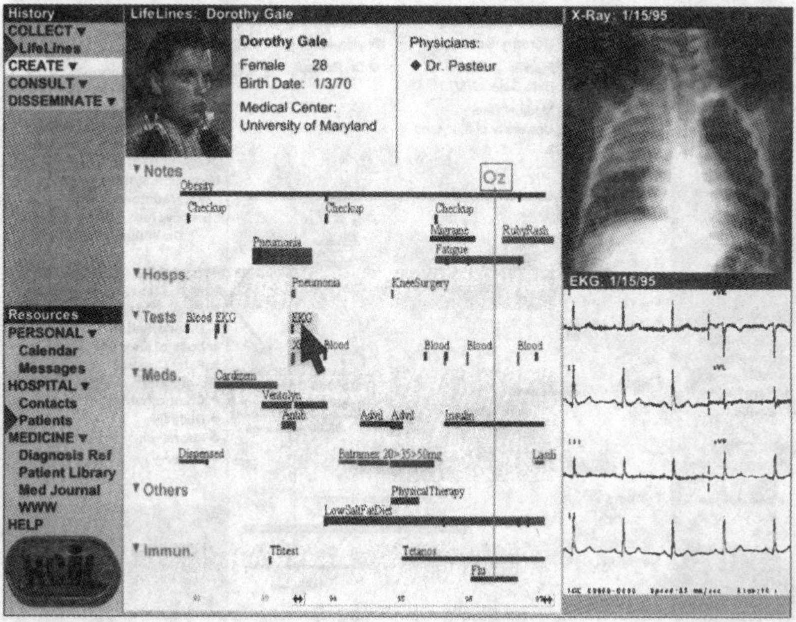

图 8.3　假想的多萝西·盖尔的生命线医疗史，显示了胸部 X 光照片和心电图。

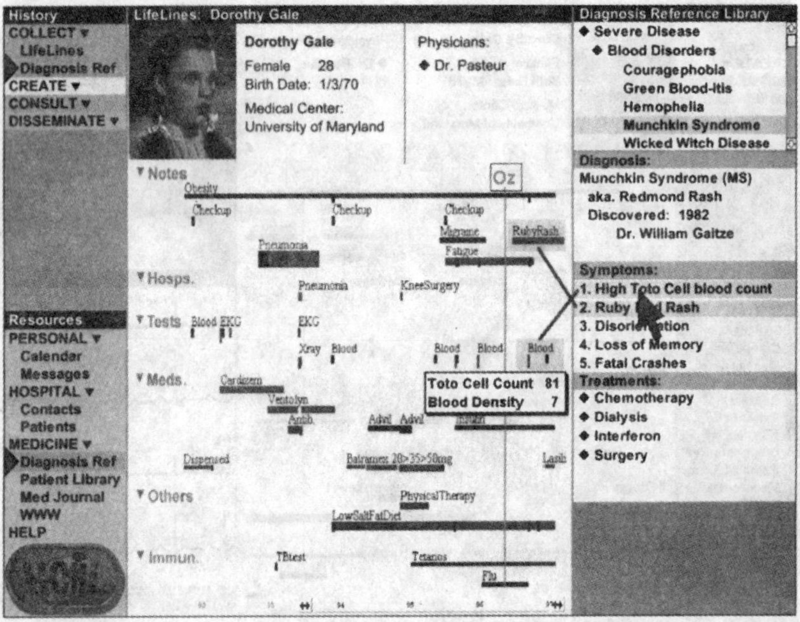

图 8.4 假想的多萝西·盖尔的生命线医疗史，显示了红疱疹和高血液浓度的症状，这些症状与 Munchkin 症状的诊断相联系。

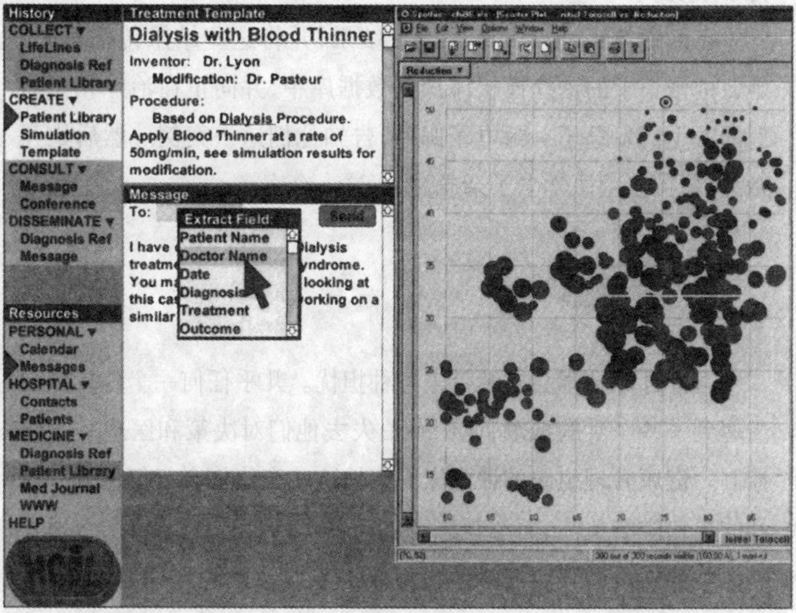

图 8.5　向里昂博士发送消息，显示了选择出的与假想的多萝西·盖尔具有相似年龄和遗传背景的个案。

透析，随着皮疹的消退，她的 Toto 细胞数很快回落。这一治疗取得了成功。

巴斯德博士记录下这一积极结果，并将这些结果传播出去。她将她修正了的治疗模板添加到数据库中，并向正在治疗相似病例的医生们发送了一封电子邮件，告知他们这一案例。然后她开始为《新英格兰医学电子杂志》撰写这一个案。

怀疑者的观点

医疗计算技术会陆续带来各种担忧。几乎任何一个建议都会遭遇到一些医生的抵触，他们害怕失去他们对决策和医患关系的控制。健康管理组织的评论家们害怕这些变化将会仅仅促进对营
181 利的更狭隘的关注，而忽视患者的需要。即使医生、患者、管理者和保险公司可以在如何继续进行改进方面达成一致，隐私拥护者仍可能看见一个隐私受侵犯的历史，对可以建立起足够的控制不抱希望。这些是合理的担忧，但在改进了的医疗护理中的潜在收益，保证了对测试解决办法进一步开展研究和预研项目。

对全球医疗系统中的医疗信息质量的担忧同样是恰当的，而且可以通过更仔细的监控来推动改进。促进正确性、完整性及时宜性的技术可以得到改进。从患者支持团体获得移情性支持的益处需要记录下来，这同样会产生在减少愤怒和袭击破坏讨论的情况的同时提高讨论效力的方法。对目标、人群及政策的明晰定义将有助于论坛主持人帮助新来者、指导讨论、限制偏离主题的讨论或愤怒的极端行为。

但即使这些步骤都做到了,试图跨越发达国家和发展中国家间的医疗数字鸿沟仍是一个持久的挑战。在没有足够的医疗人员时,证明计算技术上的巨大花费的合理性是一个挑战;在完全没有医疗人员时,这将会更加困难。甚至随着信息交流技术价格的持续跌落,仍然需要明智的决策,利用这些技术来实现可获得的医疗资料的效力最大化。在较为贫穷一些的街区和发展中国家里,信息交流技术在医院、诊所及社区中心会产生更直接的效果。

最后,决策者应该意识到,计算机仅仅是健康保健专业人员和患者使用的工具。它们不能取代由有能力的健康保健专业人员提供的舒适的床边服务,他们可以与他们的患者建立信任关系。胜任能力与和蔼可亲都是新信息技术中非常有价值的方面。

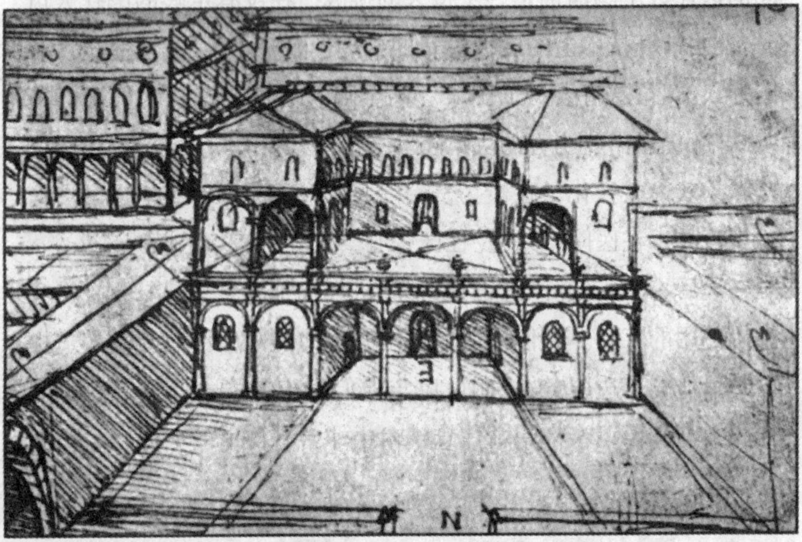

一座城市的规划图。选自无需版权授权的
《列昂纳多·达·芬奇精选集》,行星艺术出版社。

第九章　新政治——电子政务 183

> 政府最神圣的职责是对所有的公民做到平等和公平公正。
>
> ——特蕾西(Tracy)的《政治经济学》(1816)中
> 托马斯·杰弗逊的话 184

你为何从政府那儿得不到你想要的东西?

对政府的怀疑是一个有着悠久历史的杰出传统,而公民行动主义和公共服务这样做能使得政府更有效率。怀疑和支持之间的平衡始终在变化着,甚至当公民接受政府服务的愿望逐步增长,缴税的意愿逐渐减小时依然如此。既然信息和计算技术已经重构了政治环境,那么找到新的方法重塑政府服务从而更好地服务于公民的需要,以及理解如何能使公民更积极地参与到政治过程中来,都再一次被列入到议事日程之中。我的描述在很大程度上源自美国,但它们必定能应用到全世界。

信息交流技术与政府和政治过程的联系总是很强的。托马斯·杰弗逊在一次给人留下深刻印象的讲话中表达了这一联系,他说相对于拥有没有报纸的政府而言,他更倾向于拥有没有政府的报纸。他想要强调的是,媒体提供了交流信息和观念的有效方式,从而支持了达成共识的思考过程,并限制了掌权者滥用职权。正如过去的民主政治需要一个自由的出版业一样,未来的民主政治则需要一个自由的网络。

但是,什么样的自由才算是真正的自由?言论自由是一个极好的原则,但是它的局限性在于它与诽谤、煽动暴力及儿童色情间的界线模糊不清。隐私权是必须尊重的,但是人们的隐私会受到为保护他人生命而进行依法搜索的影响,人们也会为了进一步保障自己的隐私而暂时放弃隐私。新技术促使公民们重新界定他们认为可以接受的诸如言论自由、隐私、规则以及征税等术语的限制。许多人想要一个无规则的网络,直到他们遭到破坏性病毒的袭击或成为电子商务陷阱的受害者。大多数公民想要一个无需征税的网络,直到他们意识到他们的财产税可能将不得不增加,以补偿降低的、不再为期望的政府服务提供支持的销售税收。

当许多报纸不再受政府的控制时,它们就成了承受着赢利的商业压力的企业。干涉编辑自由的广告商,还有约束批评意见的
185 媒体控股者,都可能会限制报纸在推动开放性讨论中所能起到的作用。对民主利益的其他限制还有,大多数报纸收取一定的费用,而且它们当然也需要有文化的读者。这与网络新闻、讨论组及在线交流的对比是强烈的,因为同样的约束力占了上风。然而,与网络服务费捆绑在一起的计算机资源的花费,以及计算机读写需要的技能,都是一种障碍。比较而言,报纸的花费和读报纸需要的技能都很低,因此提出了有关网络的普遍可得性和可用性方面的严肃问题。

因特网和万维网关于提供先进的电子政务服务的承诺是它们极具诱惑力的事物之一。美好的前景包括,公民可以在美国国会图书馆或英国图书馆进行搜索以获取世界知识,预订去国家公园旅行的门票,或了解有关退休的权利。经营管理者得到经济预测会更加准确地承诺,农民用所提供的卫星图像可以确定庄稼生长状况,而城市规划者则希望整合人口普查数据和建筑许可证以确定人口统计学上的变化。这些正在逐渐变成可能,虽然现有的复杂设计限制了成功案例的数量。为了普遍可用性而加以改进的数据资料和设计将最终扩大成功的数量,并将拓展可能性的范围。这些改进将帮助你获得更多你想从政府得到的东西,但是这些东西当然必须限制在政府可以给予你的范围之内。可能你希望从政府得到的并不多——对隐私的更少侵犯、更低的税收及对经营的更少约束。

决定政府能给你哪些东西的政治过程是本章的第二个主要议题——怎样创造有关政府给予你什么的开放式议政(deliberation)。这一主题涉及我们如何通过民主政治过程挑选政府领导人,我们如何向立法者提出我们的理由。信息交流技术应该能促进讨论,鼓励人们参与地方、州及国家的选举,但是,迄今为止这种影响并不大。100万人如何可能参与到那些非常有意义的有助于实现相互理解并达成共识的政治讨论中去呢?政党如何在志愿者和捐助者中拉选票?公民团体组织如何呼吁改革?

当然,达·芬奇生活在前民主政治的时代,但他与佛罗伦萨和
米兰有势力的统治者关系甚密,并曾为威尼斯、罗马及法国的著名 186
领导人服务。他需要得到保护以防范侵略者,需要获得对他的项

目的支持,为此他奉献了军事发明、城市设计以及公众艺术品。对于达·芬奇而言,政府是公众作品项目的源泉,而他为这些项目做贡献是为了挣取个人收入。达·芬奇影响公众观念的努力集中在将绘画提升到比雕塑更高的位置,而不是左翼或右翼政治。达·芬奇激发的有关新型政治和电子政务的灵感与他对公众利益的投入相关联,也与他制作的城市设计和提供的艺术作品所创造出的令人满意的公众空间相关联。适当的基础设施是塑造社会过程的强大力量,他的这一承诺依然对我们很有启发(Lessig,1999)。

从政府那儿得到你想要的东西

许多公民期待着从政府那得到许许多多东西。公民们期待城市、乡村及州的地方政府能够照顾到教育、交通、治安、水利、排污以及娱乐方面的地方需要。地方政府对于人们的生活有直接即刻的影响,并会赢得公民的积极参与。地方政府服务更可能是由熟悉的地方官员提供的,这些官员贴近问题并且关心有效的解决方案——或者理论上应该是这样。

公民期待国家政府能处理防御、外交事务、社会安全、环境保护以及诸如太空探索或医学研究一类的国家项目。国家政府似乎距离许多公民更加遥远,他们对国家政府所做的工作不仅更缺乏了解,而且也更不信任。

地方和国家政府重叠在一起的控制领域包括教育、交通及商业。地方和国家政府应该做什么,在这一问题上的冲突观点使得决策变得很复杂。在美国,警察是由地方管辖的,只有一小部分中央管辖的机构,如联邦调查局;然而在法国,警察是由国家组织的。信仰强势国家政府的人士认为,中央集权的统筹会更有效、更一致和更高效能,其部分原因在于,更有经验的专业人员根据更多的信 187
息能做出更好的决策。那些信仰强势地方政府的人士则辩解说,分散的服务会更加有效,因为地方官员更多地触及公民的需要,并能够构思出更符合当地情况的计划。

信息交流技术已经充分改变了政府的决策,因此需要重新考察服务间的平衡。中央集权的倡导者认为,联网后的交流已经使国家政府的官员能够更好地获悉地方社区发生的事情,并对地方的需要做出回应;因此,更大的控制权应该交给中央决策者。地方分权的拥护者声称,新的技术已经使他们变得更有效能、更富有经验,因此他们更能发挥作用。他们还认为,由于地方政府间的内在联系,统一的法律更易于维护,从而减少了对中央权威的需要。

看起来技术可以被用来为中央集权和地方分权都提供支持。因此,解决方案取决于议政过程中所涉及的个体立论技能和政党资源。最近的贪污丑闻或改革运动可以将福利或健康保健转为更中央集权或更地方分权的形式。

个体、家庭、邻居、同事以及公民要得到他们想从政府那儿得到的东西,他们首先需要知道他们的每一个政府正在提供些什么。美国的 50 个州或加拿大的 12 个省的政府都有网络门户,公布他们的服务内容。华盛顿州曾得过奖的网络门户,华盛顿州门户,〈http://access.wa.gov〉,其特色在于直接连到本州使用最频繁的政府网络领域的那些链接和一套面向公民及商人的强有力的以任务为导向的工具集合(图 9.1)[1]:

图 9.1　华盛顿州网页(部分),〈http: //access. wa. gov〉。这些材料经由华盛顿州信息服务部门允许进行复制。ⓒ 1999 – 2001。版权所有。另外，Access Washington™Ask George™ 及 Wa WizQuiz™ 均为信息服务部门所有的商标和服务机构标识。

职位/工作	娱乐	参观华盛顿
本州机关	服务索引	电子邮件列表
重要记录	资源列表	州长
彩票结果	消费者帮助	立法机关
执照	华盛顿法律搜索	法院
交通一览	本州详情	

一个单独的区域提供干旱、火灾、能源及地震这类州级紧急信 189
息。更进一步的考察进入到70个直接面向公民的网络服务，38个面向商业的网络服务，53个面向政府机关的网络服务。公民服务包括：生命周期事件的重要记录，如出生、死亡、婚姻及离异；立法信息；以及低收入家庭的能源资助项目。未来的在线公民服务将包括车辆及驾驶执照的年审和电子许可证。这并不是未来主义者的高科技欺骗，而是通过易化上网、降低费用和节约时间来改进政府对公民的服务的一个必然进步。不幸的是，华盛顿州的主页有269KB，迄今为止是50个州里最多的，因此也是浏览起来所花时间最长的。

改进公民与政府的交流已经成为很多项目的关注点，如早期的加利福尼亚的圣达蒙尼卡城(Santa Monica)公众电力网络(PEN)(Van Tassel，1994)。这个幸运的社区甚至早在1990年就拥有了高比例的电子邮件使用者，促使积极分子发起了公众信息服务。公民向城市官员发送电子邮件通常是成功的，因为公民们得到了对他们提出的质询的满意回复，大体上也没有增加城市管理者的工作负荷。其早期的成功包括经常被人们反复述说的故事，即PEN

行动小组如何组织起来帮助睡在长椅上的无家可归的人们(Varley,1991)。这一 SWASHLOCK 项目提供了诸如热饭、淋浴、衣物、洗衣机以及带锁存衣柜等基本物品,然后与警察、职业介绍所及住房管理局进行协调。电子邮件被视为一种基本的催化剂,即使会存在愤怒的和恶意的消息这些问题。无家可归服务是卓有成效的,导致有些公民抱怨它带来了更多的无家可归的游客。10 年之后,圣达蒙尼卡城现在提供着大范围的网络服务:[2]

蓝色大巴	工程分类	工作
市议会网	环境项目	图书馆
市议会	探索 Santa Monica	赡养费管理
市政厅时间	农民市场	市政代码
190 市政服务	城市大厅反馈	规划
城市电视	寻找商家	警察局
社区事件	消防部门	循环再生
消费者事务	在线表格	出租控制
文化事务	GIS	海景
职业介绍所	公共事业	电话簿

另一个著名的利用现有技术的成功故事是非政府性的西雅图社区网络,道格·舒勒(Doug Schuler)及其他人的抗争性努力已经在这个重要城市中创立起了一个有效的、覆盖面很广的公众社区。[3] 更多的提供可视会议或 IP 语音传输(通过网络的电话连接)的技术纯熟的项目,使得那些不能找到或理解在网页上看到的东西的

公民只需按一个按钮即可获得一位州雇员的帮助，这位雇员可以带领他们浏览网页。这项技术令人动心，但是维持州雇员的巨额成本引发了问题。然而，如果这些州雇员们都加入对网站进行的持续不断的重新设计之中，那么他们可能会提供有价值的投入，这种投入构建了更为有效的界面而降低成本。

活动与关系表格（表 9.1）显示，现有政府服务大部分都落在前两栏中：提供与政府官员交流机会的信息。新的机会在于为那些希望提出新法规，形成公共利益团体，甚至创造他们自己的休假计划的公民提供支持。然后，这些积极的公民应该能够使用网站

表 9.1　电子政务的活动与关系表格

活动与关系表格	收集信息	联系交流	创造创新	贡献传播	191
自己	健康、法律及教育信息 失业和工作	保护隐私及言论自由 寻求官方帮助			
家人和朋友	经济信息 旅游和娱乐 消费者事务	商议和诉状 消费者投诉			
同事和邻居	地方服务 商业和农场数据 经济发展	形成公共利益团体	形成地方和国家提案	分享公民问题的解决方法	
公民和市场	法律和规则 税收制度和形式 执照和许可	就法案和规则进行游说 号召志愿者及发起基金	撰写新的法案和规则 组织政治运动	发布法律和规则	

来发布其社区烧烤聚会的销售额、家长教师协会会议或高中足球赛。政府可以做更多的事情,使得公民在“创造”—“贡献”这些栏目上发挥作用,这将是一种自然的发展。

具有突破性的观念是,以服务于人类需要并对人们的生活产生巨大影响的方式来应用技术。想像一下,代表着1100个拥有着3万或更多人口的城市的美国市长会议的组织者携手奋斗的情景。[4] 现有城市网站最好的特色都可能被囊括在一个模板中,随着时间的流逝,该模板的公用格式将被公民所熟悉。圣达蒙尼卡城的列表中的30个主题能够以有意义的方式加以扩展并组织起来,翻译成多种语言,并自动确认其完备性。[5] 那么公民就能够更可靠地找到他们为比较健康保健或娱乐服务而在所有城市中寻找和搜
192 索的内容。社区组织者能够找到公共交通的最成功案例,商业规划者可以比较社区设施和税收。相似的策略可以应用到1.2万个拥有2500或更多人口的美国城镇中,或者全国的3141个乡村。[6]

现在想像一下,发展相似的观念以适应美国8万所学校的需要。可以效仿典型的设计,使得每一个网站都呈现管理者和教师的信息,发布戏剧表演、科学展览会和体育事件,引发父母、管理者、教师和学生之间的讨论。你能够看到你孩子的课程表,并能与全州或全国的其他学校比较你所在学校的成绩如何。这些网站也能够为学校所在的地区提供模板和步骤,以改进教育、服务社区需要及组织地区事务。那么这些网站也能有助于传播信息,因此邻居们将知道各种需求,诸如管弦乐器捐赠、十字路口看守志愿者以及父母陪同学生进行班级旅游等。

这些公民网站能够帮助建立用于支持更强大的学校和社区的合作和信任。搭建起这些技术仅仅是第一步;社区卷入和满腔热情都是必需的。这只不过是网络的分布式区域性质非常适合的一类应用——8万个社区的区域控制、努力及授权。这样的网站可能是恢复一些丢失的社会资本——人们参与社区活动的意愿——的一个措施,自1965年以来,在美国这种意愿急剧下降(Putnam,2000)。积极的提议,包括如公众广播服务一类的公众电子交流服务的想法,都将会为各种有创造性的市政工程项目提供一个安全的公众空间,为建立公民间持久的情感联系提供一个安全场所(Levine,2000)。公众电子交流服务将不具有赢利性,支持对争议问题进行的开放式讨论,并将促进社区项目,如新的公园。技术志愿者、街区联合会或者平民信息公司(如1930年代的平民保护公司)可能会被组织起来,帮助实现这些服务。

未来发展的其他可能的方向是政府机构间的服务,这些服务非常有利于提高效率。当我们与马里兰州政府机构一起工作时, 193
看到一个很简单的过程,比如要求一所学校上交青少年犯罪报告,可能会花上两周的时间,我们感到十分困惑。需要这份报告的青少年司法部的案例工作者会要求秘书人员准备一份内部审批用的适当的需求表格。然后,该需求表格将被邮寄到学校,在那里被放进一长串类似的要求中,当有时间时才予以回复。因为这关系到隐私,小心地准备表格是很重要的。当该要求进入日程后,需要向在线数据库咨询以收集所需数据。然后这份回复由上级审阅后,邮寄回青少年司法部,在这里相关信息被输入数据库,以供经管具体案例的社会工作人员查看。当然,许多延迟或错误都可以入侵这一笨拙、缓慢、易出错且代价昂贵的过程。一个明显的解决方案是,建立一个青少年司法部和学校的数据库之间的安全连接,但是,不兼容的计算机系统、不同的专门术语以及各种各样的管理规则使这种方案成为一个真正的挑战。商界经常能够实现这样的整合,但政府由于缺乏资源,存在管理屏障且动机不足,所以反应较为迟缓。提升这种效率将带来惊人的发展和费用节约(Fountain,2001)。

政府为改进采购(procurement)所做的努力也可以用更低的费用带来更好的服务和质量。一项评估显示,美国政府每年在采购上要花费6000亿美元,而通过削减管理费用和采用更具竞争力的办事方式可以节约其中的20%(Fountain,2001,4)。然而,简·方丹(Jane Fountain)警告说,“公众最初的对电子商务的欢欣快慰已经被一种不断增强的意识所取代,即意识到艰辛的、充满痛苦的组织及工业重组将是必不可少的。……政府也遵循着相似的轨迹……但这会更加艰难。”

充满讽刺意味的是,最复杂但却快速增长的政府服务之一是电子税单提交。在2001年内,全美超过30%的税单是通过电子方
194 式提交的。没有人愿意缴税,但是加快缴税过程使得能够迅速收到退款,这吸引了很多人。高效的税单准备软件工具加速了税单提交过程,这些工具在指导用户经历一个极端复杂的过程这件工作上做得很出色。Intuit的TurboTax及其竞争对手,如H&R Block的TaxCut,都是精心设计的优秀范例,它们用可理解的概貌构建复杂的过程,并通过允许用户看到他们的改变所发挥的作用来增强

用户的能力。[7]

得到你想要的政府

希望选择你想要的候选人,让政府去做你希望它做的事,这些天真的愿望很快会让位于许多让人困扰的现实。你的候选人可能不是大多数人支持的候选人,你的众议院议员可能会通过你不喜欢的法律,你的政府可能只有有限的资源。从现代民主政治中获得你想要的东西并不很容易,因为这需要一条更难以捉摸的社会观念——你的公民同伴或他们的众议院议员的意见一致。既然达成共识是不可或缺的,那么促进交流与合作的新技术将对民主政治过程产生实质性的影响。

对于达成共识的困难性,我是有一个教训的。那是在我参加计算机协会的公共政策小组时获得的,该协会拥有 8.5 万名会员并且是我参与的主要专业社团。在就怎样使我们的观点表述清楚进行了大量内部讨论并取得共识之后,我们仔细起草了一封策划有关隐私保护的美国国会法案的信件。我原本认为这样一封来自一位受人尊敬的社团主席的精心撰写的信件将被视为对法案的强有力支持,但我很快认识到,我们的社团仅仅被视为一个中等规模的团体,国会人员想知道其他科学社团是否也同我们一样热衷于该法案。由位于华盛顿特区的科学社团主席理事会来处理这一协调工作,该理事会吸引了 75 个顶尖专业联合会的参与。我们社团向这一组织的邮件列表发送有四个段落的提议信件,并希望在四日之内能得到支持性的签名。其他科学社团召集他们的主管或政

195 策制定者召开会议，在接下来的一天里，我们开始收到我们想要的支持性签名；但是在第二天，许多社团对我们的第三段文字提出反对意见，并指出只有我们修改了其措辞他们才会签名。考虑到我们已经获得了支持，且时间有限，我们没有同意修改，因而失去了他们的支持，从而减少了我们的信件的影响力。

达成共识是很棘手的，要快速地实现更是难上加难。妥协让步需要时间，并且这也是之所以民主政府通常维护现状、变化缓慢的一个原因。信息交流技术可能会加速信息收集和讨论的过程，但它对于改变一个支持者和反对者而言都是等效的。在数字时代里妥协让步可能会消耗很长时间，这时我们可以期望每一方都能更好地获取信息，拥有更精炼的提议。

评论员们争论，在达成共识或寻求共识方面，面对面与在线相比，是否会更容易些。通常的第一反应是，在线讨论劣于面对面讨论，面对面讨论是设计者应追求的黄金法则。面对面的讨论使细微的表情和反应成为可能，使得快速的交流得以发生，而且有一种现实参与的强制性力量。然而，在线交流能更具包容性，使那些不能旅行或是不习惯当众发言的人都可以参与进来。在线参与者可以在一天的任何时间发表他们的意见，可以冷静地思考他们阅读或书写的东西。实证证据表明，与面对面的遭遇战相比，在线讨论中有更多的民主参与和不同观点的分享。不过，并不需要在面对面和在线讨论中选择其一。它们都是很有用的，而且能够有效地相互补充。面对面讨论可以是有价值的、建立信任的遭遇战，可以改善在线讨论。而在线讨论可以通过允许进一步提交论文及鼓励就遗失信息或遗漏的论据理由进行继续讨论，为面对面会议做出补充。

卷入在线民主过程的很自然的第一步将是，在一个现有的议会实体，如城镇参议会或州议会中促进立法。有人可能已经开始通过收集邻居或政党成员的支持来提名候选人，然后在公民同伴中推动他们的选择。下一代的软件工具在为这些过程提供支持上可以比电子邮件做得更多。 196

让我们从一个简单的例子开始，以在一个繁忙的学校人行横道处设置交通信号为例，看一看通过下一代的设计精良的电子政务工具将如何提高你在邻居中收集签名的能力。首先，你需要查清楚，你的社区是如何就交通信号的设置进行决策的。你的地方交通工程师将引导你到《统一交通控制设备手册》的信号批准部分。然后你可以收集现有的有关汽车和行人的交通流量的信息(来自传感器或卫星)，以及有关不断增长的发生在那个学校人行横道上的事故数量的详细历史记录(来自与统一的地理信息系统相联系的正确标注过的警局和医院日志)。你将用证据证明相似的学校中已经拥有带交通信号的人行横道的学校数量，并显示出降低的事故率。接下来，你可能会使用你所在区域的高速公路机构的网站上提供的模板，准备一份报告作为递交给该机构适当官员的请愿书草案的附录。现在，你准备利用由投票记录导出的社区电子邮件列表，使这一草稿在你的邻居中传阅，征求大家的意见，而这些电子邮件都得到了适宜的隐私保护。经过一周的意见征求后，你可以根据你的邻居们的建议修改请愿书，并恳请邻居们在请愿书上电子签名，你将把这一请愿书发送给适当的官员，并要求在 30 天之内回复。

这一欢快的场景不需要太多的技术开发即可在家庭、朋友、亲密的邻里以及相互信任的同事之间实现。不过，即使在这一更安全的关系圈中，同样会出现一些问题，如果一些邻居反对这一交通信号，因为他们确实认为它会导致交通缓慢，增加交通拥堵，或安装费用过高，那么你寻求签名的请求将遇到困难，一场邻里间的争论可能演化升级为一场愤怒的讨论。在各种街区问题上，比如砍伐树木、建难看的垃圾箱，或播放的音乐太响等，每天都会出现激烈的争执。

当城市或州政府必须在参与者相互不熟悉的更大的组织中进行决策时，需要更多的结构和支持。当更加难以定论的议题，如堕胎、手枪控制、福利或环境保护，需要进行全国性的政治讨论时，复杂性将会增加，因为那些拥有率直的领导者和雄厚资金的组织良
197 好的团体将成为积极的参与者。随着诸如监控电子邮件或银行转账以侦察恐怖主义活动的议题的出现，已经建立的团体因其信誉而具有优势，但新的组织能以崭新的视角关注现有主题。然而，网络的开放性意味着，在在线世界中达成共识可能并不比在真实世界中更容易。

技术上必需的进步可能可以通过对有助于取得共识的新计算技术工具的周全考虑来实现。这一目标即是，不仅在小型的已经建立的社区(100 人以下)，而且在缺乏共享的知识和信任的大型社区(超过 1000 人)，实现开放式议政。通过形成由与你建立起了相互理解和高水平信任的、志趣相投的公民所构成的小型公共利益团体，你可以开始为国家议题、替你代言的地方及国家政府的候选人而发起的运动凝聚影响力。

开放式议政

政治哲学家长久以来一直用各种术语来争论开放式议政的性质:无约束讨论团体、踊跃的咖啡社团、公共圆桌、理性争论、恭敬对话、市民空间、社团会议、宣传媒介、公众论坛、城镇大厅、圆桌(会议)、民主沙龙、市理事会、通俗议会以及各种形式的下议院、参议院、立法机构、委员会、机关、宗教集会、讨论会、代表会、审判庭、理事会和调查团。各种丰富的语言和各式各样的比喻暗示,早在网络出现之前,对开放式议政的渴望已经深入人心。议政旨在表达出合作与竞争的结合,以及产生妥协、改进和修改过程的非即时性(back-and-forth)对话,而这些妥协、改进和修改过程标志着通向达成共识道路上的每一步。

开放式议政不仅仅是让每个人说出他们的想法。在大型团体中一连串的电子邮件发布并不是一种讨论,而且可能永远不会达成共识。许多开放式议政的模式都是可能的,但我们还是从采纳 198
现存的议会过程开始。一个公认的代表可能通过电子邮件以一种清晰表达的方式提出一些行动(产生一个可采纳的提案),以使每个人理解待裁决的是什么,例如,使堕胎或私藏手枪非法化。提案和修改案可能按顺序排列,然后一一提出以进行有时间限制的在线争辩,然后进行电子投票。可以重新浏览评论,以确认它们都没有偏离主题,长度控制在限制范围内,并且是尊重他人的。

对电子争论的一个关键担忧是,它们应该整合先前消息的意见,并在适当的时候要求明确问题。一些分析的证据表明,对先前的消息仅仅只有细碎的反应;每个人可能提出他们自己的观点,而不回应其他人所说的内容,因此他们相互妥协让步可能很慢。批评家争辩到,因为强烈的情绪性参与和争论的系列性质,面对面争论可能更有希望达成妥协让步和实现立场转变。另一方面,在线讨论的打字方式在允许读者做出回应前可以进行回顾和思考的同时,也可能使得辩论的语言在表述上更谨慎且不带有情绪色彩。

针对开放式议政的设计可能包括对回应的强制延迟、对每个人发布消息的频率的限制及对在陈述新提议之前先回应现存提议的要求。为感知团体意见而进行的测验民意的投票方式可以加速对存在强烈共识的议题的讨论,而提示混乱状况的指示计则可以在讨论变得很复杂以至于需要为澄清观点进行说明时,允许参与者进行简要说明。这类设计的可能性非常多。

每一位新媒体的发起人都看到了支持开放式议政的机会,如报刊的主编信箱、广播讨论以及公众有线电视。然而,线性时间的资源不足和有限的带宽,加上大多数技术的集中化传播的性质,限制了开放式议政。网络有特别丰富的用于开放式议政的支持工具,因为它具有基本的分散式结构,可以给每一位用户一个发言的机会。可能不是等量的声音,但至少是一个声音。

邮寄的信件具有吸引人的有形形式,而电子邮件是让人信服
199 的,因为它可以便捷廉价地传递给许多人。比起电子邮件,新闻组和基于网络的线性讨论组不那么冒昧,因为帖子仅仅发布在一个公共场所,需要查看者在想起要做些事情时去进行访问。这些技术是异步性的(asynchronous)——只要方便,一个人可以在白天或晚上的任何时间查看这些帖子。这一异步性还允许参与者反思他

们读到过的内容,考虑他们的反应,并认真准备回应。

另一个用于开放式议政的电子技术家族是同步性(synchronous)聊天,这需要参与者同时在场,因而严重限制了进行反思性评论的能力。典型的同时性聊天包括一线(one-line)评论,隐藏参与者身份,以及十分罕见的档案讨论。

有关所有这些技术的好消息是,它们的费用都相对较低,学习起来相当容易。它们的文字内容仅需要最低限度的计算机能力,因此低收入的或残疾的用户也可以接受它们。文本可以被大声朗读给视觉受损的用户,或是需要通过电话参与的人们,而且可以为外语发言者进行粗略的自动翻译。文本消息的可塑性意味着,带有小型无线便携式设备的用户可以在任何地方阅读消息。

珍妮·普里斯的有关在在线社区中促进社会交往的框架(见第八章)——人、目的及政策——将帮助建立开放式议政。你将会希望创造一个良好定义的用户社区,明确表述你的目的,并提供有关继续讨论同一主题和避免刺耳言论的简单政策。如果你有一个可明确表达的目的,比如在一个繁忙的学校拐角处安装交通信号的请愿,小数目的邻居正好就是你所需要的,并且规范讨论的政策可以是非正式的。

在转化为国家政治争论的开放式议政的过程中,你可能会有另外的担忧。主要的担忧是对包容性或广泛性的强烈需要,以及伴随着的为容纳数百万的用户而按比例的扩容需要。拥有几十或数百位用户的医疗和政治团体可能很有用,但有关国家议题的重要政治争论最终必须包括数百万不同的公民。

安得鲁·奥鲍伊尔(Andrew O'Baoill,2000)使用乔根·哈伯马斯 200

(Jurgen Habermas,1989)的政治哲学,对 Slashdot 这类网络论坛中的公共争论进行了分析。[8] 哈伯马斯颂扬理解政治过程的多学科观点,把 18 世纪的咖啡屋和文学沙龙视为智力论坛,在这里大家以恭敬的面对面讨论形式交流观点。奥鲍伊尔从以下方面对哈伯马斯有关形成公众观点的"公共圆桌"的文字进行了解释:

> 普遍可得性。任何人都可以进入到这个空间中。
> 理性争论。每个参与者都可以提出任何一个主题,该主题将得到理性的讨论,直至达成一致意见。
> 忽视等级。忽略参与者的地位。

这些理念提出了指导在线讨论设计的有用原则。安东尼·威廉(Anthony Wilhelm,2000)追随这些理念,发展了他所谓的虚拟政治公共圆桌的特征剖析图:

> 已有资源——一个人可以带到这个圆桌上来的技巧和能力
> 包容性——确保受到某些政策影响的每一个人都有机会进入和使用基本的数字媒体
> 议政——每个人的观点都接受公共安全确认
> 设计——发展网络的结构以促进或抑制公共交流

哈伯马斯的普遍可得性和理性争论变成了威廉的包容性和议政。然而,威廉的已有资源提出了关键的普遍可用性问题,在在线讨论中这些问题比在面对面讨论中更让人困扰。在线参与者必须具有技术能力和使用它的技巧,这比对面对面参与者的要求更高。这是一个主要的担忧,需要大量关注和投资。对于其他应用,如电子学习、电子商务以及电子医疗而言,越多的人参与进来越好,因为营利的增加与参与者的数量成正比。不过,如果社团准备使用在线政治讨论来创造指导政府行为的公众舆论,那么这里存在一个对普遍参与的强烈要求。满足这一要求所需要的不仅仅是廉价的服务;它将提出改进培训和优化用户支持服务的主张。 201

威廉的设计理念把我们带回到设计对议政的影响上——可用性和社交性。同步性聊天团体倾向于可以为取得共识提供支持的、快速而非深思熟虑的讨论。异步性的线性讨论更可能支持非即时性(back-and-forth)辩论,这种辩论可以阐明意图,精炼提议,使参与者能够改变他们的立场。谦恭的交流打开了达成共识的大门。

宽带的交流将通过某种方式解决这些问题,这种可能性是令人怀疑的;让人感到身临其境的三维虚拟现实可以拯救这个时代,这种可能性也同样令人怀疑。这些技术发展对于一些活动来说可能是有用的,但是更强烈的需要是工具在限制极端愤怒(敌意和煽动性的记录)、偏离主题的讨论、破坏性行为等伤害性活动的同时还能支持促进、缓和及调节的讨论过程。简言之,我们需要一个现代的在线罗伯特秩序规则。这一1870年代用于主持会议的手册制定了谦恭争论和公平投票的程序和礼仪,并提供了处理争执和分裂的程序。我们的目标不应该是复制真实世界,而应该是创造一种胜过真实世界的体验。

在线交流已经开始建立书面的政策，其中描述了允许的行为和对争论的解决方案。随着将这些政策逐步应用到政治讨论(图9.2)、商业委员会及其他管理实体中，带有对规章制度、投票程序、记录决策的格式的清晰表达的经过修改精炼的版本将陆续出现。在计划设定者之间，有关 Slashdot("News for Nerds. Stuff That Matters")的生动且知识广博的讨论产生了激烈的争辩和"热战"，但是缓和(moderation)及元缓和(metamoderation)的规则可以保证对讨论的控制。

公平清晰的行为规则为开放式议政创造了一个安全的场所，在这里，对行为的责任连同一部互惠史将产生信任，并鼓励合作。将这些规则制度化，并把它们镶入软件之中将花上数十年，但这些是把在线讨论从针对许多人的吸引人的论坛提升到针对所有人的可靠的建设性的政治过程的必要步骤。

203· 一些互联网政治的评论家担心，讨论团体引发的只是志趣相投的个体的参与，这些个体仅仅强化了他们自己的信念，因为这种议政并不够开放(Sunstein，2001)。尽管关注点狭窄的团体可能会出现，但这似乎反映了真实世界。在真实世界中，人们受到跟他们相似的人的吸引，与他们共度时光。这种分离建立起了多种地区性的、以主题为导向的团体，但是他们最终将不得不与持相反观点者进行开放式议政。

为国家舆论提供支持将得到极大的发展，这种国家舆论通过代表和直接参与的融合，反映了数百万公民的观点。甚至基本要素，如设定议事日程、限制讨论、在更小的团体或亚委员会内召开预备会议以及发布公共概述，都将通过测试进而产生创造性的设

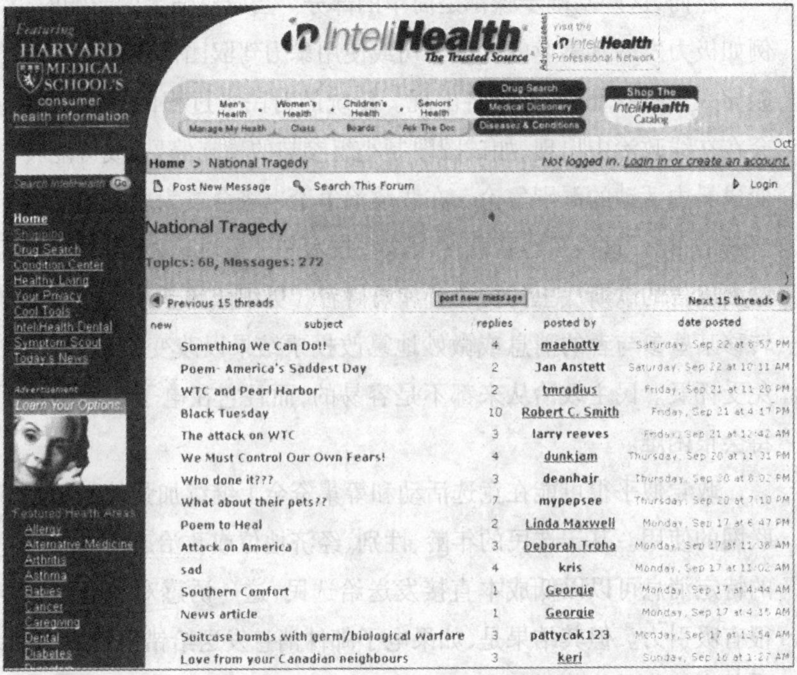

图 9.2 〈www. Intelihealth. com〉网站的社区版。屏幕截图获 Intelihealth 有限公司许可,这是一家 Aetna 的公司。

计和改进。

然而，这些基础步骤都是简单的部分。当应对强大的影响时，例如极力发展其事业的大型公司或使用暴力驾驭团体决策的军事领导人，许多严酷的挑战将出现。传统的对民主过程的挑战也将会在在线政治中出现，如试图限制小组参与的种族偏见，或可能转变成暴力活动的派别争论。在线政治争论也将会成为恶意的黑客袭击的目标，这些黑客蓄意使用这些技术来破坏讨论，类似于阻止别人发言的歇斯底里的抗议者和妨碍者。更细微的干预可以包括转移某些参与者的消息或微妙地篡改投票结果以改变平衡，同时免受怀疑。民主政治从来都不是容易的，而且它在电子环境中也将会很困难。

政党似乎很可能在竞选活动和筹集资金上继续加强他们对互联网的使用。基于选民的年龄、性别、经济地位或政治态度而制作的特定消息可以以低成本直接发送给选民，这一诱惑对政党官员很有吸引力。但其结果是，如果电子邮件消息发送给错误的人，它看起来好像是恼人的垃圾，就像方向错误的电子商务邮件一样。让选民参与到政治议题之中将被证明比预想的更艰难，但那些与产生共鸣的选民展开对话的志愿者在赢得选票或获得捐赠方面可能会更加有效。更有效的将是使用电子邮件来组织政党信徒和主持会议代表间的讨论。

204 电子邮件使用的另一个受益者将是公共兴趣团体，它们可以更容易地组织潜在的成员、吸引志愿者以及征集捐赠。无论你支持环境保护还是石油钻井，自由市场还是跳蚤市场，动物权利还是皮毛大衣，你都将可以找到或形成一个由志趣相投的个体组成的团体。

民主过程的一个特别的例子是，由许多美国政府机构，如联邦贸易委员会或联邦交流委员会举行的制定规章的听证会（Shulman等，2001）。这些机构向个体、公民团体、行业领导人以及专业联合会寻求对特定议题或讨论的评论。这些公共论坛，特别是在华盛顿特区或选中的美国城市所举办的，已经开始包括在线部分。在线论坛使得那些不能抵达论坛现场的人们能够提出他们的建议。一些人担心易于进入这些论坛将提高成本，而且当每个评论都接受分析时会产生延迟，但更广泛参与的益处似乎很大，并且成本可以得到控制。

怀疑者的观点

啊，民主政府！专家（始于温思顿·丘吉尔）称，这是一个可怕的系统，但胜过任何其他的政府形式。啊，官僚政府！没有能力的、缺乏动机的公务员拥有着不充分的技术和有限的资源，阻止了谦恭的公民获得他们应得到的东西。怀疑者们相信，政府改革是没有希望的，而且最好的方向是更少的政府。积极参与的行动主义者希望，彻底整顿政治捐献金和雇佣专业管理者将为政治注入新鲜活力，使政府更有效率。

政治将永远无法完全摆脱不适当的影响，但开放式议政可以给更多人一个发言的机会，可以提供更明智的提议。限制强大的商业、军事或宗教集团的影响不可能很容易，因为这些组织良好且十分强劲的力量可以施加巨大的压力。并且还存在更危险的破坏性力量,如腐败的官员、虚伪的领导者、暴力极端分子以及致命的恐怖主义者。这些反民主政治的力量不会被文雅的智力争论所烦扰;他们将一直是一种挑战,除非开放式议政和过程可以调动起充
205 分的公众舆论和同等势力的抵抗力量。

政府不可能给所有公民他们想要的东西,但是它可以更有效地运行。技术可以为提高管理过程的效率提供支持,但是最有益的效果可能是给个体授权,使他们在追求他们想从政府获得的东西及通过开放式议政创造舆论的能力上变得更为强健。政治已经被誉为是可能性的艺术,但是有时候技术可以改变可能的东西。

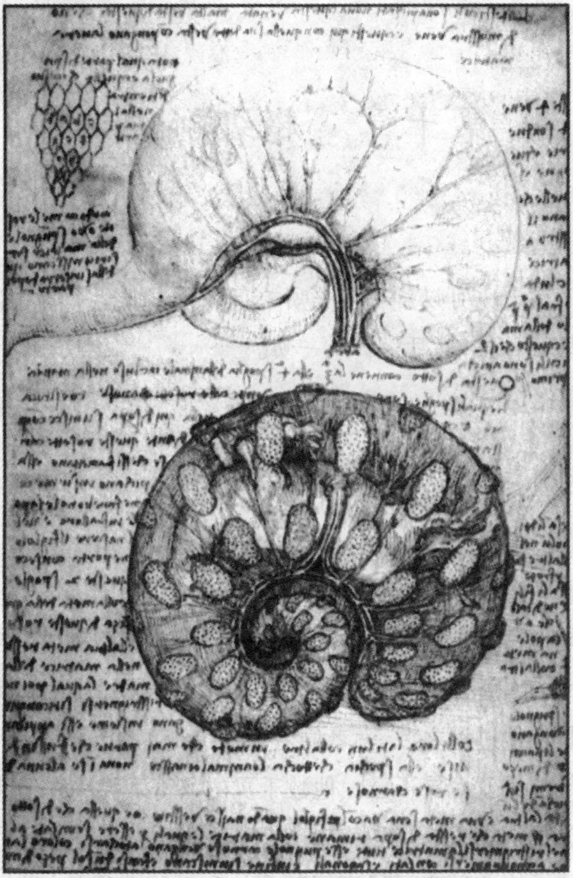

达·芬奇尝试发现自然形态间的相似性。选自无需版权授权的《列昂纳多·达·芬奇精选集》,行星艺术出版社。

207 # 第十章　超级创造力

创造力可以解决几乎所有问题。创造性行为，即用独创性战胜习惯，它可以征服一切。

208 ——乔治·洛伊斯(George Lois)

达·芬奇的创造力

关于达·芬奇的争论在过去的五个世纪里相当盛行，但是每个人都认同他富有创造性。他的工作跨越了许多学科，虽然在其一生中他最为人所知的还是他的艺术。达·芬奇作为一位科学家声誉鹊起是在他过世之后，学者们对他的笔记本进行研究时，面对他迥然各异的成就诧异不已。他数千页的秘密手稿泄露了他在地质学、天文学、光学、水力学及空气动力学方面的探索和发明。它们同样展现了他通过夜间秘密解剖尸体和动物获得的解剖学绘画。一次又一次地，评论家们想知道，如果当时达·芬奇有关地质学、望远镜或血液循环的领悟和猜想得以公开的话，科学史会怎样地突飞猛进。

弗洛伊德(1910)宣称，达·芬奇变得如此有创造性是因为他的性欲得到了升华，并克服了对自己私生子身份这一事实的压抑。

但值得人们深思的是,达·芬奇作为一个孩子得到了他母亲的宠爱和照顾,之后又得到了他的祖父母、父亲、继母和无数同父异母的兄弟姐妹的关爱和照顾。他的父亲鼓励并赞赏达·芬奇的艺术能力,让十几岁的他追随佛罗伦萨伟大的艺术家维洛西奥学艺。佛罗伦萨的画室社团似乎对他具有强有力的影响,因为达·芬奇身边总是围绕着一群人。他有学者同事,如著名的数学家卢卡·帕乔利,有年轻的助手,如安德烈·萨莱和弗朗切斯科·梅尔齐。弗洛伊德还描述了达·芬奇的同性恋倾向,但他与男人或女人关系的证据都没有得到历史的考证。达·芬奇似乎是缺乏性欲、没有感情的,但却满腔热情地献身于他的探索研究。

我们都能从达·芬奇身上学到某种东西。他渴求理解各种不同的知识领域,热衷于承担雄心勃勃的项目,这对那些渴望具有创造性的人是很好的启发。

本章回顾了创造力的三种学派,并提供一个愿景,说明软件如何能使更多的人在更多的时间更富有创造性。超级创造力(*mega-creativity*)这一术语旨在传达这样的理念,即数百万人会从这样的创造力支持工具中获益。 209

灵感主义者、结构主义者和环境主义者

有关创造力的大量文献提供了创造力是什么,以及如何获得创造力的不同观点。一些作家,我把他们称为灵感主义者(*inspirationalist*),强调非凡的顿悟(Aha!)时刻,在这一时刻,不可思议地出现了戏剧性的突破。一段著名的传奇描绘了当阿基米德(公元

前三世纪)意识到可以通过测量国王的皇冠溢出的水量来说明它是否是由黄金制成时,他从澡缸里蹦出来,高喊着“找到了!”的情形。另一个强调创造力的直觉方面的经典故事讲述了弗里德里希·奥古斯特·凯库勒(Friedrich August Kekule,1829—1896)梦到一条蛇咬着自己的尾巴。据说这个圆环的幻影使他发现了苯的环形结构。

大多数灵感主义者也会迅速指出:“机遇偏爱有准备的头脑”,并因此转向研究如何将准备(Preparation)和孕育(Incubation)引向明朗(Illumination)时刻。灵感主义者也承认,创造性工作起始于对问题的系统化,终止于评估和精炼。他们认可托马斯·爱迪生(1847—1931)的均衡观,即1%的灵感加99%的汗水——瞬间的顿悟之后尾随着将灵感转化为实际成效的大量艰辛工作。

那些强调灵感激发模式的人们提倡头脑风暴、自由联想和发散思维的方法。他们倡导那些可以打破创造者现存的思维定势从而以崭新的视野感知问题的策略。既然他们希望创造者与熟悉的解决方法脱离,因而他们的建议包括到拥有高耸山峰或宁静瀑布的异国景观旅游。灵感主义者谈论有天赋的个体,但通常强调激发创造力的思维过程是可以被传授的。

创造力的乐趣性意味着,支持灵感主义者的软件强调使用文本或图画进行的自由联想可以引出新颖的想法。随机的字词、快速翻过的照片或是墨迹一类的抽象形状都被认为是激发创造力的刺激。达·芬奇懂得随机视觉想像作为一种灵感来源的益处。他推荐研究“墙上的污点或火堆的灰烬,我们可能会在其中发现美妙的风景、战争景象、暴力行为甚至面部表情”。

灵感主义者通常倾向于用来表征关系和理解解决方法的视觉 210
技术。他们可能赞同那些可以帮助你理解前人工作、探索可能的解决方案的信息和科学的可视化策略。许多工具的书写者和软件开发者，如 IdeaFisher 或 MindMapper，鼓励松散连接的概念节点的两维设计，以避免线性或等级的结构。他们鼓励你采用随意的风格，并推迟对新观念做出判断。他们希望你使用易于更改或丢弃的非正式草图。灵感主义者也欣赏作为创造性飞跃起点的模板，只要这些强有力的工具能够使你探索新的组合。

第二类创造力作者，结构主义者（structuralist），强调更加有序的步骤。结构主义者强调研究前人工作和使用系统的技术对详尽地探索可能的解决方法的重要性。当你找到了一种有希望的解决方案，你应该评价它的优缺点，将它与现存的解决方案进行比较，改进它，以使它切实有效。结构主义者传授问题解决的系统方法，如乔治·波利亚（George Polya）在他 1957 年的经典之作《如何解决它》（*How to Solve it*）中提出的四个步骤：

1. 理解问题
2. 设计计划
3. 执行计划
4. 回顾

对于结构主义者而言，记录前人工作的图书馆和网站十分重要，但是关键的软件支持以电子制表软件、可编程模拟及科学、工程学或数学模型的形式出现。这些软件工具可以支持能够检验你的假说的假设分析过程。你可以看到当一条巷道发生拥堵时的交通减速,或是当你在大气层中加入更多二氧化碳时海平面的上升。

结构主义者常常鼓励你使用视觉动画来展示过程,比如心脏瓣膜的运动或结晶的生长过程。结构主义者通常是形象思维者,但较之草图(sketches),他们更偏爱有序的流程图、精确的决策树以及结构图表。因为他们喜欢系统的技术,他们很可能欣赏那些
211 支持分步骤探索的软件,这种软件让你有机会返回、修改并重新测试。

第三类,即环境主义者(situationalist),强调智力的、社会的以及情绪的背景是创造性过程中的关键部分。他们认为创造力处于一个拥有变化标准的实践社区中,需要有一个适合于讨论和支持的社会过程。科学家和医生在发表论文之前,不得不先把论文寄给科学杂志的编辑审阅。艺术家不得不把他们的绘画提交给美术馆馆长,作家不得不等候文学奖评审委员会的消息。

芝加哥大学的著名心理学教授米哈里·奇克森特米哈伊(1996)是环境主义者中一位关键的思想家。他通过对著名的富有创造性的人们进行研究和访谈,确定了创造力的三个重要成分:

> 领域,如数学或生物学,它"由一系列符号、规则和程序组成"。
> 范围,这"包括所有担当该领域守门人的个体。他们的工作是决定一个新的想法、成就或产品是否应被纳入这一领域"。
> 个人,"当一个人使用诸如音乐、工程学、商业或数学等特

定领域的符号,得到一个新颖的想法,或发现一个新模式时,且当这一新事物被适当的范围选中并纳入相关领域时",他的创造力是显而易见的。

奇克森特米哈伊全面描述了个体的动机以及他们想要给范围内成员留下深刻影响、扩展知识领域甚至开创一个新的知识领域的愿望。

环境主义者很可能会谈论家庭、教师、同伴及导师的影响。他们希望了解,哪种童年经验激发了富有创造性的一生,比如鼓励发问的父母或手足间的竞争。他们考虑来自令人难忘的老师的鞭策、由其内部满意感所激发的强烈创造欲望的影响。环境主义者还探究为什么个体会寻求认可,他们如何克服失败,甚至面对竞争。他们希望了解同伴合作、导师建议及配偶或朋友的情感支持所起的作用(Gardner,1993)。

对于环境主义者而言,重要的用户界面是那些可以支持向同伴和导师进行咨询和向领域内感兴趣的成员传播结果的界面。他们热切希望可以通过网络搜索引擎和数字图书馆,接触到该领域的前人工作。他们相信把对成就的奖赏和对失败的担忧作为激励因素的重要性。公共奖赏激发约翰·哈里森(John Harrison)在18世纪通过建立一个精确的记时器来解决经度问题,并促使林德伯格(Lindbergh)在1927年独自飞越大西洋。 212

无论你是否使用软件,有关创造力的这三种观点——灵感激发的、结构的和环境的——都是有用的创造性策略。但是在选择软件工具上,每一种观点都会产生不同的结果。如果你具有灵感主义者倾向,你可以选择提供随机图像库、链接关联想法、提供起始活动模板的工具。如果你想遵循结构主义者的路线,你可以详尽地探索备选方案,使用模拟模型来理解每种选择的影响。如果你拥有环境主义者的社会性本能,你可以强调通过电子邮件或更精练的方式进行咨询磋商,以支持你的创造性努力。

创造力的三种水平:日常的、演化的、革新的

只有某些知识工作或艺术作品可以被尊称为富有创造性的。许多人的工作仅仅是规则的重复应用,比如决定抵押贷款或查找从纽约飞往伦敦的航班预订。一些工作需要适当的原创工作,比如制定一个金融计划,或设计环游欧洲的旅行路线。高水平的创造性工作可能包括从一个巨型数据库中寻找贷款拖欠模式,或是开发新的旅游胜地。

相似地,政治家的演说常常带有机械记忆的短语,但通常也包含原创性句子,有时甚至是才华横溢的创造性评论。富有灵感的演讲和极具创造性的修辞,如马丁·路德·金的“我有一个梦想”的演讲是相当难得的。相似地,重新绘制一幅到达你家的旅游地图
213 是复制性的,在信封上涂鸦可能是原创性的,而毕加索在 Vollard Suite 中的绘画则达到了创造性工作的水平。本章的提议旨在支持创造性的工作,而不仅仅是原创性工作。

大量有关创造力的文献考虑到了抱负的不同水平。创造力的低水平定义包括日常的(everyday)即兴的或个人的创造。你的热情洋溢的对话或关怀备至的养育可以被视为创造性领域的一部分

吗？在一个广泛的意义上，这些更自发的和私人的活动可能是富有创造性的，但因为它们似乎难以给予支持和进行评价，所以让我们把它们排除在本文的讨论之外吧。

对创造力的一个熟悉的定义包括托马斯·库恩(Thomas Kuhn)在他的经典作品《科学革命的结构》(*The Structure of Scientific Revolutions*)(1962)中涉及的规范科学。他把有用的演化性的(evolutionary)贡献描述为改进和应用现有的范式或研究方法。演化性的创造行为包括医生进行癌症诊断，律师准备诉讼摘要或图片编辑创作杂志故事。在通过医疗护理、法律实践或新闻报告改变某人的生活方面，他们的工作是重要的。它也满足创造力的另一个标准：成果是公共的，因此其他人可以获得。

演化性的创造力之所以是本章的关注点，部分是因为演化性创造力最有可能得到软件工具的帮助。也许支持你进行演化性创造活动的软件工具同样可能帮助你产生革命性的突破。另一方面，支持你进行演化性创造活动的软件工具可能也会限制你的思考乃至阻止范式的转变。如果你的软件使得你可以用静态图片做出令人惊异的事情，你可能永远不会考虑制作动画或创作音乐。

当大多数人谈论他们日常的创造性行为，一部分人宣讲他们演化性的创造性贡献时，可以宣称取得了革命性的创造性突破的人却十分罕见。正如托马斯·库恩所描述的，对革命性(revolutionary)创造力的限制性定义关注的是重大的突破和范式转变上的创新。爱因斯坦的相对论、华生和克里克发现的DNA双螺旋或斯特拉文斯基(Stravinsky)的《春之祭》(*Rite of Spring*)，作为重要的创造性事件常常被人们引用。这样一个定义将我们的讨论限制在罕见

的革命性事件和少数的诺贝尔奖候选人上。设计能支持这些革命性思想的工具将会很困难,因为根据定义,它们是与过去的决裂,
214 因此是不可预知的。

因而我们的关注点不是日常的或革命性的创造力,而是中间范畴:演化性的创造力。这仍然涵盖了多种多样的可能性。根据灵感主义者、结构主义者和环境主义者三种观点为演化性创造力开发、寻找和使用各种软件支持工具,是一个充分的挑战。我的目标是超级创造力——使更多人在更多的时间更富有创造性。

超级创造力的框架

本章试图给那些可以促进许多人的创造性工作的强有力的工具下一个定义。它建立在第五章发展的框架中的四种活动之上:

收集　向储存在图书馆、网络及其他地方的前人工作学习

联系　在早、中、晚阶段向同伴或导师咨询

创造　探索、调整、评估可能的解决方案

贡献　发布结果,并贡献给图书馆、网络及其他地方

这四种活动并不是一条线性的路径。创造性工作可能需要你不断返回早先的阶段,有很多次反复。例如,图书馆、网络或其他资源可能在每一个阶段对你来说都是有用的。相似地,在发展一个想法时,你可能需要反复地与同伴和导师进行开放的讨论。在

创造过程的早、中、晚阶段，支持精练的社会过程对你而言可能都是有用的。

当你提出了一些新的想法，并将之散发给其他人时，你的工作就变成了公共可利用的。这使你的工作成为一种候选材料，可供下一个人继续扩展和向你的工作学习。个人计算机技术加上网络已使数据库能被广泛使用。专利、法律判决和科学论文，以及音乐、诗歌、小说、艺术和动画，所有这些都可以在线获取。因为存在着财政限制、版权问题和试图从创造性工作中获利的商业模式。 215
我们仍然远未达到可以获取所有这些材料的目标。

这一框架与早先的描述和方法有很多共同之处，但也存在很多重要的差异。一位信息技术教授，丹尼尔·库格(Daniel Couger, 1996)，回顾了22种带有基本计划的"创造性问题解决的方法学"，如：

> 准备(Preparation)
> 孕育(Incubation)
> 明朗(Illumination)
> 验证(Verification)

以及更为基本的三阶段计划：

> 智力：认识和分析问题
> 设计：产生解决方案
> 选择：挑选和执行

库格提出了他自己的五阶段计划:

> 把握时机、描绘形势、定义问题
> 搜集相关信息
> 产生想法
> 评价、以优先顺序排列想法
> 开发一个可执行的计划

令人惊奇的是,这些计划有许多都将自身限制于灵感主义者和结构主义者的狭隘观点之中。问题解决和创造力被描绘为与问题作斗争、突破各种障碍、发现精巧的解决办法的孤独经历。对早期阶段的描述很少提到与这一问题的专家进行联系,或查阅图书馆以了解前人的工作。向其他人咨询和传播结果都极少被提及。由于万维网的出现,有必要重新思考这套方法系统。它已经显著减少了在寻找前人工作、联系专家、向同伴和导师咨询以及传播解决方案方面的努力。

216 当然,阅读前人工作或向其他人咨询是有代价的,并且存在着危险。自己独立地解决问题也会令人心满意足。但是当处理困难问题时,以前人工作为基础以及向同伴和导师咨询所带来的益处可能是巨大的。通过利用万维网提供的扩展机会,这个框架建构于环境主义者的观点之上。

这一框架的目标是,提出使用和改进基于网络的服务和个人计算机软件工具的方式。随着由设计不良的用户界面、应用软件间的不一致以及不可预期行为造成的注意力分散的减少,用户的注意力可以集中到任务上。在有效的设计中,应用软件间的界限和数据转化的负荷将消失。数据表征和可用功能将与问题解决策略协调一致。那么用户将处于支配地位,并体验到控制感,这种感觉使用户能将注意力集中在创造力工作的四项活动中:收集、联系、创造及贡献。

我针对支持创造力和造就卓越间的紧密联系而提出的建议只是一个希望,而不是一个确定的事实。创造性支持工具可能被用来追求卓越、高质量及积极的贡献,但我沮丧地意识到,事实并非完全如此。这一框架可以加强这种联系,因为它强调咨询和传播。我相信,参与的过程会使创造性变得更为开放和社会化,这将在减少消极的和未曾料到的副作用的同时,增加积极的成果。

达·芬奇意识到把收集前人工作作为新工作基础的重要性。在那个书籍相当稀少的年代里,他拥有一个藏有至少45本名著的私人图书馆,并曾经去过多家图书馆。他与其他人讨论他的某些探索,并从他的学者朋友如数学家卢卡·帕乔利那里学习到他需要的东西。达·芬奇记录下他人的观点,常常在他的笔记本上抄录大量的段落。他仔细地研究古希腊和古罗马的资料,但也通过摒弃公认原则和提出自己的分析做出了一些属于他自己的最伟大的贡献。以一种更科学的基于实验的取向,他大胆地反驳亚里士多德对三段论演绎推理(逻辑陈述)的赞同。通过提出托斯卡纳山脉曾经一度在海洋下面,他勇敢地质疑地球亘古不变的信念。对于达· 217
芬奇而言,形象化的方法比数学更重要。他绘制的飞翔的鸟类、光线或水流的画稿表现出他对所见事物的精妙理解,他的理解方式在200多年以后被简化成为数学公式。当然,如果他当时把他的工作透露出去的话，他很可能会丧失威望或被逐出教会。

尽管达·芬奇的例子可以教会我们很多有关传播重要性的东西，但在此处，它是一个说明传播失败会如何限制其他人发展的警世故事。达·芬奇的很多工作被隐藏起来不为人知，并且随后被销毁了。一位医学史学家(Nuland，2000)曾写道："假使他创作了他曾经计划过的解剖学教科书的话……解剖学和生理学的进步将已超前数个世纪。"这是医学上一个多么大的损失呀！阿诺德·豪泽(Arnold Hauser，1966)总结说"他的发现留给了他自己；它们没有为公共的常识储备做出贡献，因此不能够影响具有假定的社会重要性的公众努力"(4)。

整合创造性活动

只有将多种创造力支持工具相整合，创造力框架才能发挥作用。一部分这种工具已经存在，但我们可以改进它们，使之更好地支持创造性活动。然而，对用户和设计者而言，主要的挑战在于确保在这些新颖工具之间以及与现存的工具，如字处理器、展示绘图、电子邮件、数据库、电子数据表和网络浏览器，实现平滑的整合。

窗口间更平滑的协调和工具间更好的整合似乎是可能的。正如字处理器扩展到包含图画、表格、注释及更多内容，下一代的软件很可能还可以整合其他特性。整合的第一方面是数据分享，这一点可以通过提供相容的数据类型和文件格式很容易地实现。你应该可以把来自网页的气象数据输入到一个预测程序中，使你可以做出你自己的预报。你应该可以下载歌曲,并把它放入制作工具中,从而你能阅读注释,并制作你自己的变奏曲或使用它作为你制作的视频片断的背景音乐。当然,你可能不得不付费才有权这样做,并且这些费用可能被添加到你的电话或因特网账号的账单中。

整合的第二个方面必须采用相容的动作和一致的术语。大多 218
数计算机用户对类似剪切—复制—粘贴或打开—保存—关闭的动作模式十分熟悉。与你的任务更密切的更高水平的动作可以纳入到下一代工具的候选者中,如注释—咨询—修订或收集—探索—形象化。在标准工具中能使用这些功能之前,用户将不得不谨慎地工作,以使这些操作成为可能。

例如,一个全身心投入的家庭摄影师创建了在每张照片都附有人物说明和事件记录标题的照片集(注释)。她把这些内容通过附有一个字处理文件和 25 个图片文件的电子邮件发送给家庭成员,以得到他们的评论、回忆录和故事(咨询)。当他们通过电子邮件将他们的评论发送回来后,她删除了那些不为人喜爱的照片,并把最好的评论(修订)添加进最终的相册中,将该相册作为一组网页存档。这是一项相当复杂的任务,需要花费时间,还需要超越大多数用户能力的专业技能。然而,如果有一个支持对照片库进行注释—咨询—修订的特定工具,那么更多的人就可以按相同的方式制作出那些捕捉到家庭个性化事物的创造性成果。当然,注释—咨询—修订也可以被应用到科学论文、音乐作品或建筑制图中。

同样地,你难道不想有一套使你能收集家谱、销售信息或书籍引文的收集—探索—形象化工具吗?你可以描述你的需要,比如你的家庭信息，然后调用一个搜索任务(收集)，以便从五花八门的网站和图书馆中收集信息。接下来，你将浏览这些结果，挑选其中部分内容，摒弃其他内容，并且将挑选出来的一部分内容搁到一边待稍后再看。最后，你可以在家谱、历史时间线或世界地图上将这些结果形象化地显示出来。

整合的第三个方面是窗口间的平滑协调。例如，如果你在网页中见到一个不熟悉的术语，你应该可以点击它并得到其英文定义、法语译文或医学词典报告，所有这些都出现在一个可预测的屏幕位置。相似地，如果你在一份新闻报道中发现一个人的名字，你应该可以获得他的生平纪事、电子邮箱地址或联系信息。因为有
219 这样的工具可以利用，所以你可以设定一些你想即刻获得的服务。然而，更具远大抱负的工具可能会更有用。如果你有一张你所在城市的地图，你应该可以点击路标就进入解释性网站，或得到旅游指南或建筑物图解。如果你选择一个地区，你应该可以获得居住在那的人口的统计学信息、娱乐活动一览表或按时间顺序排列的展示该地区历史的照片。当然，这种抱负可以更远大。你可能希望点击其中一张照片就可以获取照片中人物的传记，或是摄影家的完整档案。平滑的协调使你可以快速地寻求联系，并降低创造性活动的障碍。

整合和平滑协调将使许多用户在很多任务上受益。本章余下的部分将更深入地探究特定的任务，以支持收集—联系—创造—贡献活动。加上灵感主义者、结构主义者和环境主义者这三种观点，有助于提出有用的建议。我提出了八种可以帮助更多人在更多时间更富创造性的特定任务：

> 搜索以及浏览数字图书馆、网络及其他资源
> 将数据和过程形象化,以理解和发现关系
> 向同伴和导师咨询,以寻求智力和情感的支持
> 借助自由联想进行思考,以产生新的想法组合
> 探索解决方案——假设验证工具和模拟模型
> 循序渐进地创作人造物和执行
> 回顾并重演每一时期的历史,以便进行反思
> 传播结果以获得承认,并将其添加到可搜索的资源中

我不能证明这八项任务就是一个完整的集合,但当你寻找软件工具或考虑设计某些新工具时,它们可以作为一个清单,为你提供帮助。

你可以使用现存的通用软件工具来支持这八项任务,不过开发者们正在提供为你的工作领域量身定做的产品。搜索是一个热门话题,许多研究者和公司正在不断推出用于照片、视频、音乐或地图等特定媒体的改进过的搜索工具,抑或基于购物、旅游或健康保健等特定需要改进过的搜索工具。形象化的工具正在从研究思想转化为商业成功,这样的例子如精明理财的市场地图(Map of 220
the Market)以及改进的地图软件。[1]

咨询工具始于电子邮件,但关于这一话题可说的却远不止此(稍后详述)。

直接支持创造性活动的四个任务是,通过自由联想进行思考、探索、创作及回顾。之后,一旦你的创造性工作得以改进,你可能希望将它传播出去,或是将它贡献出来,以便其他人受益。拥有思

想上的听众或顾客会有助于形成创造性项目。

创造性通常包括一个你回过头来重新考虑早先决定的反复过程(图 10.1)。不存在通向创造性成果的捷径。你探索可能的解决方案,当它们不能奏效时,你需要原路返回以考虑其他的解决方案。有时,当你返回并重新界定问题本身时,你实现了突破。其他的时候,你可能会拜访你的同伴和导师,与他们探讨你的方向,藉此取得进展。软件工具可能是有帮助的。

搜索图书馆、网络或其他资源可以加快你收集前人工作信息的速度。你可能也需要为寻找咨询者或确定传播结果的候选社区进行搜索。将物体和过程形象化是这样一种任务,它可能会出现在上述四项活动中的任何一个活动里。绘制你现有知识的心理地图或概念地图,可以帮助你组织你的知识,看清各种关系,以及可能发现遗漏的东西。达·芬奇在他的许多手稿中画了少量的草图,将他的文字和图像整合在一起。

一旦你已经确定了问题,并正在致力于解决它时,那么至少有四种任务会在很多创造力的讨论中出现。最常见的任务是,通过自由联想进行思考,有时也被称为头脑风暴。另一个流行的术语是横向思考(lateral thinking),由爱德华·德尔·博诺(Edward de Bono)一手打造,他将它定义为“探索多种可能性和途径,而不是追求单一的途径”。

灵感主义者将会欣赏那些支持自由联想的工具,因为自由联想可以帮助他们摆脱现有的思维定势。一些软件工具已经试图通过提供文本格式的相关概念来支持自由联想,如 IdeaFisher 提供了超越通常的分类词字典的能力。[2] 其开发者相信“创造性思维是一

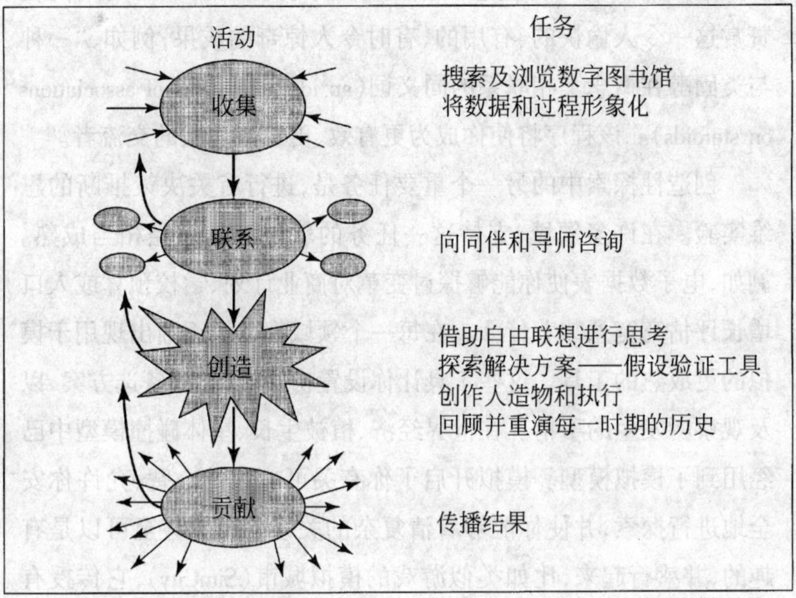

图 10.1　四个活动和八项任务的基本关系。

个联想过程”,他还提供了一个工具,它可以通过许多不同的交叉参照途径呈现出与初始想法相关的词语。IdeaFisher 的用户高度
222 赞赏这一令人愉快的、有用的、有时令人惊奇的成果,例如,“一种与类固醇在概念上相联系的同义词(an idea thesaurus of associations on steroids)。该程序将使你成为更有效、更令人信服的交流者。”

创造性探索中的另一个重要任务是,进行有关决策推断的思维实验。在许多领域,支持这一任务的软件工具已经相当成熟。例如,电子数据表使你能够探讨变革对商业计划、学校预算或人口增长评估究竟意味着什么。在每一个领域都已经逐渐出现用于模拟的更成熟的工具。这些工具让你设置初始值,尝试备选方案,以及观察所发生的事情。在世界经济、植被生长、星体碰撞模型中已经用到了模拟模型。模拟开启了你有关可能性的心智,允许你安全地进行探索,并使你能够看清复杂的关系。模拟甚至可以是有趣的,并盛行起来,比如类似游戏的模拟城市(SimCity),它传授有关城市规划的深奥课程:[3]

> 模拟城市是第一个被称作系统模拟的新一类娱乐/教育软件。我们向你提供了一整套规则和工具,它们可以描述、创造和控制一个真实或想像的系统,在模拟城市这一案例中,这个系统就是一座城市。

模拟城市的用户开始建设高速公路、发电站、商场以及其他城市设施,但是如果他们没有在适当的位置建设足够的基础设施,则会出现拥堵、污染及其他问题。

第三套创造力支持是我称之为创作工具的东西。它们包括用于编辑文档的无处不在的字处理器和可以创作交响乐或摇滚乐曲的精巧的音乐编辑器。图形创作工具显示出软件能使更多人更富有创造性的巨大力量。现在幻灯片展示已经被广泛使用,甚至连小学的孩子们也会用,而照片编辑工具已经可以使许多人对他们的照片进行修剪、润饰、增强及组合。

一个引人注目的创作工具是用于书写复杂电影剧本的 Dramatica Pro。[4] 它建构在一个非凡的讲述故事和人物发展的理论基础上,该理论可以指导你讲述和润色你的故事。这一工具的后续版 223
本和插件显示出软件可以如何为创造性产品提供卓越的支持。

被添加到许多软件工具中的众多特征之一——历史存档,是记录、回顾你的活动及保存它们以备将来使用的能力。这一列表让你可以返回先前的步骤,很像万维网浏览器上的返回按钮。但我所提到的历史存档工具将同样使你可以编辑和重放你的历史,因此你可以存储常用的模式。你也可以把你的历史列表发送给你的同伴或导师以寻求帮助。越来越多的证据表明,这样的工具能以多种方式帮助用户和学习者。

最后,当你已经创造出你喜欢的东西,你需要把它传播出去。一些人仅仅给很少的几个朋友发送电子邮件就会觉得很开心,但更具远大抱负的可能性则更有吸引力。在你的搜索任务中,当你为你的工作收集信息时,你浏览过很多网站和许多人的工作。因此现在,把你的成果发送给所有那些其工作对你产生影响的人们可能是很有用的。可以获取所有这些人的电子邮件地址的过滤器可以帮助你把你的工作传播给那些可能会对你的工作感兴趣的人们。一个更有抱负的想法是,向所有访问过那些你也去过的相同网站的人们发送电子邮件通告。垃圾邮件(不需要的电子邮件)的危险快速增长,因此,使用户能够定义他们的兴趣和愿望以便接受自动电子邮件的方式必定是这种设计的一部分。一种更文雅的方式是,把你的工作放置在一个网页上,并在其他人可以探查的索引中添加链接条目。之后,他们可以决定是否下载你的创造性贡献。

我需要重申,这八项任务并不是一个理想的完备的集合。不过,对于设计用来帮助你的软件工具和确定新工具的候选者而言,它们可能是有用的。

通过协商期望进行咨询

咨询工具值得特别关注,因为它们是创造性支持中至关重要的组成部分。问题在于,对许多人而言,寻求帮助是困难的事情;
224 他们对暴露自己的弱点而深感不安。他们害怕自己显得无知或愚蠢,并且通常不能确信自己需要什么。他们也害怕他们的时间会浪费在无用的回复上,或者他们将被迫改变他们的方向。最大的抵触源可能来自于他们对自己的想法将会被剽窃的畏惧。许多发明家讲述过这类剽窃者的故事,而且不得不使用法律系统来捍卫自己的专利权。

在创造力背景下,由于创造性探索的神秘性和不确定性,这些抵触呈现出一种特别的特征。在这方面,达·芬奇与许多人很相似。他对他的许多工作都守口如瓶,使用镜像格式书写以隐藏他的真知灼见和假设猜想。在开放性这一方面,达·芬奇确实也向某些知己咨询过，向公众展示他的艺术作品，并是一位很活跃的名人，但是他的许多科学探索却是完全私密的。

达·芬奇与米开朗基罗（Michelangelo）的竞争证明了同事变为对手的可能性有多大。较为年轻的米开朗基罗可能曾经学过达·芬奇的作品，但却习惯性地做出了伤害达·芬奇的轻蔑性评论。迈克尔·怀特（Michael White）写道："米开朗基罗把达·芬奇视为一位艺术领域的浅薄涉猎者，一个在做梦和耍小聪明上浪费了自己天赋的人，一个永远不可能承担责任且根本对不起上帝以其神秘的方式赋予他伟大天才的人。"但达·芬奇可能由于他对绘画的称颂，以及他抨击雕塑——米开朗基罗的强项——为次要的艺术形式，已经激起了米开朗基罗的愤怒。在今天这个时代，专业上的竞争对手十分普遍，因此不愿意向其他人咨询也是可以理解的。

我的学生们也不愿寻求帮助，但我却坚持必须合作，因为我经常见到由于多角度融合而提高了工作的质量。第六章中的教育策略正是围绕着合作和咨询建构出来，因而学生可以学习如何与其他人一起工作。

从讨论你的工作和寻求帮助上获得的益处似乎是很显然的。你可以学到更多有关应用领域的东西，发现哪些是所在领域的关键人物。这可以引导你听到相关的工作及获得改进建议。我不断惊叹于我与他人谈论时所学习到的丰富观点（Okada 和 Simon，1997）。发明可能看上去像前方只有一条路的狭窄通道；它实际上是有着许多目的地的辽阔海洋。一位同事戏称，切西红柿的方法有许多种。

除了提供需要的信息和全新的思维方式外，在向另一个人解 225

释你的问题的过程中通常会引导你通向一个解决办案，因而咨询者可以是很有用的。同样重要的是，如果你正在与一个问题进行斗争，那么你可能会得到坚持下去的鼓励，对你的努力奋斗的共鸣，以及对你所面临的困难的确认。一语蔽之，咨询者能够给予你有价值的信息和有用的情感支持。

一个更全面的分析将包括创造性的早、中、晚阶段间的区别。在项目的早期阶段，你的知识是狭窄有限的，而你的需要是广泛的。你需要学习这一领域，了解前人研究，并帮助你集中注意力。在中期阶段，你已经确定了一些问题，并正在尝试备选解决方案。在托马斯·爱迪生确定使用碳质灯丝之前，他已系统地尝试过4000种电灯材料。你可能需要有关明智地选择候选解决方案的帮助。在晚期阶段，你试图改进你的解决方案，衡量其益处，以及使其在多种情况下都能奏效。不同的角度可能会再一次起到作用。

因此，问题在于，如何在降低不愉快结果的风险的同时，提高获得有用帮助的可能性？担保书是不可能的。然而，一个成功的策略可能始于在沙滩边试探着走几小步，如果感到水是安全且舒适时再继续前行。你可能更喜欢接近某位你已经认识和信任的人。为避免曲解，首先需要清晰地说明你是谁，以及你想干什么。之后，如果你获得了赞同性的回复，那么你就可以解释为什么你认为你的咨询者或知己能够帮助你。他或她知道的哪些东西正是你想知道的内容？如果你继续寻求共同点和愉悦的交流，那接下来你就可以根据需要帮助的时间段对帮助提出特定的要求。最后，你触及到一些敏感事务，如提供的报酬、共享的荣誉或对帮助的致谢。下面总结了在创造性努力过程中寻求帮助的协商期望的成分：

我通过对话清晰地明确身份和说明目的

> 我是谁
> 我想做什么

并陈述我对下面几个问题的理解 226

> 为什么我认为你能够给予帮助
> 你如何能够帮助我(对时间期限的特殊要求)
> 帮助我之后你可以获得多少回报(报酬、共享的荣誉、致谢)

你可能会得到一个明确的是或否的答复,但是通常你将不得不继续对话,以建立更清晰的理解,获得更高水平的信任。由于结果的巨大不确定性,这些协商期望会花费一些时间。科学家将讨论合作,并可能提供合著资格或仅仅是一个致谢。医生或律师将在非正式基础上向另一位医生或律师咨询,但如果咨询者想要得到报酬,那么治疗不当和信托责任是这笔交易的一部分。每个人都有自己的协商技巧。

我回忆起一位新西兰研究生通过电子邮件发送给我的一个考虑不周全的请求。他写到,“亲爱的施奈德曼博士,附件是我的博士论文方案。如果你对它有任何评价,请告诉我。”如果他更清晰地说明他的情况和要求的话,他本可以得到我的回复。一个更吸引人的写法应该是这样的:“亲爱的施奈德曼博士,我是与哈蒙德(Hammond)教授共事的一名研究生,哈蒙德教授认识您。您的工作影响了我,而且我正在拓展您有关界面的观点。附件中的方案(共 2 页)将在两星期后提交,因此我可以有时间根据您的意见进行修改。如果您感兴趣,哈蒙德教授说您可以担任我的论文答辩委员会委员,我们将负担您来参加答辩的机票费。非常感谢您能给予的任何帮助。”

学习如何进行期望的协商会使你更成功地获得对你的创造性努力的帮助。你可以使用清晰陈述的策略来改进你的面对面会面、电话交流或电邮消息;不过,技术的进步可能有所帮助。

新的软件工具有三个可能的方向。第一个是提高已有工具(如,微软的网络会议)以使远程讨论可以显示彼此的文档、幻灯片或演示,并可以共同控制设备。改进后的工具可以促进更丰富的咨询。公司团队可以更好地进行商业决策,绕轨道运行的宇航员可以从科学负荷的开发者那里获得帮助。建筑师和业主可以就三
227 维模型进行商讨,并在每个人的眼皮底下对模型进行改变。更快的链接和更高分辨率的视频将起到一些效果,但完整的记录保存(附带有效的总结加上书签)和快速投票将同样有用。

第二,由于软件的简化,短期小型咨询可能会变得更加常见。从一位医生或律师那里获得辅助意见需要大量的时间和费用,因为法律上的责任或暴露意味着专业人员必须收取全额费用。但是基于网络的小型咨询可能会出现,以使快速获取辅助意见,进行简单问询,或雇佣指导者(guru-for-hire)的服务成为可能,这些服务通

过使用提供大量服务的专门化公司而降低了费用。当然,存在对质量控制的需要,允许更多的人可以以更低的花费获得专业咨询能够产生许多益处。尽管已经建立起来的专业人员会害怕他们地位或收入的损失,但他们可能会因为转介和在专业服务上增加的兴趣而获益。

第三,数百或数千人参加的政府或公司决策的大范围的超级咨询似乎是可能的。获取建议会成为一项庞大的事业,因此参与性设计方法必须按比例提高,以便支持公众法律评价或消费者对新产品的评价。超级咨询已在公司内部进行试用,如 IBM 的 WorldJam,2001 年 5 月有超过 5 万的员工参与了有关公司方向的头脑风暴。因特网上指导政府机关的公共论坛正在令人满意地发展着(见第 9 章)。

未来的一个建筑场景

这些用于支持演化性的创造性工作的思想是复杂的。为了理解如何应用它们,让我们来想像一下,一位建筑师可能会如何从事这四项活动和八项任务。下面的场景具有一些痴心妄想的成分,但它展示出这些活动(收集、联系、创作及贡献)和任务(搜索、形象化、咨询、思考、探索、创作、回顾及传播)可能会如何通过技术获得支持。这一场景做出了革命性的假设,即创造力支持工具可以使建筑师具有更广阔范围的决策力,从最初的设备安装调试到建筑 228
物的监督管理。这通过把控制和责任交还给一个个体,从而颠覆了当代建筑实践中的分离取向。建筑师告诉建筑公司做什么,这是基本观念。然而,只有当强有力的咨询工具可以被用来协调和监督通常被委派给许多其他人的任务时,这才可能实现。

设想有一位建筑师,苏珊(Susan),由于她在灵活设计上的声誉而被选中来设计一座位于国家公园中的宾馆。对于这一项目,她希望脱离许多度假胜地的统一的宾馆房间设计布局,在这种房间设计中,有着一长排的大小固定的一模一样的房间。她希望能够有灵活的单元,能够供夫妇二人住宿,或可通过进行改装以容纳拥有多达12人的家庭和团体。

为获得灵感,她在一座建筑学图书馆里搜索全世界上千家宾馆的数字化范例,如瑞士的木造小舍、澳大利亚的山林小屋或落基山脉的小木屋(收集和搜索)。她通过大小进行挑选,并翻阅了300种可能方案,以开阔屋顶和壁板设计的思路(收集和思考)。她在一个二维的散点图中将数据形象化地表示出来,显示出这300种可能的供热需求、热量损失以及能源消耗的模式。她使用界面控制来寻找实现能源的有效利用和低成本的策略(收集和形象化)。

苏珊选择了一个小木屋的设计,并支付给创作者一笔费用,然后开始斟酌增加更多窗户、可移动的单元及太阳能加热板的问题。她的创作工具使她能够操纵基础的建筑模型,因而她可以调整建筑的大小以容纳需要的房间数目(创造和探索)。在挑选了一个雪松木瓦的屋顶和红木壁板之后,她将这个图像放置在两种可能的建筑地点的背景之上:在山腰和在山脚(创造和创作)。她准备评估她的第一种设计。

将会经营这家宾馆的公园管理者和特许经销商更喜欢山腰的

建筑地点,因为那里有绝妙的景观。在与公园特派员和旅游业顾问进行电子咨询之后,他们接受了小木屋风格,因为它适合当地环境和观光者的口味(联系和咨询)。一次直接与委托人进行的视频会议使用三维显示,即刻做出了有关接待处的布置,设置带有壁炉的公用区域和礼品商店的决定(联系和咨询)。 229

这一具有灵活性的单元以容纳夫妇、家庭及徒步旅行者团体的别具一格的计划遭遇到了抵触,但苏珊据理力争,阐明她的这一修订的商业计划将通过更高的使用率而产生更高的收入。她已经增加了更多的灵活性,使得那些希望自己做饭的人们可以共享一个公用厨房/餐厅,并为那些想要一种更舒适体验的人们提供好的饮食和女仆服务。

山腰建筑地点的陡峭斜坡提出了一个难以克服的挑战,但经过一整夜的对工程学模型的操作,苏珊找到了一种创新性结构设计,它只比山脚建筑地点的设计多花 8% 的资金(创造和探索、创作)。苏珊反思了传统的分离方式如何扼杀了灵活性单元的想法,她认为这是由于独立的承建者不可能承担这种新颖事物的风险。

苏珊与专家们合作,他们就她的电线线路、水管装置、电话以及因特网接口的计划交换了意见。她快速地对共同的组件提出了建议,但保留了她对墙壁装饰、地板和家具风格的控制(创造和探索、创作)。她在几个小时内完成了原本会花费数周时间的把这些任务发送给咨询者的工作。在虚拟的步行穿越之后,委托人要求加大窗户,这通过回顾设计历史和增加窗户尺寸即可处理(联系和回顾)。这一变化导致需要变更电线线路,加强建筑结构的支持,但苏珊的灵活性设计已经得到了保留(创造和创作)。

这时，首先与可能的建筑商进行咨询(联系和咨询)。苏珊让公园管理者接受了让她亲自来做这项工作的大胆提议，而不是让公园管理者来做这项工作。她的设计知识和对技术的熟练使其成为可能。苏珊遭遇到来自建筑商的抵触，但他们最终以电子方式向她递交了他们的资质报告和随后的详细出价。她制定出提供给供应商的材料账单列表，以及用于各方讨论的建筑进度表(联系、创造和创作)。

苏珊在监督建筑过程时碰到了更多的麻烦。一个施工缓慢的下级建筑商试图改变她的设计以降低建筑成本，但苏珊使用她的可以核对建筑工地的数字化进展指标的过程模型，迅速发现了这些问题。她替换掉了这个下级建筑商，这一建筑工程在一个晴朗的春季里平稳地继续进行。

安排在阵亡战士纪念日进行的开幕式如期举行。已经有很多
230 被优美环境吸引的夫妇、家庭和团体等候入住，而且他们可以得到恰好符合他们需要的东西，因为这里有灵活的住房格局。

苏珊向建筑学界的数字图书馆提交了她的设计，并发送出一个对该设计的描述以引起全世界类似公园的管理者的注意(贡献和传播)。她的灵活性方法和技术丰富的管理过程被其他建筑师效仿，借此她获得了一笔报酬，而且她因建筑上的创新而获得了度假行业的奖励。苏珊感激并欣赏这些软件工具如何使创造性设计和新的商业过程成为可能，但是她列出了一系列她希望在她的下一个项目之前这些软件可以进行的升级。

怀疑者的观点

提出这些有助于人类创造力的推荐技术所具有的狂妄和傲慢似乎是必要的。一位批评家可能会说，创造力生来是人类固有的，计算机不能或不应该参与到这一过程中。但是技术总是创造力过程的一部分，不管是达·芬奇的颜料和画布，还是巴斯德（Pasteur）的显微镜和烧杯。支持性技术可以成为制陶工人的转轮和创造力的曼陀林——发展新的表达媒介，使引人注目的成就成为可能。富有创造性的人们通常可以从能提高他们潜力和探索新领域的先进技术中获益。

我的期望是非常积极的，但任何与支持创造性的框架和工具拥有同样远大抱负的事物都存在许多问题、代价和危险。一个明显的担忧是，许多人可能并不希望更有创造性。许多文化鼓励尊重历史，不鼓励具有破坏性的创新。鼓励大范围的创造力唤起了期望，这些期望可能会改变雇佣模式、教育系统以及社会规范。为创造性引入计算机支持可能会产生更严重的社会不平等，因为对于那些想参与的人们而言，它提高了代价。最终，这些工具可能被两方面的人所利用，一方是那些拥有积极且高尚的目标的人们，另一方则是试图统治、破坏或抢劫的独裁者或罪犯。

这些担忧是适当的，且应该给予合理的警示，但对创新的支持可以给我们的世界带来积极的改变。然而，技术创新者和用户的道德两难困境仍然是很恼人的：我怎样确保我预想和使用的系统 231
所带来的益处可以抵消我害怕和我尚不能预见到的消极副作用？

支持创造性的有效用户界面的普遍使用可以帮助解决重要的问题,如环境破坏、人口过剩、拙劣的医疗保健、抑郁及失学。它可以为农业、交通、住房、交流以及其他高尚的人类努力的进步做出贡献。

从高期望通向具体实践的道路并不容易,但是有关信息技术如何通过远程检测帮助确认臭氧损耗,如何通过计算机辅助的X线断层摄影术改进医疗诊断,如何协助核试验禁令的例子都是十分鼓舞人心的。确保更频繁的积极成果,同时将消极副作用减至最低,这些仍面临着挑战,但为有价值的咨询和广泛的传播所提供的框架可能会有帮助作用。参与性的设计方法和可理解的、广泛传播的社会影响报告可能会有效,因为它们促进了讨论,并为决策者扩展了选择范围。

一位音乐家的肖像。选自无需版权授权的
《列昂纳多·达·芬奇精选集》,行星艺术出版社。

233 # 第十一章　更为宏大的目标

人与机器的一种区别在于,人类的心智可以创造思想。我们需要思想来指导我们进步,也需要工具来实现这些思想。……计算机没有“脑”,恰似立体音响系统没有任何乐器。……机器只能操纵数字;而人类赋予它们意义。

——阿诺·彭齐亚斯(Arno Penzias):《思想和信息》

234 (*Ideas and Information*)(1989),179

旧计算技术与新计算技术

从旧计算技术向新计算技术转变的步伐将塑造出 21 世纪的计算技术。对于研究者而言,仍需建造出更快的机器、编写出更快的算法。大量重要的益处会从旧计算技术的成果中显现出来,开发者们仍然可以依靠这些成果获得商业回报和学术荣誉。一位同事曾报告过一个涉及标准数学问题的惊人例子:1990 年,在个人电脑上生成一个解决方案需要 12 小时,但到了 2000 年,使用经过改进的硬件和软件,这一过程仅需 6 秒。

提高计算机速度方面的贡献将继续具有价值,为压缩数据和降低成本进行的软件研究也将如此。然而,我相信注意和经费将转移到关注人类需要的新计算技术思想以及那些最直接支持这一转变的旧计算技术思想上来。增进你的信任、隐私及安全的新计算技术发展将提高你参与市场和做出公民应做的贡献的能力和欲望。随着普遍可用性设计蔓延开来，不断扩大的用户社区将消除数字鸿沟。这些进步将提高你与家人、朋友、邻居及同事形成满意关系的能力，以及你执行创造性努力的能力。

公众兴趣和投资转向新计算技术的速度将决定这些进步多久后才会出现。政府机关和公司研究中心的优先权的改变很可能是有争议的。因此，消费者行动主义者和热心公益的新闻工作者在加速新舆论的运动上会很有影响力。那么当面对倡导者的众多提案，诸如高速编译器相对于普遍可用性，抑或数据库最优化相对于在线帮助，资金提供者进行选择时将有更大的透明度。他们将满怀自信地挑选出那些可以最大程度地提高你的能力的方案，支持你快速地收集信息、有效地建立交流、创造性地进行发明以及广泛地传播结果。

那些想建立与提高用户体验毫无关系的奇异计算机和应用软件的研究者提出的提案可能产生了最具争议的冲突。我尤其要批评那些人工智能社团的成员，他们提议建造可以完成人类所从事任务的机器，而不是增强人类完成那些任务的能力。例如，人工智能先驱约翰·麦卡锡（John McCarthy）博士曾写道，“终极努力是制 235
作出可以像人类那样在世界上解决问题和达到目标的计算机程序。”[1] 这些年里，其他人也曾经做出过类似的表述，但这种模拟游戏或替代理论在提高用户体验上毫无价值。

拥有人类特性的智能机器的诱惑力已有至少2000年的历史。

霍默(Homer)曾用下面的图像来描述火与锻造之神加特林(Hephaistos)和他的黄金机器人(*Iliad*,18.481):

> 他一瘸一拐地走出他的工作坊。黄金女仆们飘动到她们的国王身边,好似活泼的女孩子:智慧,嗓音,这些女仆拥有的运动能力,还有跟神仙学习到的技能。此刻,她们赶过来搀扶她们的国王,一路发出沙沙声。

18世纪的钟表匠制作了机器人娃娃,她们可以弹奏乐器、写诗或画画。但这些皇室的消遣物只不过是变成了下一世纪里博物馆中的陈列品。最先进的技术通常被希望制造拟人式机器人的梦想家所利用。在20世纪,计算技术激发了创造拟人式机器人的努力,这些机器人可以为你打扫房间,或沿着办公室走廊移动并分发邮件。工业机器人最初也是通过模仿人类外形来开发的,比如,只能举30磅重量的有着五个指头的手掌,还有只能转半圈的手腕。

同时,未受拟人式机器人观念影响的非人类形态学(不基于人类外形的)技术真正推广开来。洗衣机已成为大多数现代家庭中的成功故事,能够快速地将500磅的汽车引擎精确地放置在框架中的灵活操作系统也已被配置到世界各地。关注家庭或工厂中的人类需要比试图制造人工的拟人式机器人能取得更快速的进步。当然,拟人式机器人在一些事情上还是有用的,比如迪斯尼的音频动画表演者以及更逼真的自动收款人。还有一个重要工作是制造
236 人造器官,后者旨在替代人类丧失的能力。

1940年代的新闻工作者使用诸如“电子大脑比爱因斯坦思考

得更快"、"不可思议的大脑将刺激科学和技术"等标题，树立了计算机是"让人敬畏的思考机器"的观念。正如黛安娜·马丁（Dianne Martin，1993）在她的学术分析中所进行的详细说明，公众的态度深受这些报道的影响。1963 和 1983 年的调查发现，下述信念得到强有力的公众支持：计算机"可以像人类一样进行思考"，并且"差不多会使你觉得机器可以比人类更加聪明"。她推测，"令人敬畏的思考机器"的神话事实上可能阻碍了工作环境中公众对计算机的接受，同时它唤起了对企图用简单方法解决困难的社会问题的不现实的期待。

当代的变式关注于制造具有情感意识甚至情感反应的机器的可能性。这些新的幻想暗示，计算机可以识别你不断增长的焦虑或沮丧，并给予可以镇定或恢复信心的回应。一些研究者不理会机器可以体验情绪的建议，但其他研究者接受了这一制造具备丰富情感和意识的机器人的挑战。史蒂文·斯皮尔伯格 2001 年的电影《人工智能》（*A. I.*），展示了构造一个会爱的孩子的项目的产物。这一好莱坞形象激励了这种幻想，但这个故事的不愉快结局将挫败至少一部分拥护者。

甚至严肃的科学家也倾向于将人工意识视为好的、有用的且可达到的研究目标。备受尊重的《电气和电子工程师协会计算机杂志》（*IEEE Computer*）中的一篇文章（Buttazzo，2001）宣称，"现在许多人相信人工意识是可能的，而且未来它将会出现在复杂的计算机器中。"那种狂热可能可以追溯到雷·库兹威（Ray Kurzweil）的《精神机器的时代：当计算机超越人类智能》（*The Age of Spiritual Machines：When Computers Exceed Human Intelligence*）一书（1999）。

库兹威对摩尔定律的推论引导他得出这样的结论，即到 2020 年计算机将比人类大脑的神经元拥有更多的回路和连接。他考虑到一些用来组织机器思考的额外消耗(overhead)，但依然自信地预言，“在下一世纪结束前，人类将不再是这个星球上最智能或最有能力的实体类型。……来自于人类思考并超越了人类体验能力的机器将拥有意识，并进而具有精神。”这一陈述令我觉得如此荒谬；我认为，就其在科学进步中的重要性而言，机器声称要具有精神，就如同一个醉汉声称自己要当上帝。

237 库兹威所走的道路是有问题的，它使用的是旧计算技术的衡量标准，并未抓住新计算技术的人类体验的核心本质。他考虑到每立方厘米的大脑和计算机每分钟的计算量，但却没有细数从一位导师那里每小时可获得的真知灼见的数量，或是当与你的医生交谈时信任轨迹的变化。他关注能替代人类或与人类竞争的机器，而不是能帮助人们获得更多他们想要的东西的工具。既然计算机毫无疑问会变得更加强大，那么对我而言，人类的需要才是最核心的。对于库兹威而言，价值观和情感仅仅只是“我们作为人类，在处理各种水平的抽象概念时产生的不可避免的副产物”。信任和移情都没有进入他的索引之中。至少好莱坞还涉及了家庭、朋友及同事间的情感问题，但人类关系在库兹威的世界中根本没有出现。

库兹威将拥有他的追随者，但我希望大多数人能意识到芒福德(Mumford)对技术目标的描述所具有的生命力，如“服务于人类需要”。如果研究者和开发者创造出的发明物能够让人类更有能力而不是取代人类，那么他们将更可能推动卓有成效的技术发展。

能支持医生做出比其他医生更好的诊断的工具比取代医生的系统更可能获得成功。未来的医生支持工具将使基因分析能够应用到诊断决策和依靠人类生理模型进行测试的模拟治疗上。教育讨论团体和与教授进行的电子邮件交流比取代教师的智能辅导系统更可能盛行起来。未来的教育工具将使学生能够在完成复杂的科学实验或比较儿童发展理论时进行合作。像易趣这样的电子市场将随着它们变得更加迷人有效而繁荣起来,而为你购物的智能代理人可能仍然收益不大。未来的购物经历将使消费者可以获得值得信任的比较数据,并组织合作性采购团体。

成功的技术发展将来自那些意识到支持人类目标、控制感及责任感的工具和社会系统的重要性的人们。用户希望获得控制感和成就感,这些感觉是在使用一个工具来完成他们的目标时所体验到的。随着时间的流逝,自动化的范围将会扩展,但只是在用户能够理解和控制所发生的事情的情况下。转动你的汽车钥匙或踩踏加速器会引起许多复杂的计算机计算,但其结果是可理解、可预测和可控制的。相似地,相当精密复杂的技术,如巡航控制,让你 238
能够更省力地对你的速度进行更精确的控制。当然,当需要做出免遭破坏的快速自动化行为时也会有例外,比如反锁刹车或安全气囊。

在决定技术的接受和采纳上,社会系统的作用同样是很强大的。人类对人际关系的强烈渴求正是引导电子邮件、聊天室及在线交流取得成功的力量。这些都与替代理论毫不相干,但却都与支持人类社会关系紧密相关。社会系统的第二个作用是,处理各种技术故障或满足用户经常提出的超越机器原有设计限制的要求。解决类似问题、应对失败以及寻求适宜的发展需要人类的关系和信任。

目标在于让计算机完成人类工作的那种替代理论似乎同样价值不大。设想一下,比如制造一架能与最强壮的人类举起同等重量的推土机,或是一台能与最好的人类抄写员书写得同样快速的打印机。真正有用的技术应该数百倍或更多倍地提高人类的能力。但是速度只是一个有用的属性;质量是另一个。速度易于测量,但质量上的改进更难评估。

质量测量来自同伴的主观评价,来自增进理解的对话,来自建立社区规范的参与过程。对于许多旧计算技术的工作者而言,这是难以接受的,这些工作者想要客观的,甚至是能够自动化的衡量标准。新计算技术的支持者通常寻求主观测量,并应用人种学方法来指导评定。他们在用户从事工作或进行娱乐时,对用户进行观察和访问。这些结果不是数字但却能被理解,不是百分比但却是真知灼见。

我希望我已经让你确信,在新技术的设计中,赋予用户能力而非取代用户的重要性。理解这一原则的人们一次又一次地书写出这些成功的故事:图形式用户界面、字处理器、多媒体、电子邮件、万维网、远程通讯、在线社区、信息可视化以及电子商务。然而,仍存在着未来可指导我们的更高目标,因此我们需要走向人类需要
239 螺旋曲线上的更高点。

制造一个能够赋予用户能力的计算机是一个崇高的目标,甚至是对于本书中的四种基本应用而言:电子学习、电子商务、电子保健及电子政务。这里有给学生的即刻回报,给商家和消费者的

商业潜力,给医生和病人的实际收益以及给公民的改进措施。当然,还有其他的重要应用,比如适宜的住房、安全的交通以及有益于社会的娱乐和运动。紧接着,还有我们必须立志服务于更高的人类价值。我们可以追求环境质量和生活质量。我们可以努力解决冲突和促进和平。

对这些重要关注和持久价值的回应可能似乎超出了用户和技术开发者可观察到的范围,但我相信,通过关注下面列举的明确且可测量的目标,你能够实现它们:

> 提高平均寿命。
> 控制人口增长。
> 减少无家可归者。
> 减少世界范围内的文盲数量。
> 减少汽车事故死亡。
> 提高主要城市的空气质量。
> 减少战争威胁。

个人行动主义的力量带来了和平转机的一个富有戏剧性的例子来自乔迪·威廉斯(Jody Williams)的故事(Wildmoon,1997)。这位47岁的佛蒙特州的行动主义者使用电子邮件创造了一次反对地雷使用的国际运动。她的工作促成了禁止地雷的国际条约的制定,并为她赢得了1997年的诺贝尔和平奖。美国禁止地雷运动的协调员,玛丽·韦勒姆(Mary Wareham)描述了电子邮件的效力:“它快速、方便、易于使用,并且它很便宜……而且它很有效。电子邮件起到了很重要的作用。……我们为这一政治过程创造了推动力。”

其他有关技术能够如何推动产生和平结果的例子正逐渐变得更加清晰。一些评论员很信赖热线，即华盛顿白宫和莫斯科克里姆林宫之间的电子交流网络，因为它缓解了20年冷战期间的紧张
240 状况。

在我的个人经历中，我很满意我与维也纳的国际原子能机构的全身心投入的职员们开展的合作，该合作旨在为检查员改进监控《防止核能扩散条约》的工具和技术。检查员小组视察120个国家的核动力和研究设备，以核实这些国家是否遵守该条约。通常在检查过程中正常工作都必须停下来，因此需要在不超过一至三天的时间内完成快速无误的检查。然而，检查员艰难地使用着由许多国家的不同供应商开发出的90种不同的探测器和其他设备。获取技术帮助需要花费时间，且对工作的顺利进行具有破坏性影响，因此检查员处于极大的压力之下。我的工作是使用简化的操作程序帮助他们制定术语、单元及显示的标准。这一经历也把我引入了一项重要的计算机科学工作中，即通过开发地震监控软件来侦察核爆炸试验，以使《禁止核试验条约》成为可能。看到计算技术如何能够应用到促进和平的事业上，这是很令人满意的。

在许多其他的创造性方式上，信息和计算技术可以产生直接的影响，例如，在文盲培训上的教育应用，或通过对汽车引擎的计算机控制来减少污染。在其他情况下，与改进的人机交互的联系最初可能不太清晰。事实上，一些目标可能仅仅通过重新设计计算机技术是难以达到的，但增长的公众兴趣和投身其中的计算专

业人员的例子可能也是对其他人的一种激励。因此，即使我们可能并不知道具体道路，对目的地的清晰陈述将有助于达到那些目标，并激励其他人更广泛地参与其中。

旧计算技术通常被视为沮丧之源、对隐私的威胁、压迫工具或破坏的源头。这些方面导致了大范围的技术批评家的出现，他们指出其中的失败，并试图限制信息和计算技术的发展。这些批评家想像不到建设性的批评会如何产生更积极的成果。他们不期待可以促进更积极的人类价值的新计算技术的出现。

并且我们必须时刻记住，低技术或无技术可能同样是一条建设性的道路。没有移动电话可以提高剧院的威望；从汽车中解放出来可以丰富我们在树林中远足的体验。独处时的平静、与朋友和家人的亲昵以及与同事和邻居的密切联系可能同样被列入无需 241
技术的活动与关系表格中。我们应该质疑每一项技术应用，以确保它的收益超过它的代价。

下一位达·芬奇

达·芬奇作为激发灵感的缪斯女神，已经很好地为新计算技术提供了服务。我希望你能满意这次短途旅行，带领你去想像达·芬奇的一生可能会如何为新计算技术提供经验教训。因此让我们通过这一个问题来进行一下总结，即新计算技术可能会如何促使下一位达·芬奇的出现。

我们将如何识别下一位达·芬奇呢？我们是否要寻找来自山村的私生子或绘制人类解剖图的素食主义画家？我想达·芬奇的

精髓在于他对他所处时代的重大问题进行独创性思考及具有广泛创新的能力。这些技能来自于达·芬奇在经过仔细观察和有针对性的实验后对世界的不断质疑。他将15世纪对亚里士多德逻辑的虔诚信仰搁置在一旁，通过提出假设和寻求实证证据，开创了科学质疑的现代传统。

一位现代达·芬奇，让我们把他或她称为达·芬奇二代，将会在广泛的学科范围提出问题，并通过试验性项目和快速模型来测试想法。达·芬奇二代将同样是一位有效的思想倡导者，会向媒体发表演讲，参与吸引人的演出。达·芬奇二代可能是一位像克雷格·文特尔(Craig Ventner)一样的基因组研究者，同时也可以用博物学家大卫·阿滕伯勒(David Attenborough)的权威性口吻和甘地(Gandhi)的政治头脑，熟练地进行电视解说。一位现代达·芬奇也可能是像麦当娜(Madonna)那样的音乐表演者，并拥有乔治亚·艾琪芙(Georgia O'Keeffe)对颜色和形式的观察力，以及比尔·盖茨对计算技术的真知灼见。在我们这个专家时代，多种技能的结合令我们惊奇，但这正是使得达·芬奇如此令人惊异，如此富有创造性的东西。

在达·芬奇二代的技能之中，应该包括对计算机的灵活使用以便能收集信息，并通过远程通讯或电子邮件与同伴联系。他或她
242 应该掌握大量的创造性支持工具，并常常可以制作出新的工具作为给朋友和支持者的礼物。他或她会携带着便携式设备以进行快速记录和素描，以及更大一些的写字板以记录更多的内容和描绘更大的图像。达·芬奇二代会将投影机安装在工作室中，与客人研究大尺寸的图像，创造墙壁大小的舞台造型。她或他将在网站上记录想法，广泛地传播思想，但对大部分文件使用密码保护以备将

来发表。

很容易就会对这个幻想浮想联翩,但超出日常的生活选择的是,达·芬奇二代至少忠实于这两条更大的原则:

> 技术上的卓越必须与用户的需要协调一致。
>
> 艺术和科学的伟大作品适合于每一个人。

追求替代场景的人工智能的信徒毫无疑问会讲述一个不同的故事。他们可能会预测,达·芬奇二代将是一台基于神经网络、遗传算法及语义理解程序的计算机。他们的达·芬奇二代的版本将拥有完美的自然语言语音交互、情感反应以及创造性加速器硬件芯片。我想我应该对这一想法报以微笑,但有些人可能已经开始制造它了。如果他们用他们自己的时间去做也不错,不过如果公共基金被浪费在这个方面,那我宁愿看到这些钱花在给孩子讲授有关达·芬奇的故事上。

怀疑者的观点

我们必须时刻牢记存在着这样的危险,即恶毒的个体、组织及国家可能将技术用于破坏性目的上。我们希望创新能被用于让人们获益的工作中,但同样也总是存在出现更让人困扰的场景的威胁。如果先进技术的主要成果是赋予独裁者、罪犯及恐怖主义者 243

能力的话,这将是很悲惨的。我们不能阻止他们接触到广泛传播的技术,因此我们必须预期到一些恶意的应用将会出现。作为用户,我们必须提防我们生活中的危险,尽我们的最大努力来阻止恶意的应用,支持限制它们发展的社会过程。作为开发者,我们可以仔细选择我们的应用以便能做出积极的贡献,开阔我们的思路以预期非蓄意的消极副作用,并将我们的工作显露在参与性设计评论下。开放的讨论、开放的编码及开放的想法是信息交流技术的最大益处。

怀疑者可能担心,将不会再有另一位达·芬奇,并且技术进步的弊大于利。这样的悲观看法太过极端,因为似乎很清楚的是,人类因自己的工具和社会结构而富足充实。纵观历史,那些使用有效工具和社会结构的人在事业上都兴旺发达。我们每天都从医疗保健、安全的交通及改进的教育中获益。为达到本章中提出的积极的崇高目标,必须提升公众意识和设计者的意识。一个可以激发个体间和组织内部讨论的国际争论能够有助于促进更积极的成果。那些相信他们能够塑造未来的人们终将塑造未来。

注 释

第一章

1.达·芬奇的雕塑非常引人注目,恰好在这一模型被破坏的500年后——1999年9月10日——一位美国商人,查尔斯·登特(Charles Dent),制造出了铜马并安装在米兰,从而实现了达·芬奇的梦想。

2.国家艺术博物馆〈http://www.nga.gov〉,是达·芬奇的《Ginevra de'Beni》的收藏处〈http://nga.gov/cgi-bin/pinfo? Object = 5044 + 0 + none〉.

3.美国在线(AOL)拥有超过0.3亿名用户,因为公司严格遵守了用户可控感及使用的舒适感。它的以讨论为导向的工具,ICQ(〈http://www.icq.com/〉),被广泛使用。ICQ被描绘成"一个友好用户的互联网程序,它可以通知你的哪位朋友和同事在线,并使你可以和他们联系。"ICQ吸引了全球超过1.05亿名用户,并且快速地发展着,因为它为人类的需要服务,并被很好地设计以支持这些需要。

第二章

1.见彼得·诺伊曼(Peter Neumann)的风险论坛,〈ftp://ftp.sri.com/risks〉.也见〈http://www.csl.sri.com/users/neumann/neumann.html〉.

2."谎言的海洋",1988年3月20号,〈http://www.geocities.com/capitolHill/5260/vince.html〉.也见〈http://catless.ncl.ac.uk/Risk/8.74.html # subj1〉.

3.当故障发生时终端用户进行调试的一个创造性想法在亨利·利泊曼和克里斯托弗·弗赖伊的一篇批评性文章中得到了恰当的描述:"软件将永远有效吗?"美国计算机学会通讯44(2001年3月):122-124。

4. 见〈http://www.geoman.com/Vitruvius.html〉.

5. 网景交流器 4.5 的网景质量反馈系统,〈http://home.netscape.com/communicator/navigator/v4.5/qfs1.html〉.

6. 网站奖,〈http://webbyaward.com/main/〉.

第三章

1. 来自计算机地图,地理学,〈http://cyberatlas.internet.com〉.

2. 联合国开发计划署,〈http://www.undp.org/〉;联合国信息技术服务,〈http://unites.org/〉;合作者在线:为邻居和关系网创造在线社区,〈http://www.partnership.org.uk〉;技术帮助的志愿者,〈http://vita.org/〉.

3. 数字鸿沟网,〈http://digitaldividenetwork.org/〉,由本顿基金会支持,〈http://www.benton.org/〉.

4. 见〈http://conversa.com〉.

5. 见尼尔·斯科特在斯坦福大学的阿基米德项目,〈http://archimedes.standford.edu/〉.

6. 美国国家癌症研究所见〈http://www.nci.nih.gov/〉,癌症信息见
246 〈http://www.nci.nih.gov/cancerinfo.html〉.

7. 美国国家航空航天局的标准网页见〈http://nasa.gov/〉,为儿童提供的网页见〈http://www.nasa.gov/kids.html〉.

8. Altavista,〈http://world.altavista.com/〉,提供翻译系统服务,〈http://www.systransoft.com/〉。西雅图社区服务提供通向将其内容翻译成许多语言的资源的出色指南,〈http://www.scn.org/spanish.html〉.

9. 许多可用性普遍可用性设计的资源。专业群体:美国计算机学会的人机交互特别兴趣组(The ACM SIGCHI, Special Interest Group on Computer-Human Interaction),〈http://www.acm.org/sigchi/〉,集中于设计有用的、可用的及普遍的用户界面。人机交互特别兴趣组通过为年长者、儿童、教师及国际群体付出的超强努力推动着多样性的发展,并且主办了普遍可用性会议(the Conferences on Universal Usability),〈http://www1.acm.org/sigs/sigchi/cuu/〉。美国计算机学会的对计算机和生理缺陷者的特别兴趣组(The ACM'S SIGCAPH, Special Interest Group on Computers and the Physically Handicapped),〈http://www.

acm.org/sigcaph/〉,长久以来已推动了残疾用户的可获得性,并且其会议程序的资源系列,〈http://www1.acm.org/sigs/sigcaph/assets/〉,提供了有用的指导,英国的所有人用户界面会议,〈http://ui4all.ics.forth.gr/index.html〉,也考虑界面设计策略。网络可得性创新,〈http://www.w3.org/WAI/〉,万维网协会有一个指导文件,其中包含了颇有见地的内容设计条款以支持残疾用户。公共站点:阳光微系统(Corporate Web sites:Sun Microsystems),〈http://www.sun.com/access/〉,专门提供 Java 建议。IBM 和微软的颇有见地的网站,〈http://www.ibm.com/easy/〉,〈http://www.microsoft.com/enable/〉,描绘了支持多种用户的过程和设计。大学网站:北卡罗来纳州大学的普遍性设计中心,〈http://www.design.ncsu.edu/cud〉,列举了 7 条主要原则,威斯康辛州大学的追踪中心,〈http://trace.wisc.edu/world/〉,提供了许多资源的链接。另一个资源,〈http://universalusability.org/〉,提供了主题和链接的分类学,以及将普遍可用性政策模板纳入到站点上的信息。马里兰大学的学生已经在一个实践性网站上创建了普遍可用性,〈http://www.otal.umd.edu/uupractice〉,并提供了设计原则。

第四章

1.国家标准和技术协会,〈http://nist.gov/iust〉.

2.美国计算机学会的人机交互特别兴趣组,〈http://www.acm.org/sigchi/〉.

3.卡内基·梅隆大学的人机交互学院,〈http://www.hcii.cmu.edu/〉,麻省理工学院的多媒体实验室,〈http://www.media.mit.edu〉.

4.斯坦福大学的人机交互项目,〈http://hci.stanford.edu/〉;马里兰大学的人机交互实验室,〈http://www.cs.umd.edu/hcil/〉.

第五章

1.一个拥有多种数据模态的详尽的站点,〈http://webuse.umd.edu/〉.

2.马斯洛(1968)。一篇关于马斯洛思想的颇有见地的评论文章出现在〈http://www.ship.edu/~cgboeree/maslow.html〉. 247

3.易趣,〈http://www.ebay.com/〉;纳斯达科股票市场,〈http://www.nasdaq.com/〉;亚马逊,〈http://www.amazon.com/〉.

4.美国国会图书馆,〈http://www.loc.gov/〉.

5.纽约证券交易市场,〈http://www.nyse.com/〉;富达投资集团,〈http://www.fidelity.com/〉;精明理财,〈http://smartmoney.com/〉;嘉信理财,〈http://www.schwab.com/〉.

6.我深受帕特南的《独自打保龄球》(2000)的影响,从1965年来他对"社会资本"衰落的分析给美国人如何以及为何已经减少了他们参与社会群体和政治活动提供了一个精辟的解释。她甚至证明了参与野餐及晚餐晚会的削减。对危害的解释和记录是令人不安的。

7.美国国会图书馆的美国记忆项目,〈http://memory.loc.gov/〉.

8.PictureQuest,〈http://www.picturequest.com〉;Corbis,〈http://www.corbis.com/〉.

9.贝得森(2000)。PhotoMesa 可以在〈http://www.cs.umd.edu/hcil/photomesa/〉免费下载。

10.布鲁克林,〈http://www.brooklyn.com/〉;展望公园,〈http://www.prospectpark.org/〉;布鲁克林的历史,〈http://www.brooklynhistory.org/〉

11.IBM 的档案,〈http://www-1.ibm.com/ibm/history/〉;英特尔〈http://www.intel.com/intel/intelis/museum/index.hem〉

12.柯达,〈http://www.kodak.com/〉,"编辑"。

第六章

1.奇克森特米哈伊(1996)。他的书是一个惊人的发现,并且对我的思想产生了巨大的影响。

2.对这一主题的欣赏源自我十年的高等技术课堂——教育/学习阶梯教室(AT & T,Teaching/Learning Theatre)的教学经验。我们积极地讨论把教育哲学作为设计及随后运用于课堂中去的一个指南,以及它的成功事例,〈http://www.inform.umd.edu/TT/〉。马里兰大学的教学阶梯教室委员会是这种讨论的一个活跃的论坛。主要的研究者是玛丽安姆·阿拉维(Maryam Alavi)、肯特·诺曼(Kent Norman)、吉姆·格林伯格(Jim Greenberg)、格伦·里卡特(Glen Ricart)和埃伦·尤·博克维斯基(Ellen Yu Borkowski)。关于这个主题的作品(施奈德曼,1989;1992;1998)在一个小组的共同努力下评论和记录了在75位教师成员发展出来的四种合作风格,这75位教师教授了300节课程(施奈德曼等,1995;1998)。

3. WebCT:帮助教育者传授教育,〈http://www.webct.com/〉;Blackboard:引出在线教育,〈http://blackboard.com/〉.

4. 戴维森和沃沙姆(1992);米利斯(1990)。尼尔·戴维森和巴巴拉·沃沙姆都曾引领我了解合作性教学方法并认识它们的巨大价值。

5. 组系统,〈http://www.groupsystems.com/〉.

6. 合作胜于竞争的证据已经建立了许多年,科恩(1986)将其精彩地呈现出来。

7. 在1993年秋天我有20名远程学习课程的学生,还有超过20名通过卫星电视观看。6周后建立的第一个学生群体项目是虚拟环境的百科全书,〈http://www.hitl.washington.edu/scivw/EVE/〉。随后在第15个学期末,创办了《虚拟环境》杂志,〈http://www.hitl.Washington.edu/scivw/JOVE/〉。这些项 248
目被华盛顿大学人类界面技术实验室的非常有帮助作用的电脑族托尼·爱默生所接管,他将专攻于虚拟现实。

8. 春季学期项目,2001,〈http://www.otal.umd.edu/uupractice〉.

9. 我的学生把这个项目称为学生的人－机交互在线研究实验—SHORE—以想像马里兰海滩的形象,〈http://www.otal.umd.edu/SHORE97/〉;〈.../ SHORE98/〉、〈.../ SHORE99/〉、〈.../ SHORE2000/〉及〈.../SHORE2001/〉.

10. 雅各比等(1996)。巴巴拉·雅各比参与了大学校园的社区服务项目,并在她的书中积极地推广这一想法。

第七章

1. Buy Brigade,〈http://www.cnet.com/〉.

2. i411交互式信息探索,〈http://www.i411.com/〉.

3. 优秀企业管理局在线,〈http://www.bbbonline.com/〉.

4. 电子投诉,〈http://www.ecomplaints.com〉.

5. 价格在线,〈http://www.priceline.com/〉.

6. 个性化,〈http://www.personalization.com/〉.

7. 易趣在线拍卖,〈http://www.ebay.com/〉,“反馈论坛”.

8. TRUSTe,〈http://www.truste.com/〉.

9. 电子私人信息中心,〈http://www.epic.org/〉.

10. Square Trade,〈http://www.aquaretrade.com/〉.

第八章

1. 家庭版默克诊疗手册,〈http://www.merckhomeedition.com/〉.

2. 雅虎聊天组,〈http://groups.yahoo.com/〉.

3. 基于计算机的病人记录研究中心,保健开放系统及测试,〈http://www.cpri-host.org/〉.

4. 马里兰医生质量保证委员会,〈http://www.bpqa.state.md.us/〉.

5. 美国国家健康研究所,人类基因组研究所,〈http://www.nhgri.nih.gov〉.

6. IBM 的蓝色基因工程,〈http://www.research.ibm.com/bluegene/〉.

7. 美国国家医学图书馆,〈http://www.nlm.nih.gov/〉.

8. 美国国家健康研究所提供了有关临床研究的最新信息,〈http://clinicaltrials.gov/〉.

9. WebMD,〈http://webmd.com/〉; Dr. Koop,〈http://www.drkoop.com/〉.

10. CompuMentor,〈http://www.compumentor.org/〉; TechSoup,〈http://www.techsoup.org/〉.

11. 比尔·盖茨夫妇基金,〈http://www.gatesfoundation.org/〉,他们对支持很多第三世界国家的疫苗接种、HIV/AIDS 治疗及儿童健康的有力承诺,树立了一个积极榜样。

249 12. 联合国信息技术服务,〈http://www.unites.org/〉.

13. 无国界医生组织,〈http://doctorswithoutborders.org〉; 国际医疗帮助,〈http://medhelp.org/〉.

14. 这一十分有趣的幻想取材于弗兰克·鲍姆(Frank Baum)的经典故事,《绿野仙踪》,该故事 1939 年改编为电影,影片由朱蒂·加兰(Judy Garland)主演,扮演多萝西。对于没有读过这个故事的读者来说:Toto 是多萝西的小狗,胆小的狮子(里昂博士这一人物的灵感来源)是多萝西同行的伙伴之一。多萝西从北方善良女巫那里得到了一双红宝石的红拖鞋。梦赤金人(Munchkins)是多萝西在森林中遇到的快乐的人物。这一奇幻场景由我的一个会议主题演讲而引发,这是我在 1998 年洛杉矶的美国计算机学会人机交互特别兴趣组的计算机系统中的人因学会议。克里斯·诺斯(Chris North)用 Macromedia Director 制作的这一医疗系统的电子演示放置在〈http://www.cs.umd.edu/hcil/〉,"Genex"中。

15.生命线软件(LifeLines)是一种研究信息可视化工具,用于探测时间历史数据,如病人记录中的数据。Facets,如看病、住院、实验室测试及用药等,均显示在相互平行的横向显示板上。生命线软件是基于马里兰大学人机交互实验室的研究而设计,〈http://www.cs.umd.edu/hcil/lifelines〉.

16.Spotfire,〈http://www.spotfire.com/〉,是一种用于探测复杂数据的商业信息可视化工具。它源自马里兰大学人机交互实验室的研究。其主要的成功是在药物学上的药品发现和 DNA 微排列的数据分析。

第九章

1.华盛顿州门户,〈http://access.wa.gov/〉.

2.圣达蒙尼卡城,〈http://pen.ci.santa-monica.ca.us/cm/〉.

3.西雅图社区网络,〈http://www.scn.org/〉;同见 Schuler(1996)。

4.美国市长会议,〈http://www.usmayors.org/〉.

5.对于技术人员而言,这是 XML 标签的由来,为了提供一个语义性更强的组织网络。人们仍必须完成这一协调,以确保有效的标准定义。

6.美国人口普查局,〈http://www.census.gov/〉.

7.Intuit,Quicken TurboTax,〈http://www.quicken.com/taxes/〉.

8.Slashdot,〈http://slashdot.org/〉,这是一个公众讨论论坛。

第十章

1.精明理财(SmartMoney),〈http://smartmoney.com/〉;环境系统研究所,

〈http://www.esri.com/〉.

2.在我准备该书的过程中体会到的一个喜悦是,与 IdeaFisher(〈http://www.ideafisher.com〉)的开发者 Marsh Fisher 进行的一个小时的电话交谈。

3.模拟城市(SimCity),〈http://simcity.èa.com/〉.

4.Dramatica,〈http://www.dramatica.com/〉.

第十一章

1.约翰·麦卡锡博士见〈http://www.kurzweilai.net/articles/art0088.html?printable=1〉.

参考文献

AAHE (American Association for Higher Education). 1987. *Principles for Good Practice in Undergraduate Education*. Washington, D.C.

Access Board. 2000. Electronic and Information Technology. 〈http://www.access-board.gov/sec508/status.htm〉.

Alavi, Maryam. 1994. Computer-Mediated Collaborative Learning: An Empirical Evaluation. *MIS Quarterly* 18 (2): 159 – 173.

Ausubel, David. 1968. *Educational Psychology: A Cognitive View*. New York: Holt, Rinehart and Winston.

Baecker, R., K. Booth, S. Jovicic, J. McGrenere, and G. Moore. 2000. Reducing the Gap Between What Users Know and What They Need to Know. In *Proceedings of the ACM Conference on Universal Usability*, 17 – 23. New York: ACM Press.

Bederson, Benjamin. 2001. Quantum Treemaps and Bubblemaps for a Zoomable Image Browser. In *Proceedings of User Interface Software and Technology Symposium* 2001. New York: ACM Press.

Bergman, Eric, ed. 2000. *Information Appliances and Beyond*. San Francisco: Morgan Kaufmann.

Boden, Margaret. 1990. *The Creative Mind: Myths and Mechanisms*. London: Weidenfeld and Nicolson.

Brooks, Frederick, Jr. 1996. The Computer Scientist as Toolsmith II. *Communications of the ACM* 39 (3): 61 – 68.

Bush, Vannevar. 1945. As We May Think. *Atlantic Monthly* 76 (July): 101 – 108. Also at 〈http://www.theatlantic.com/unbound/flashbks/computer/bushf.htm〉.

Buttazzo, Giorgio. 2001. Artificial Consciousness: Utopia or Real Possibility? *IEEE*

Computer 34 (7):24 – 30.

Card, Stuart, Jock Mackinlay, and Ben Shneiderman, eds. 1999. *Readings in Information Visualization: Using Vision to Think*. San Francisco: Morgan Kaufmann.

Carroll, J., and C. Carrithers. 1984. Training Wheels in a User Interface. *Communications of the ACM* 27 (8):800 – 806.

Carson, Rachel. 1962. *Silent Spring*. Boston: Houghton Mifflin.

Cave, Charles. 2001. Creativity Web. 〈http://members.ozemail.com.au/~caveman/Creative/index2.html〉.

Clark, Kenneth. 1939. *Leonardo da Vinci*. Rev. and introduced by Martin Kemp. London: Penguin Books, 1988.

——. 1966. On the Relation Between Leonardo's Science and His Art. In *Leonardo da Vinci: Aspects of the Renaissance Genius*, ed. Morris Philipson. New York: Braziller.

Compaine, Benjamin, ed. 2001. *The Digital Divide: Facing Crisis or Creating a Myth?* Cambridge, Mass.: MIT Press.

Corbis, Inc. 1997. *Leonardo da Vinci*. CD-ROM.

Couger, J. D. 1996. *Creativity and Innovation in Information Systems Organizations*. Danvers, Mass.: Boyd and Fraser.

Covey, S. R., A. R. Merrill, and R. R. Merrill. 1994. *First Things First: To Live, to Love, to Learn, to Leave a Legacy*. New York: Simon and Schuster.

252 Csikszentmihalyi, Mihaly. 1996. *Creativity: Flow and the Psychology of Discovery and Invention*. New York: HarperPerennial.

CSTB (Computer Science and Telecommunications Board). National Research Council. 1997. *More Than Screen Deep: Toward Every-Citizen Interfaces to the Nation's Information Infrastructure*. Washington, D.C.: National Academy Press.

Davidson, Neil, and Toni Worsham. 1992. *Enbancing Thinking Through Cooperative Learning*. New York: Teachers College Press.

de Bono, Edward, 1973. *Lateral Thinking: Creativity Step by Step*. New York: HarperCollins.

Dearing, Ron, chair. 1997. National Committee of Inquiry into Higher Education. Report. 〈http://www.leeds.ac.uk/educol/ncihe/〉.

Dewey, John. 1916. *Democracy and Education*. New York: Macmillan.

Druin, Allison. 1999. Cooperative Inquiry: Developing New Technologies for Children with Children. In *Proceedings of CHI 99, Conference on Human Factors in Computing Systems*, 592 – 599. New York: ACM Press.

Druin, Allison, B. Bederson, J. P. Hourcade, L. Sherman, G. Revelle, M. Platner, and S. Weng. 2001. Designing a Digital Library for Young Children: An Intergenerational Partnership. In *Proceedings of ACM/IEEE Joint Conference on Digital Libraries*, 398 – 405. New York: ACM Press.

Druin, Allison, and James Hendler, eds. 2000. *Robots for Kids: Exploring New Technologies for Learning*. San Francisco: Morgan Kaufmann.

Druin, Allison, J. Montemayor, J. Hendler, B. McAlister, A. Boltman, E. Fiterman, A. Plaisant, A. Kruskal. H. Olsen, I. Revett, T. Plaisant-Schwenn, L. Sumida, and R. Wagner. 1999. Designing PETS: A Personal Electronic Teller of Stories. In *Proceedings of CHI 99*, 326 – 329. New York: ACM Press.

Fogg, B. J., and H. Tseng. 1999. The Elements of Computer Credibility. In *Proceedings of CHI 99*, 80 – 87. New York: ACM Press.

Fountain, Jane. 2001. *Building the Virtual State: Information Technology and Institutional Change*. Washington, D. C.: Brookings Institution.

Frere, Jean Claude. 1995. *Leonardo: Painter, Inventor, Visionary, Mathematician, Philosopher, Engineer*. Paris: Terrail.

Freud, Sigmund. 1910. *Leonardo da Vinci and a Memory of His Childhood*. Ed. James Strachey, trans. Alan Tyson. New York: Norton, 1990.

Friedman, Thomas. 2000. *The Lexus and the Olive Tree: Understanding Globalization*. New York: Farrar, Straus, Giroux.

Fry, Christopher, and Henry Lieberman. 1995. Programming as Driving: Unsafe at Any Speed? In *Proceedings of CHI 95, Demonstrations*, 3 – 4. New York: ACM Press.

Fukuyama, Francis. 1995. *Trust: The Social Virtues and the Creation of Prosperity*. New York: Free Press.

Gardner, Howard. 1993. *Creating Minds: An Anatomy of Creativity Seen Through the Lives of Freud, Einstein, Picasso. Stravinsky, Eliot, Graham, and Gandhi*. New

York: Basic Books.

Gelb, Michael J. 1998. *How to Think Like Leonardo da Vinci: Seven Steps to Genius Every Day*. New York: Dell.

253 Habermas, Jürgen, 1989. *The Structural Transformation of the Public Sphere*. Trans. Thomas Burger. Cambridge, Mass.: MIT Press.

Hansell, Saul. 2001. Web sales of Airline Tichets Are Making Hefty Advances. *New York Times* (July 4).

Hauser, Arnold. 1966. The Social Status of the Renaissance Artist. In *Leonardo da Vinci: Aspects of the Renaissance Genius*, ed. Morris Philipson. New York: Braziller.

Hazemi, Reza, Stephen Hailes, and Steve Wilbur, eds. 1998. *The Digital University: Reinventing the Academy*. London: Springer-Verlag.

Hiltz, Starr Roxanne, and Murray Turoff. 1978. *The Network Nation: Human Communication via Computer*. Reading, Mass.: Addison-Wesley. Rev. ed. Cambridge, Mass.: MIT Press, 1993.

Hughes, John, Val King, Tom Rodden, and Hans Anderson. 1995. The role of ethnography in interactive systems design. *ACM Interactions* 2 (2): 56 – 65.

Jacoby, Barbara, and Associates. 1996. *Service-Learning in Higher Education*. San Francisco: Jossey-Bass.

Karat, Clare-Marie. 1994. A Business Case Approach to Usabillity Cost Justification. In *Cost-Justifying Usability*, ed. Randolph Bias and Deborah Mayhew. 45 – 70. New York: Academic Press.

Kemp, Martin. 2000. *Visualizations: The "Nature" Book of Art and Science*. Berkeley: University of California Press.

Kling, Rob. 1980. Social Analyses of Computing: Theoretical Perspectives in Recent Empirical Research. *ACM Computing Surveys* 12 (March): 61 – 110.

Kohn, Alfie. 1986. *No Contest: The Case Against Competition*. Boston: Houghton Mifflin.

Kollock, Peter. 1999. The Production of Trust in Online Markets. In *Advances in Group Processes*, Vol. 16, ed. E. J. Lawler, M. Macy, S. Thyne, and H. A. Walker. Greenwich, Conn.: JAI Press.

Kraut, R., W. Scherlis, T. Mukhopadhyay, J. Manning, and S. Kiesler. 1996. The HomeNet Field Trial of Residential Internet Services, *Communications of the ACM* 39 (December): 55 – 63.

Kuhn, Thomas S. 1962. *The Structure of Scientific Revolutions*. 3d ed. Chicago: University of Chicago Press, 1996.

Kurzweil, Ray. 1999. *The Age of Spiritual Machines*. New York: Viking.

Landauer, Thomas K. 1995. *The Trouble with Computers: Usefulness, Usability, and Productivity*. Cambridge, Mass.: MIT Press.

Laurel, Brenda. 2001. *Utopian Entrepreneur*. Cambridge, Mass.: MIT Press.

Lee, Dick. 2000. *The Customer Relationship Management Survival Guide*. St. Paul, Minn.: High-Yield Marketing.

Leonard, George B. 1968. *Education and Ecstasy*. New York: Dell.

Lessig, Lawrence. 1999. *Code and Other Laws of Cyberspace*. New York: Basic Books.

Leveson, Nancy, and Clark S. Turner. 1993. An Investigation of the Therac – 25 Accidents. *IEEE Computer* 26 (7): 18 – 41.

Levine, Peter. 2000. The Internet and Civil Society. *Reports from the Institute for Philosophy & Public Policy* 20 (4). 〈http://www.puaf.umd.edu/IPPP/reports/vol20fall00/vo120.html〉.

Licklider, J. C. R. 1960. Man-Computer Symbiosis. *IEEE Transactions on Human Factors in Electronics* HFE – 1 (March): 4 – 11. 254

Marchionini, Gary. 1995. *Information Seeking in Electronic Environments*. New York: Cambridge University Press.

Marchionini, Gary, Maryle Ashley, Lois Korzendorfer. 1993. ACCESS at the Library of Congress. In *Sparks of Innovation in Human-Computer Interaction*. ed. Ben Shneiderman. Norwood, NJ: Ablex Publishers. Available from Intellect Books.

Martin, C. Dianne. 1993. The Myth of the Awesome Thinking Machine. *Communications of the ACM* 36(4): 120 – 133.

Maslow, Abraham. 1968. *Toward a Psychology of Being*. 2d ed. New York: Van Nostrand Reinhold.

McConnell, Jeffrey J. 1996. Active Learning and Its Use in Computer Science. *ACM*

SIGCSE Bulletin 28, Special Issue, 52 – 54.

Mehlenbacher, Brad. 1999. Personal Communication.

Millis, Barbara J. 1990. Helping Faculty Build Learning Communities Through Cooperative Groups. In *To Improve the Academy: Resources for Student, Faculty and Institutional Development*, Vol. 10, ed. L. Hilsen, 43 – 58. Stillwater, Okla.: New Forums Press.

Morino, Mario. 2001. From Access to Outcomes: Raising the Aspirations for Technology Initiatives in Low-Income Communities. 〈http://www.morino.org〉.

Mumford, Lewis. 1934. *Technics and Civilization*. New York: Harcourt Brace.

Nader, Ralph. 1965. *Unsafe at Any Speed: The Designed-in Dangers of the American Automobile*. New York: Grossman.

Naisbitt, John. 1982. *Megatrends: Ten New Directions Transforming Our Lives*. New York: Warner Books.

NAS/NRC (National Academy of Sciences/National Research Council). 1996. *National Science Education Standards*. Washington, D.C.: National Academy Press.

Negroponte, Nicholas. 1995. *Being Digital*. New York: Knopf.

NIE (National Institute of Education). 1984. *Involvement in Learning: Realizing the Potential of American Higher Education*. Final Report of the Study Group on the Conditions for Excellence in American Higher Education. Washington, D.C.

Nielsen, Jakob. 1993. *Usability Engineering*. Boston: Academic Press.

Norman, Don. 1988. *The Psychology of Everyday Things*. New York: Basic Books.

——. 1998. *The Invisible Computer*. Cambridge, Mass.: MIT Press.

Norman, Kent L. 1997. Teaching in the Switched-On Classroom: An Introduction to Electronic Education and HyperCourseware. 〈http://lap.umd.edu/SOC/sochome.html〉.

NTIA (National Telecommunications and Information Administration). U.S. Dept. of Commerce. 1999. Falling Through the Net: Defining the Digital Divide. 〈http://www.ntia.doc.gov/ntiahome/digitaldivide/〉.

——. 2000. Falling Through the Net: Toward Digital Inclusion. 〈http://www.ntia.doc.gov/ntiahome/fttn00/contents00.html〉.

——. 2001. A Nation Online: How Americans Are Expanding Their Use of the Internet. 〈http: www. ntia. doc. gov/ntiahome/dn/〉.

Nuland, Sherwin B. 2000. *Leonardo da Vinci*. New York: Viking.

O'Baoill, Andrew. 2000. Slashdot and the Public Sphere. *First Monday*. 〈http://first- 255
monday. org/〉.

Okada, Takeshi, and Herbert A. Simon. 1997. Collaborative Discovery in a Scientific Domain. *Cognitive Science* 21 (2): 109 – 146.

Olson, Gary M., and Judith S. Olson. 1997. Research on Computer Supported Cooperative Work. In *Handbook of Human-Computer Interaction, Second Editon*, ed. M. G. Helander, T. K. Landauer, and P. V. Prabhu, 1433 – 1456. Amsterdam: Elsevier.

Papert, Seymour. 1980. *Mindstorms: Children, Computers, and Powerful Ideas*. New York: Basic Books.

PCAST (President's Committee of Advisors on Science and Technology). Panel on Educational Technology. 1997. *Report to the President on the Use of Technology to Strengthen K – 12 Education in the United States*. Washington, D. C.

Penzias, Arno. 1989. *Ideas and Information*. New York: Simon and Schuster.

Piaget, Jean. 1964. Cognitive Development in Children: The Piaget Papers. In *Piaget Rediscovered: A Report of the Conference on Cognitive Studies and Curriculum Development*. ed. R. E. Ripple and V. N. Rockcastle, 6 – 48. Ithaca, N. Y.: Ithaca School of Education, Cornell University.

Plaisant, Catherine, Anne Rose, Brett Milash, Seth Widoff, and Ben Shneiderman. 1996. LifeLines: Visualizing Personal Histories. In *Proceedings of CHI 96*, 221 – 227, 518. New York: ACM Press.

Polya, G. 1957. *How to Solve It: A New Aspect of Mathematical Method*. 2d ed. Garden City. N. Y.: Doubleday Anchor Books.

Preece, Jenny. 2000. *Online Communities: Designing Usability, Supporting Sociability*. Chichester, U. K.: Wiley.

Preece, Jenny, and Diane M. Krichmar. 2002. Online Communities: Social Interaction and Universal Usability. In *Handbook of Human-Computer Interaction*, ed. J. Jacko and A. Sears. Mahwah, N. J.: Erlbaum.

Putnam, Robert, 2000. *Bowling Alone: The Collapse and Revival of American Community*. New York: Simon and Schuster.

Rice, Ronald E., and James E. Katz, eds. 2001. *The Internet and Health Communication: Experience and Expectations*. Thousand Oaks, Calif.: Sage Publications.

Richter, Jean Paul. 1969. *The Literary Works of Leonardo da Vinci*. 3d ed. London: Phaidon.

Schuler, Doug. 1996. *New Community Networks: Wired for Change*. Reading, Mass.: Addison-Wesley.

Shneiderman, Ben. 1980. *Software Psychology: Human Factors in Computer and Information Systems*. Boston: Little, Brown.

——. 1983. Direct Manipulation: A Step Beyond Programming Languages. *IEEE Computer* 16 (8): 57–69.

——. 1989. My Star Wars Plan: A Strategic Education Initiative. *The Computing Teacher* 16 (7): 5.

——. 1992. Education by Engagement and Construction: A Strategic Education Initiative for the Multimedia Renewal of American Education. In *Sociomedia: Hypermedia, Multimedia and the Social Construction of Knowledge*, ed. E. Barrett, 13–26. Cambridge, Mass.: MIT Press.

256 ——. 1998. *Designing the User Interface: Strategies for Effective Human-Computer Interaction*. 3d ed. Reading, Mass.: Addison-Wesley.

Shneiderman, Ben, M. Alavi, K. Norman, and E. Y. Borkowski. 1995. Windows of Opportunity in Electronic Classrooms. *Communications of the ACM* 38 (11): 19–24.

Shneiderman, Ben, E. Y. Borkowski, M. Alavi, and K. Norman. 1998. Emergent Patterns of Teaching/Learning in Electronic Classrooms. *Educational Technology Research & Development* 46 (4): 23–42.

Shneiderman, Ben, and H. Kang. 2000. Direct Annotation: A Drag-and-Drop Strategy for Labeling Photos. In *Proceedings of the International Conference on Information Visualization 2000*, 88–95. Available from IEEE, Los Alamitos, California.

Shneiderman, Ben, and Anne Rose. 1996. Social Impact Statements: Engaging Public Participation in Information Technology Design, In *Proceedings of CQL 96, ACM*

SIGCAS, *Symposium on Computers and the Quality of Life*, 90 – 96. Also in *Human Values and the Design of Computer Technology*, ed. B. Friedman, 117 – 133. New York: Cambridge University Press, 1997.

Shulman, S., S. Zavestoski, D. Schlosberg, D. Courard-Hauri, and D. Richards. 2001. Citizen Agenda-Setting: The Electronic Collection and Synthesis of Public Commentary in the Regulatory Rulemaking Process. In *Proceedings of the National Conference for Digital Government Research*. ⟨http://www.isi.edu/dgrc/dgo2001/papers/session3/shulman.pdf⟩.

Simon, Herbert A. 1996. *The Sciences of the Artificial*. 3d ed. Cambridge. Mass.: MIT Press.

Slavin, Robert. 1990. *Cooperative Learning: Theory, Research, and Practice*. Englewood Cliffs, N.J.: Prentice-Hall.

Snow, C. P. 1993. *The Two Cultures*. Introduction by Stefan Collini. New York: Cambridge University Press. Original lecture 1959.

Soloway, E., S. Jackson, J. Klein, C. Quintana, J. Reed. J. Spitulnik, S. Stratford. S. Studer, S. Jul, J. Eng, and N. Scala. 1996. Learning Theory in Practice: Case Studies of Learner-Centered Design. In *Proceedings of CHI* 96, 189 – 196. New York: ACM Press.

Sunstein, Cass. 2001. *Republic. com*. Princeton, N.J.: Princeton University Press.

Swift, Ronald S. 2000. *Accelerating Customer Relationships: Using CRM and Relationship Technologies*. Upper Saddle River, N.J.: Prentice-Hall.

Turner, A. Richard. 1994. *Inventing Leonardo*. Berkeley: University of California Press.

Uslaner, Eric. 2001. *The Moral Foundations of Trust*. New York: Cambridge University Press.

Van Tassel, Joan. 1994. Yakety-Yak. Do Talk Back! *Wired Magazine*. ⟨http://www.wired.com/wired/archive/2.01/pen.html⟩.

Varley, Pamela. 1991. Electronic Democracy. *Technology Review* 94 (November): 42 – 51.

Vasari, Giorgio. 1998. *Lives of the Artists*. Trans. Julia C. Bondanella and Peter Bondanella. New York: Oxford University Press.

Vygotsky, L. 1934. *Thought and Language*. Trans. A. Kozulin. Cambridge, Mass.: MIT Press, 1986.

Wallace, Robert. 1966. *The World of Leonardo*. New York: Time-Life Books.

Wees, W. R. 1971. *Nobody Can Teach Anybody Anything*. New York: Doubleday.

257 Weinberg, Gerald M. 1971. *The Psychology of Computer Programming*. New York: Van Nostrand Reinhold.

Weizenbaum, Joseph. 1976. *Computer Power and Human Reason: From Judgment to Calculation*. San Francisco: W. H. Freeman.

White. Michael. 2000. *Leonardo: The First Scientist*. New York; St. Martin's Press.

Wildmoon, K. C. 1997. Peace Through E-mail: Wired Activists Find Strength in Cyberspace. CNN Interactive. 〈http://www.cnn.com/specials/1997/nobel.prize/stories/internet.coalition/index.html〉.

Wilhelm, Anthony. 2000. *Democracy in the Digital Age: Challenges to Political Life in Cyberspace*. New York: Routledge.

Winograd, Terry, and Fernando Flores. 1986. *Understanding Computers and Cognition: A New Foundation for Design*. Norwood, N.J.: Ablex.

Wright, Frank Lloyd. 1953. *The Future of Architecture*. New York: Horizon Press.

Zuboff, Shoshanna. 1988. *In the Age of the Smart Machine: The Future of Work and Power*. New York: Basic Books.

索　引

Access Washington 华盛顿州门户 187－188
Activity 活动
creativity and 创造力和～ 214－223,227－230
e-business and 电子商务和～ 139
e-healthcare and 电子保健和～ 174
e-learning and 电子学习和～ 113－114,118－127
four stages of ～的四个阶段 83－87
government and 政府和～ 190－191
mobility and 移动性和～ 99－108
relationships and 关系和～87－90
visual media and 视觉媒体和～90－99
Aegis system 航空防御系统 23－24
Age of Spiritual Machines, The: When Computers Exceed Human Intelligence (Kurzweil) 《精神机器的时代:当计算机超越人类智能》(库兹威) 236
A.I.(Kubrick & Spielberg) 人工智能(库布里克 & 斯皮尔伯格) 63,236
AIDS 艾滋病 165,171
Airplanes 飞机 5
Amazon.com 亚马逊 82,146－147
American Association for Higher Education (AAHE) 美国高等教育学会 116
American Memory 美国记忆 92
America Online 美国在线 33
Analysis 分析 4
Anatomical Drawing of Skill in Profile to the Left (*da Vinci*) 《头骨的左侧面解剖图》(达·芬奇) 110
Annotation 标注 93－94,96－97
Anthrax 炭疽热病毒 162
Anthropology 人类学 54
Apple computers 苹果电脑 9
Archimedes 阿基米德 209

Architecture 建筑 3–4
creativity and 创造力和~ 227–230
interface design and 界面设计和~ 57
Art 艺术 242
LEON and 利昂和~ 116
logic and 逻辑和~ 5
science and 科学和~ 4,57–58
situationalists and 环境主义者和~ 211
Artificial intelligence (AI) 人工智能 61–64,235–236
Association for Computing Machinery (ACM) 美国计算机学会 70,194
Asynchronous technology 异步技术 199
Attenborough, David 阿滕伯勒,大卫 241
Automobiles 汽车 22,26–27,31,42,60

Beauty 美好的事物 27(原文为 27 页,但 27 页中没找到,可能为 p. 21)
Better Business Bureau Online 优秀企业管理局在线 143,152
Bible 圣经 5,78
Bioterror 生物恐怖活动 162
Blackboard (software) Blackboard(软件) 118
Blue Gene Project 蓝色基因工程 165
BOB (Microsoft) BOB(微软) 62–63
Bob's ACL Bulletin Board 鲍布的 ACL 公告板 168,170
Bono, Edward de 博诺,爱德华·德尔 220
Boolean logic 布尔逻辑 54
Brady, Mathew 布雷迪,马修 92
British Partnerships Online 英国合伙在线 37
Byte counts 比特数 44

Carson, Rachel 卡森,雷切尔 22,32–33
Civilian Information Corps 平民信息公司 192
Clickstream data 点击流数据 144–145
Clippit (software character) 大眼夹(软件特征) 62–63
CNET 141,144
Codex Leicester 《莱斯特的手稿》 8
Color coding 颜色编码 65
Communication. *see also* Internet 交流。参见 Internet 2
broadband 宽带 201
e-business and 电子商务和~

140 – 141
e-government and 电子政务和 ~ 187 – 190,192
e-healthcare and 电子保健和 ~ 167 – 168
open deliberation and 开放式议政和 ~ 197 – 204
relationships and 关系和 ~ 86
universal usability and(*see also* Universal usability) 普遍可用性(参见 Universal usability) 36 – 49
Community service 社区服务 127 – 128
CompuMentor 175
Computer-assisted tomography (CAT) 计算机辅助的 X 线断层摄影术 164
Computer-based patient records (CPR) 基于计算机的病人记录 162
Computers. *See also* Software 计算机。参见 Software
AI and 人工智能和 ~ 61 – 64, 235 – 236
in classroom 课堂上的 31 – 32
crashes and 死机和 ~ 24 – 25,29
creativity and 创造力和 ~ 17
da Vinci design of ~ 的达·芬奇的设计 9
death and 死亡和 ~ 22 – 24
elitism and 精英和 ~ 19
GUIs and 图形式用户界面和 ~ 11
HAL 哈尔 63
Increased expectations for 对 ~ 增长的期望 11 – 14,234 – 243
intelligent 智能 235 – 238
interfaces and 界面和 ~ 24 – 26, 53 – 57,61 – 70
laptops 便捷式电脑 9,104 – 105
mimicry and 模拟和 ~ 61 – 64, 235
modems and 调制解调器和 ~ 43 – 44
Moore's law and 摩尔定律和 ~ 43,58 – 61,236
palmtops and 掌上电脑和 ~ 99 – 108
personal 个人的 ~ 11,80 – 83
processor speed and 处理器的速度和 ~ 43,234,237
RAM and 随机存储器和 ~ 43
reasons for using 使用原因 76 – 80
relationships and 关系和 ~ 80 – 83
skeptical approach to 对 ~ 的怀疑取向 242 – 243
unusable interfaces and 不可用的界面和 ~ 24 – 26
upgrades and 升级和 ~ 42 – 44

user-centered design and (*see also* User's needs) 以用户为中心的设计和～(参见 User's needs) 52－73
wasted time on 在……上浪费的时间 25
Computing, viii 计算技术
creativity and 创造力和～ 208－231
dark side of 阴暗面 18－19
da Vinci approach to(*see also* da Vinci, Leonardo) 达·芬奇的方式(参见 da Vinci, Leonardo) 3－4, 9
development of ～的发展 52－53
e-business and 电子商务和～ 134－155
e-government and 电子政务和～ 184－205
e-healthcare and 电子保健和～ 157－181
e-learning and 电子学习和～ 111－131
empowerment and 授权和～ 59－60
esoteric environment of ～的深奥的环境 52
frustration and 沮丧和～ 240
goals for ～的目标 9－11, 15－18, 26－27, 52－73, 234－243
human element of (*see also* User's needs) ～的人类要素(参见 User's needs) 2－3, 14, 76－109
old vs. new 旧与新 11－14
skepticism on 怀疑主义 18－19, 242－243
software issues and 软件问题和～ 22－33
universal usability and 普遍可用性和～ 14－15, 36－49
Consensus 共识 194－196
open deliberation and 开放式议政和～ 197－204
universal usability and 普遍可用性和～ 200
Consultation 咨询 215－216, 220, 228－229
clarity and 清晰和～ 225－226
levels of ～的水平 226－227
negotiated expectations and 协商期望和～ 223－227
Consumer groups. *see also* User's Needs 消费者群体。参见 User's Needs 27, 29, 31, 52
Copernicus 哥白尼 5, 73
Corbis 考比斯 92, 98
Couger, Daniel 库格,丹尼尔 215
Council of Scientific Society Presidents 科学社团主席理事会 194
Creativity. *see also* design 创造力。参

见 design 17-18,84,240
activities and 活动和~ 87-90,214-223
clarity and 清晰和~ 225-226
composition tools and 创作工具和~ 222-223
consultation and 咨询和~ 215-216,220,223-229
da Vinci and 达·芬奇和~ 208
dissemination and 传播和~ 223
donate stage and 贡献阶段和~ 113-114
education and 教育和~ 113-115,118-119,122-123,131
everyday 日常的~ 213
evolutionary 演化式的 213-214,227-230
framework for ~的框架 214-217
history keeping of ~的历史存档 223
information and 信息和~ 86
inspirationalists and 灵感主义者和~ 209-210,220-221
integration of ~的整合 217-223
Internet and 因特网和~ 215-219
lateral thinking and 横向思考和~ 220
revolutionary 革命性的~ 213
routine and 惯例和~ 212-213
situationalists and 环境主义者和~ 211-212
skeptical approach and 怀疑取向和~ 230-231
software and 软件和~ 222-223,226-227
stages of ~的阶段 225
structuralists and 结构主义者和~ 210-221
thought experiments and 思维实验和~ 222
trust and 信任和~ 215-216
visual methods and 可视化方法和~ 209-210,216-217,220
Csikszentmihalyi, Mihaly 奇克森特米哈伊,米哈里 17,211
Curbcut 路堑 41-42
Customer feedback 顾客反馈 56
Customization 用户化 144-149

Data-mining programs 数据挖掘项目 138,146
Da Vinci, Leonardo, viii 达·芬奇,列昂纳多
approach of ~的处理 3
background of ~的背景 4-5,8-11
business and 商业和~ 136-137
composition and 作品和~ 5,7

creativity and 创造力和～ 208, 216－217
education of ～的教育 112
functional/aesthetic integration and 功能/艺术整合 57－58
government and 政府和～ 186
HCI and 人计交互和～ 71－72
healthcare and 保健和～ 159－160
human needs and 人类的需要和～ 77
inspiration and 灵感和～ 209
integrative spirit of ～的整合精神 5
inventions of ～的发明 3－4
Leonardo Ⅱ and 达·芬奇二代和～ 241－242
Michelangelo and 米开朗基罗和～ 224
notebooks of ～的笔记本 8－9, 208
politics and 政治和～ 186
powers of observation of ～的观察力 5
privacy of ～的隐私 224
public art of ～的公众艺术 3－4
quality and 质量和～ 27
universal usability and 普遍可用性和～ 37
Democracy. *See* e-government; Politics 民主。见 e-government; Politics
Design. *See also* Creativity 设计。参见 Creativity
activity/relationship table and 活动与关系表格和～ 87－90
AI and 人工智能和～ 61－64, 235－236
architecture and 建筑和～ 57,227－230
customer feedback and 顾客反馈和～ 56
early days of ～的早期 52
e-government and 电子政务和～ 190－194
error messages and 出错报告和～ 24－25
essential education and 基本教育和～ 46－48
graphic 图形式 3－4
HCI and 人计交互和～ 70－72
human needs and 人类的需要和～ 76－77
imitation and 模拟和～ 61－62
improving 改进 13－18
interfaces and 界面和～ 24－26, 53－57,61－70
Internet ease and 网络的易用性和～ 24,64－70
level-structured 水平结构 47
number of links and 链接数和～ 67

open deliberation and 开放式议政和~ 200
quality and (*see also* Quality) 质量和~(参见 Quality) 27,29,31
software and (*see also* Software) 软件和~(参见 Software) 22-33
trust and 信任和~ 149-154
universal usability and 普遍可用性和~ 36-49
usability testing and 可用性测试和~ 55-56
user-centered 以用户为中心 53-58,61-70,72-73
Dewey, John 杜威,约翰 115
Diagram Illustrating the Theory of Light and Shade (de Vinci) 《阐明光影理论的图解》(达·芬奇) 50
Disabilities 残疾人 41-42
blindness 盲人 44
Internet and 因特网和~ 45
learning and 学习和~ 45
Disease. See e-healthcare 疾病。见 e-healthcare
Dispute resolution 争议解决方案 154
Dramatica Pro Dramatica Pro 222-223
Drawing 绘画 3-6,132
Drawing for the Plan of a Town (da Vinci) 《一座城市的规划图》(达·芬奇) 182
Drawing of a Woman's Torso (da Vinci) 《一个女人躯体的素描》(达·芬奇) 156
DSL, modems DSL 调制解调器 43-44
eBay 易趣 67,69,82,135,151
e-business 电子商务 16-17,239
automatic lecture notes and 自动演讲注释和~ 104-105
Better Business Bureau Online and 优秀企业管理局在线和~ 143,152
certifications and 证明和~ 152
clickstream data and 点击流数据和~ 144-145
communication and 交流和~ 140-141
e-business (cont.) 电子商务
consumer and 消费者和~ 52,56,134-135,140-144
customization and 用户化和~ 144-149
disputes and 争议和~ 154
frictionless economics and 理想经济学和~ 137
guarantees and 担保和~ 153-154
information gathering and 信息收集

和～ 86,142
interface design and 界面设计和～ 64－70
merchant opportunities and 商家的机会和～ 137－140
Moore's law and 摩尔定律和～ 43,58－61
Palm and 掌上电脑和～ 104
personal touch and 个人接触和～ 134－136
photos and 照片和～ 96
privacy issues and 保密性问题和～ 151－153
references and 参考和～ 151－152
responsibility and 责任和～ 153
scams and 商业欺骗和～ 140－141,143
skepticism toward 怀疑主义 154－155
special market niches and 分化的市场微环境和～ 138,140
trust and 信任和～ 149－153
universal usability and 普遍可用性和～ 38,136
web sites and 网站和～ 134－135
eComplaints.com 143
Edison, Thomas 爱迪生,托马斯 209
e-government. *See also* politics 电子政务。参见 politics 239
activities table for ～的活动表格 190－191
areas of control and 控制领域和～ 186－187
citizen wants and 公众需要和～ 184－194
communication and 交流和～ 187
consensus building and 达成共识和～ 194－197
decentralization and 地方分权和～ 187
design of ～的设计 190－194
e-mail and 电子邮件和～ 196, 203－204
freedom and 自由和～ 184－185
information and 信息和～ 184, 187－190,192
Internet and 因特网和～ 185
open deliberation and 开放式议政和～ 185,197－204
privacy and 隐私和～ 194－195
procurement improvement and 改进采购和～ 193
relationships and 关系和～ 190－191
services and 服务和～ 190－194
skeptical approach to 对～的怀疑取向 204－205
tax filing and 税单提交和～ 193－194

e-guidebooks 电子用户手册 107
e-healthcare 电子保健 16 – 17,239
data collection and 数据收集和 ~ 162 – 164
death and 死亡和 ~ 22 – 24
e-mail and 电子邮件和 ~ 167 – 168
future scenario for 未来的 ~ 场景 175 – 180
global records and 全球记录和 ~ 158 – 159
Intelihealth Inteli 健康 202
medical forms and 医疗表格和 ~ 158 – 162
patient empowerment and 对病人的授权和 ~ 159,166 – 175
physician enabling and 给予医生能力和 ~ 160 – 166
skepticism of ~ 的怀疑主义 180 – 181
software and 软件和 ~ 22 – 23,25
universal usability and 普遍可用性和 ~ 38
WebMD 167,169
World Wide Med and 全球医疗系统和 ~ 158 – 163,175
e-learning 电子学习 16 – 17,239
CDs and CDs 和 ~ 118
collaboration and 合作和 ~ 116 – 117,120 – 121,128 – 129
collect stage and 收集阶段和 ~ 113 – 114,118 – 120,131
community service and 社区服务和 ~ 127 – 128
computers in classroom and 教室里的计算机和 ~ 31 – 32
computer skills and 计算机技能和 ~ 44 – 46,48
creativity and 创造力和 ~ 113 – 115,118 – 119,122 – 123,131
disabilities and 残疾人和 ~ 45
discrimination and 区分和 ~ 38 – 41
donate stage and 贡献阶段和 ~ 113 – 114,118 – 119,123,127,131
e-government and 电子政务和 ~ 190 – 194
essential 本质 46 – 48
experience and 经历和 ~ 112
grading curve and 等级曲线和 ~ 112 – 117
"guide on the side" approach and 讲台上的贤人和 ~ 113
innovation restriction and 创新限制和 ~ 48 – 49
Internet use and 互联网使用和 ~ 67,70
LEON and 利昂和 ~ 118 – 127
philosophy for ~ 的哲学 113 –

117
relate stage and 联系阶段和～ 113－114,118－121,131
"sage on the stage"approach and 讲台上的贤人和～ 113
science festival illustration 科技节描述 129－130
skeptical approach and 怀疑取向和～ 130－131
student activities and 学生活动和～ 112－113
technology and 技术和～ 117－118
television and 电视和～ 118
universal usability 普遍可用性 38
Electronic medical records（EMR） 电子医疗记录 162
Elitism 精英 19
e-mail 电子邮件 29,36,47－48,65
activism and 行动主义和～ 239
consultation and 咨询和～ 220
e-business and 电子商务和～ 145－146
e-government and 电子政务和～ 196,203－204
e-healthcare and 电子保健和～ 167－168
information gathering and 信息收集和～ 86
open deliberation and 开放式议政和～ 197－198
PEN and 公众电力网络和～ 189
photos and 照片和～ 94,218
spam and 兜售信息和～140,223
SWASHI. OCK Project and SWASHI. OCK 项目和～ 189
Empathy 同情 18,234
clarity and 清晰和～ 225－226
consultation and 咨询和～ 215－216,220,223－227
disabilities and 残疾人和～ 41－42,44－45
interface design and 界面设计和～ 24－26,53－57,61－70
Kurzweil and 库兹威和～ 237
online medical support and 在线医疗支持和～ 168－173
Empowerment 授权 59－60
Encyclopedia of Virtual Environments 虚拟环境的百科全书 124
Engineering 工程学 3－5,32
Error messages 出错报告 24－25
Falling Through the Net: Defining the Digital Divide（NTIA）《网络的崩溃:定义数字鸿沟》(NTIA) 67
Family 家庭 18
Federal Communications Commission 联邦交流委员会 204
Federal Trade Commission 联邦贸易

委员会 204
Feedback 反馈 151-152
Fetus 胎儿 5-6
"Four universal states of man," 人类的四种普遍状态 13
Framingham study 弗雷明翰研究项目 161
Freedom 自由 78,184-185
Frequently asked questions (FAQ) lists 常见问题列表 48,172
Freud,Sigmund 弗洛伊德,西格蒙德 208
Frictionless economics 理想经济学 137
Friedman,Thomas 弗里德曼,托马斯 59
"*From Access to Outcomes: Raising the Aspirations for Technology Initiatives in Low-Income Communities*" (Morino) 《从获得到成果:提高低收入社区技术革新的灵感》(莫林奥) 36
Fry,Christopher 弗赖伊,克里斯托弗 26

Galileo 伽利略 5,73
Galway,Katrina 高尔韦,卡特里娜 21
Gates, Bill 盖茨,比尔 8,62-63,98,241
Gates,Melinda 盖茨,梅林达 8
General Problem Solver 通用问题解决者 61
Genetics 遗传学 165
Ginevra de' Benci (da Vinci) 《吉涅布拉·本奇》(达·芬奇) 5,7,8,27
Giocondo,Francesco del 乔康达,弗朗切斯科·德尔 57
Globalization. *See also* Internet 全球化。参见 Internet 59
Golden Rule 黄金法则 77
Graphical user interfaces (GUIs) 图形式用户界面 11
Graphics 图形 3-4,44

H & R Block 194
Habermas,Jurgen 哈伯马斯,乔根 200
Hacker 电脑黑客 171-172
HAL 哈尔 63
Hartison,John 哈里森,约翰 212
Harvey,William 威廉,哈维 160
Helicopter 直升飞机 8
HomeNet 家庭网络 26
How to Slove It (Polya) 《如何解决它》(波利亚) 210
Human-Computer Interaction (HCI) (*See also* User's needs) 人机交互(参见 User's needs) 33,70-72,126
Human-Computer Interaction Institute 人机交互学院 71

Human Genome Project 人类基因组工程 165
Humans. *See also* e-healthcare; Users' needs 人类。参见 e-healthcare; 5-6
activity stages of ~的活动阶段 83-90
ART and 活动与关系表格和~ 87-90
family history and 家谱和~ 97
freedom and 自由和~ 77
mimicry of ~的模拟 61-64
politics and (*see also* Politics) 政治和~(参见 Politics) 77
potential of ~的潜能 78
relationships and 关系和~ 76,80-83
self-actualization and 自我实现和~ 78-80
stimulus and 刺激和~ 78
visual information and 视觉信息和~ 90-99
IBM IBM 26,97,165,227
IdeaFisher IdeaFisher 210,220,222
IEEE Computer (magazine) 《电气和电子工程师协会计算机杂志》(杂志) 236
Illumination 明朗 215
Incubation 孕育 215
InfoDoors 信息门 105-106,108,173
Information. *See also* Universal usability 信息。参见 Universal usability 2
activity/relationship table and 活动与关系表格和~ 87-90
creativity and 创造力和~ 84,86
discrimination and 区分和~ 38-41
disease epidemics and 疾病流行和~ 162
e-business and 电子商务和~ 86,142
e-government and 电子政务和~ 184,187-190,192
e-healthcare and 电子保健和~ 162-164
e-learning and (*see also* e-learning) 电子学习和~(参见 e-learning) 113
gathering of ~的收集 84,86-87,162-164
human need for 人类对~的需要 77
immediate 即刻 138-140
Internet and 因特网和~ 77
medical forms and 医疗表格和~ 158-161
mobility and 移动性和~ 99-108
old vs. new 旧与新 113

society and 社会和～ 41
visual 视觉的 90–99
Innovation restriction 创新限制 48–49
Inspirationalists 灵感主义者 209–210,220–221
Intel 因特尔 9,97
Intelihealth, Inc. Inteli 健康有限公司 202
Intelligence 智力
artificial 人工的 61–64,235–236
computers and 计算机和～ 235–238
Interfaces 界面
AI and 人工智能和～ 61–64
architecture and 建筑和～ 57
controllable 可控制的 65
customer feedback and 顾客反馈和～ 56
Internet and 因特网和～ 64–70
overly complex 过度复杂 24–26
usability testing and 可用性测试和～ 55–56
user-centered 以用户为中心 53–55,64–70
International Atomic Energy Agency 国际原子能机构 240
Internet 因特网
Access Washington site 华盛顿州门户网站 187–188
browsing 浏览 217–219
complexity of ～的复杂性 24,26
connection speed and 连接速度和～ 43–44
consensus and 共识和～ 194–204
conversion rate and 转变率和～ 60–61
cost and 成本和～ 37
creativity and 创造力和～ 215–219
disabilities and 残疾人和～ 45
discrimination and 区分和～ 38–41
dissemination of ～的传播 36–37
distracting design of ～的分心设计 24
e-business and (*see also* e-business) 电子商务和～(参见 e-business) 137
education level and 教育水平和～ 67,70
FAQ lists and 常见问题列表和～ 48,172
frictionless economics and 理想经济学和～ 137
government and 政府和～ 184
InfoDoors and 信息门和～ 105–

106,108
information gathering and 信息收集和～ 77
Intelihealth and Inteli健康和～ 202
IP telephone and IP电话和～ 190
language translation and 语言翻译和～ 45
LEON and 利昂和～ 116
news and 新闻和～ 185
open deliberation and 开放式议政和～ 197－204
PEN and 公众电力网络和～ 189
SWASHLOCK Project and SWASHLOCK 项目和～ 189－190
universal usability and 普遍可用性和～ 36－37
user-centered design and 以用户为中心的设计和～ 53－55,64－70
visual images and 视觉图像和～ 90－99
WebBushes and 网络树和～ 106－108
Intuit 194
Invention 发明 3－4,8
laptops and 便携式电脑和～ 9
mimicry and 模拟和～ 61－64
Invisible Computer, The (Norman) 《看不见的计算机》(诺曼) 56－57
Involvement in Learning (NIE) 《投入式学习》(NIE) 117
IP telephone IP电话 190
Jefferson, Thomas 杰弗逊,托马斯 35,78,111, 183－184
Karat, Clare-Marie 卡拉特,克莱尔－玛丽 56
Kekule, August 凯库勒,奥古斯特 209
King François I 弗朗索瓦一世 8
Kodak 柯达 98
Koop, Everett 库普,埃弗里特 167
Kubrick, Stanley 库布里克,斯坦利 63
Kuhn, Thomas 库恩,托马斯 213
Kurzweil, Ray 库兹威,雷 236－237

Lady with an Ermine (da Vinci) 《抱貂的女子》(达·芬奇) xii
Landauer, Tom 兰多尔,汤姆 26,56
Laptops 便携式电脑 9,104－105
Last Supper, The (da Vinci) 《最后的晚餐》(达·芬奇) 3,27,74
Lateral thinking 横向思考 220
Legacy 遗产 80,86
LEON 利昂 116,118
collobaration and 合作和～ 120－

121
creativity and 创造力和～ 122－123
learning philosophy and 学习哲学和～ 118－127
science festival illustration 科技节事例 129－130
Lexus and the Olive Tree, The (Friedman)《凌志汽车与橄榄树》(弗里德曼) 59
Library of Congress 美国国会图书馆 53－54,92,94,98,185
Lieberman,Henry 利泊曼,亨利 26
Logic 逻辑 5,54
Lois,George 洛伊斯,乔治 207

McCarthy,John 麦卡锡,约翰 235
Martin,Dianne 马丁,黛安娜 236
Maslow,Abraham 马斯洛,亚伯拉罕 78,80
Mathematics 数学 3－5
Boolean logic 布尔逻辑 54
computer speed and 计算速度和～ 234
formalism issues and 形式主义问题和～ 71
music and 音乐和～ 57
perfection and 完美和～ 27
MCI Communications MCI交流公司 138
Medicine. *See also* e-healthcare 医疗。参见e-healthcare 16,22－23,62
Mega-creativity. *See* Creativity 超级创造力。见Creativity
Megatrends (Naisbitt)《大趋势》(奈斯比特) 136
Melzi,Francesco 梅尔齐,弗朗切斯科 5,208
Michelangelo 米开朗基罗 224
Microsoft 微软 9,46
BOB and BOB和～ 62－63
Clippit and 大眼夹和～ 62－63
Mimicry 模拟 61－64,235
MindMapper 210
MIT Media Lab 麻省理工学院的多媒体实验室 71
Mobility 移动性
e-guidebooks and 电子指南和～ 107
Infodoors and 信息门和～ 105－106,108
WebBushes and 网络树和～ 106－108
Modems 调制解调器 43－44
Mona Lisa (da Vinci)《蒙娜丽莎》(达·芬奇) 5,7－8,27,57
Moore's law 摩尔定律 43,58－61,236
Morals 道德 78
Morino,Mario 莫林奥,马里奥 36

MP3 99
MTV 音乐电视 82
Mumford, Lewis 芒福德,刘易斯 77
Music 音乐 3–5
  LEON and 利昂和~ 116
  methematics and 数学和~ 57

Nader, Ralph 纳德,拉尔夫 22,32–33
Naisbitt, John 奈斯比特,约翰 133,136
NASA 美国国家航空航天局 44
National Academy of Sciences 美国国家科学院 117
National Cancer Institute 美国国家癌症研究所 44
National Digital Library Program 美国国家数字图书馆项目 92
Netscape 网景公司 29
Network externalities 网络外部化 42
Neumann, Peter 诺伊曼,彼得 23–24
Nobody Can Teach Anybody Anything (Wees) 《没有人可以向任何人传授任何知识》(威斯) 115
Norman, Don 诺曼,唐 56–57
Nuclear Non-Proliferation Treaty 《防止核能扩散条约》 240
Nuland, Sherwin B. 努兰,舍温·B. 157

O'Baoill, Andrew 奥鲍伊尔,安得鲁 200
Older Man and a Younger Facing One Another, An (da Vinci) 《一位老人和一位年轻人彼此面对》(达·芬奇) 34
Online commucities 在线交流 46,59–60
  consensus and 共识和~ 194–204
  healthcare and 健康保健和~ 168–173
  open deliberation and 开放式议政和~ 197–204
  policy for ~的政策 172
Opportunity 机会 215

Pacioli, Luca 帕乔利,卢卡 5,208
Painting 绘画 5,7
Palmtops 掌上电脑 99,101
  add-ons for ~的附件 102
  business cards and 名片和~ 104
  Graffiti and "涂鸦"和~ 102
  InfoDoors and 信息门和~ 105–106,108
  mobile payment and 移动付费和~ 102
  WebBushes and 网络树和~ 106–108
Parachute 降落伞 5

Penzias, Arno 彭齐亚斯,阿诺 233
Pew Center 佩尤研究中心 77
Pew Foundation 佩尤基金 166
PhotoFinder 照片搜索器 93-94,96
PhotoQuilt 98
Photos. *See also* Visual media 照片。参见 Visual media
e-business and 电子商务和~ 96
e-mail and 电子邮件和~ 94, 218
users' needs and 用户需要和~ 90-99
Piager, Jean 皮亚杰,吉恩 115
PictureQuest 92
Piero, Ser 皮耶罗 4
Politics. *See also* e-government 政治。参见 e-government 16-17
citizen wants and 公民需要和~ 184-194
computer education and 计算机教育和~ 32
consensus and 共识和~ 194-204
e-healthcare and 电子保健和~ 173
human nature and 人类天性和~ 76-77
open deliberation and 开放式议政和~ 197-204
skeptical approach to 对~的怀疑取向 204-205
software suppliers and 软件提供者和~ 29,31
trust and 信任和~ 184
universal usability and 普遍可用性和~ 36-38
user-centered design and 以用户为中心的设计和~ 52
users' movements and 用户运动和~ 27,29,31
Polya, George 波利亚,乔治 210
Pornography 色情 18
Preece, Jenny 普里斯,珍妮 168, 171,199
Preparation 准备 215
Priceline 价格在线 143-144
Privacy 隐私 146,148,152-153
clickstream data and 点击流数据和~ 144-145
e-government and 电子政务和~ 184,194-195
e-healthcare and 电子保健和~ 158-159
Programming 编程 52
Psychoanalytic theory 心理分析理论 78
Public Electronic Network (PEN) 公众电力网络(PEN) 189
Public Telecommunications Service 公众电子交流服务 192

Putnarn, Robert 帕特南,罗伯特 51
Quality 质量 27,29,31
customer feedback and 顾客反馈和 ~ 56
universal usability and 普遍可用性和 ~ 36 – 49
usability testing and 可用性测试和 ~ 55 – 56
user-centered design and (*see also* Design) 以用户为中心的设计和 ~ (参见 Design) 52 – 73

Radio 收音机 37 – 38
Random access memory (RAM) 随机存储器(RAM) 43
Relationships 关系 76
activities and 活动和 ~ 87 – 90
communication and 交流和 ~ 86
computers and 计算机和 ~ 80 – 83
creativity and (*see also* Creativity) 创造力和 ~ (参见 Creativity) 221
e-business and 电子商务和 ~ 138 – 139,142
education and 教育和 ~ 113 – 114,118 – 127
e-healthcare and 电子保健和 ~ 174
four circles of ~的四个关系圈 80 – 83
government and 政府和 ~ 190 – 191
mobility and 移动性和 ~ 99 – 108
visual media and 视觉媒介和 ~ 90 – 92
Religion 宗教 5,78,217
Renaissance 文艺复兴 2 – 3,5
Replacement theory 替代理论 235 – 238
Report to the President on the Use of Technology to Strengthen K – 12 Education in the United States (PCAST) 《关于在加强美国的 K – 12 教育中技术使用的总统报告》(PCAST) 117
Robots 机器人 13,235
Roentgen, Wilhelm Conrad 伦琴,威廉·康拉德 164
Roosevelt, Franklin Delano 罗斯福,富兰克林·迪兰诺 78

Salai, Andrea 萨莱,安德烈 5,208
SBT Corporation SBT公司 25
Scanners 扫描仪 94
Schuler, Doug 斯舒勒,道格 190
Science 科学 8,242
art and 艺术和 ~ 4,57 – 58
Seattle Community Network 西雅图

社区网络 190
Self-actualization 自我实现 78 – 80
Sforza, Ludovico 斯佛尔扎,卢多维科 3,8,57
Shopping patterns 购买模式 144 – 145
Silent Spring (Carson)《寂静的春天》(卡森) 22
SimCity 模拟城市 222
Situationalists 环境主义者 211 – 212
Skeptical approach 怀疑取向
creativity and 创造力和 ~ 230 – 231
computer advances and 计算机发展和 ~ 242 – 243
dark side of technology 技术的阴暗面 18 – 19
e-business and 电子商务和 ~ 154 – 155
e-government and 电子政务和 ~ 204 – 205
e-healthcare and 电子保健和 ~ 180 – 181
e-learning and 电子学习和 ~ 130 – 131
InfoDoors and 信息门和 ~ 108
software and 软件和 ~ 32 – 33
universal usability and 普遍可用性和 ~ 48 – 49
users' needs and 用户需要和 ~ 72 – 73,108 – 109
WebBushes and 网络树和 ~ 108
Slashdot 200 – 201
Snow, C. P. 斯诺,C. P. 2
Snow, John 斯诺,约翰 162
Social interfaces. *See* Interfaces 社会界面。见 Interfaces
Social Secrurity 社会安全 38
Software 软件
Aegis air defense and 航空防御和 ~ 23 – 24
crashes and 死机和 ~ 24 – 25,29
creativity and 创造力和 ~ 222 – 223,226 – 227
customer feedback and 顾客反馈和 ~ 56
education and 教育和 ~ 117 – 118
healthcare and 健康保健和 ~ 22 – 23
increased expectations for 对 ~ 的增长了的期望 26 – 27
innovation restriction and 创新限制和 ~ 48 – 49
obsolete 过时 43
quality and 质量和 ~ 27,29,31
universal usability and 普遍可用性和 ~ 36 – 49
upgrades and 升级和 ~ 42 – 44

user-centered design and 以用户为中心的设计和～ 52－73
users' movement and 用户运动和～ 27,29,31
Sophocles 索福克勒斯 114－115
Southwest Airlines 西南航空公司 65－66
Spam 兜售信息 140,223
Special Interest Group in Computer-Human Interaction（SIGCHI）人机交互特别兴趣组(SIGCHI) 70
Spielberg, Steven 斯皮尔博格,斯蒂芬 63,236
Spine 脊椎 5－6
Star Trek 《星际旅行》 63
Structuralists 结构主义者 210－211
Structure of Scientific Revolutions, The（Kuhn）《科学革命的结构》(库恩) 213
Study Group on the Conditions for Excellence in American Higher Education 美国高等教育优秀条件研究组 117
Study of the Head of a Man Shouting（da Vinci）《对一个正在呼喊着的男人的头部研究》(达·芬奇) 20
Submarine 潜水艇 8
SWASHLOCK Project SWASHLOCK 项目 189－190
Synchronous technology 同步性技术 199
TaxCut 194
Technology 技术
activity/relationship table and 活动与关系表格和～ 87－90
AI and 人工智能和～ 61－64,235－236
asynchronous 异步的 199
coping with variety of 应对～的变化 42－44
creativity and 创造力和～ 215－219,222－223,226－230
dark side of ～的阴暗面 18－19
da Vinci approach to 对～的达·芬奇取向 9
death and 死亡和～ 22－24
education and 教育和～ 117－118
freedom from 从……解放出来 240－241
goal of ～的目标 77
hidden 隐藏 61
increased expectations for 对～的增长了的期望 11－14,234－243
InfoDoors and 信息门和～ 105－106,108,173
innovation restriction and 创新限制和～ 48－49
measurement and 衡量标准和～

60 – 61
medical (*see also* e-healthcare) 医疗(参见 e-healthcare) 158 – 161,164 – 166
mobile payment and 移动付费和 ~ 102
Moore's law and 摩尔定律和 ~ 43,58 – 61,236
morals and 道德和 ~ 78
nonanthropomorphic 非人类形态学 235
online help for 对 ~ 的在线帮助 175
PCAST report and PCAST 报告和 ~ 117
peaceful use of ~ 的安全利用 239 – 240
rapid change of ~ 的快速变化 42 – 44
science festival illustration 一个科技节的例子 129 – 130
software issues and 软件问题和 ~ 22 – 33
synchronous 同步性 199
universal usability and 普遍可用性和 ~ 36 – 49
Technology (cont.) 技术(续)
user-centered design and (*see also* Design) 以用户为中心的设计和 ~ (参见 Design) 52 – 73
users' needs and (*see also* Users' needs) 用户需要和 ~ (参见 Users' needs) 2 – 3
visual media and 视觉媒介和 ~ 90 – 99
WebBushes and 网络树和 ~ 106 – 108,173
TechSoup 175
Telegraphs 电报 37 – 38
Telephones 电话 47 – 48,86
cellular 手机 99,102
IP IP 电话 190
Television 电视 118
Ten Commandments 十戒 78
Terrorism 恐怖主义 242 – 243
Therac – 25 Therac – 25 22 – 23
Thinking 思想
analytic 分析的 4
lateral 横向的 220
logic 逻辑的 5,54
visual 形象的 4
Time 时代 25 – 26,29
Toward Digital Inclusion (NTIA) 《迈向数字融合》(NTIA) 67
Trouble with Computers, The (Landauer) 《计算机带来的烦恼》(兰多尔) 56
Trust 信任
certification and 证明和 ~ 152
computer advances and 计算机进步

和～ 234
consultation and 咨询和～ 215－216,220,223－229
design and 设计和～ 149－154
dispute resolution and 争议解决方案和～ 154
e-business and 电子商务和～ 149－153
history of ～的历史 151
Kurzweil and 库兹威和～ 237
open deliberation and 开放式议政和～ 197－204
politics and 政策和～ 184
privacy and 隐私和～ 144－146,148,152－153,158－159,184,194－195
references and 参考和～ 151－152
skeptical approach and 怀疑取向和～ 230－231
stolen ideas and 盗取的思想和～ 224
students and 学生和～ 224－225
TRUSTe TRUSTe 152
Trust（Fukuyama）《信任》(福山) 150
TurboTax 194
Turner, A. Richard 特纳,阿·理查德 75
"Two Cultures"（Snow） "两种文化"（斯诺） 2
2001: A Space Odyssey（Kubrick）《2001年太空漫游》(库布里克) 63

UCLA 加利福尼亚大学洛杉矶分校 77
UI（you and I） 用户界面(你和我) 64
United Nations 美国 37,175
Universal usability 普遍可用性 125
business and 商务和～ 136
Communications Act of 1934 and 《美国通讯法案》(1934)和～ 37－38
defining 定义 36－42
design and 设计和～ 14－18,36
disabilities and 残疾人和～ 41－42
discrimination and 区分和～ 38－41
education and 教育和～ 46－48
flexibility and 灵活性和～ 42
innovation restriction and 创新限制和～ 48－49
network externalities and 网络外部化和～ 42
open deliberation and 开放式议政和～ 200
politics and 政策和～ 36

skepticism and 怀疑主义和~ 48 - 49
software issues and 软件问题和~ 22 - 33
technology variety and 技术多样化和~ 42 - 44
user diversity and 用户多样性和~ 44 - 46
Unix Unix 52
Unsaft at Any Speed: The Designed-in Dangers of the American Automobile (Nader) 《任何速度下都不安全:美国汽车设计上的危险性》(纳德) 22
U.S. Census Bureau 美国人口普查局 77
U.S. Communications Act of 1934 《美国通讯法案》(1934) 37 - 38
U.S. Declaration of Independence 美国《独立宣言》 78
U.S. Department of Commerce 美国商业局 67
U. S. Food and Drug Administration (FDA) 美国食品与药物管理局(FDA) 23
U.S. Library of Congress 美国国会图书馆 53 - 54, 92, 94, 98, 185
U.S. National Institute for Standards and Technology 美国国家标准与技术研究所 56
U.S. National Institutes of Health 美国国家健康研究所 167
U.S. National Library of Medicine 美国国家医学图书馆 167
Usability Professionals Association 可用性专家协会 70
Usability testing 可用性测试 55 - 56
Users' needs. *See also* Universal usability 用户需要。参见 Universal usability 2 - 3
artificial intelligence and 人工智能和~ 61 - 64
assessment of ~的测评 53 - 55
attitude toward 对~的态度 32
automation shift to 向~的自动转换 13
computer advances and 计算机进步和~ 234 - 235
coping with variety and 应对变化和~ 42 - 44
customer feedback and 顾客反馈和~ 56
designing for 为~的设计 13 - 18, 52 - 73
diversity of ~的多样性 44 - 46
e-government and 电子政务和~ 184 - 194
error messages and 出错报告和~ 24 - 25

essential education for 为~的基础教育 46-48
experience of ~的体验 12
frustration and 沮丧和~ 240
hidden technology and 隐藏技术和~ 61
higher goals for ~的更高目标 238-239
interfaces and 界面和~ 24-26,53-57,61-70
language translation and 语言翻译和~ 45
mobility and 移动性和~ 99-108
movements for ~的运动 27,29,31
Nader and 纳德和~ 22,32-33
photos and 照片和~ 90-99
predictability and 可预测性和~ 238
skill levels and 技能水平和~ 44-46
value and 价值和~ 12-13
wasted time and 浪费的时间和~ 25-26
Uslaner, Eric 尤斯兰纳,埃里克 149
USS *Vincennes* 文森斯军舰 24

Vasari, Giorgio 瓦萨里,乔治 4,8
Ventner, Craig 文特尔,克雷格 241
Verification 验证 215
Verrocchic, Andrea del 维洛西奥,安德烈·德尔 4-5,112,208
Video conferencing 视频会议 47-48
Violence 暴力 242-243
Visual media 视觉媒介
annotation and 标注和~ 93-97
archiving and 归档和~ 98
ART for ~的活动与关系表格 91
business and 商务和~ 96
conferencing and 会议和~ 47-48
creativity and 创造力和~ 209-210,216-217,220
e-mail and 电子邮件和~ 94
family history and 家谱和~ 97
Internet and 因特网和~ 90-99
relationships and 关系和~ 90-92
search for ~的搜索 93
Vitruvian Man (da Vinci) 《维特鲁威人》(达·芬奇) 27-28
Volunteers in Technical Assistance (VITA) 技术协助志愿者组织(VITA) 37

Wareham, Mary 韦勒姆,玛丽 239
WebBushes 网络树 106-108,173

Webcams 网络摄像机 62
WebCT 118
WebMD 167,169
Wees, Willard 威斯,威拉德 115
White, Michael 怀特,迈克尔 4
Wilhelm, Anthony 威廉,安东尼 200 – 201
Williams, Jogy 威廉斯,乔迪 239
WorldJam 227
World Wide Web 万维网 175
medical forms and 医疗表格和 ~ 158 – 161
resistance to 对 ~ 的抵触 162 – 163
World Wide Web. *See* Internet 万维网。见 Internet
Wright, Frank Lloyd 莱特,弗兰克·劳埃德 57

X-rays X – 射线 164

Yahoo! 雅虎 67 – 68

译 后 记

我们很荣幸能够参与翻译马里兰大学计算机系本·施奈德曼教授撰写的《达·芬奇的便携式电脑:人类的需要与新的计算技术》一书,翻译本书是一段艰辛而充实的历程。在本书的翻译过程中,我们不断被施奈德曼教授提出的“技术必须起始于人的需要”这一理念所感染,并为施奈德曼教授基于这种理念所提出的对未来计算技术的展望所激励。

施奈德曼教授是人机交互领域的国际权威。他曾担任著名的马里兰大学人机交互实验室主任近二十年,于2001年荣获美国计算机学会颁发的“人机交互终身成就奖”。施奈德曼教授是诸多重要的专业杂志的编委会成员,并为很多著名的公司(如苹果、通用、英特尔和微软公司)和大学提供专家咨询。

虽然计算技术在技术层面已经获得突飞猛进的发展,各种软件系统也日趋复杂,但是很多高新技术并不能给用户带来切实的用途和便捷,而且用户常常会在使用中受挫,如不理解菜单内容、读不懂对话框信息等。施奈德曼教授认为,其原因在于长久以来设计者过于注重技术上的革新,而没有将人的需要作为出发点。基于对目前计算技术的上述分析,本书向设计者传达一个重要的设计理念——以人为本。这一理念现在已为很多人所熟知和倡导,但本书的贡献不仅仅局限于说教,更重要是通过提出“活动与关系表格”这一简明易懂的形式向我们展示了如何将其付诸实践。

本书起笔于对意大利著名的美术家、雕塑家、建筑家、工程师和科学家——列昂纳多·达·芬奇(1452–1519)的介绍。达·芬奇作为文艺复兴时期的代表人物强调各种不同学科的整合,重视将工程学与人类价值的融合。作者将达·芬奇视为激发灵感的缪斯女神,讨论了计算机的发展历程,认为计算技术的设计者也应该更加注重人的需要。施奈德曼教授提出了“普遍可用性”概念,即指任何人(老年人或年轻人、新手或专家、健全人或残疾者)都可使用的计算技术,并满怀想象和激情地对未来计算技术在教育、医药、商业、政治等领域的发展进行了展望,同时还提出许多尚需解决的问题。

本书通俗易懂,充满热情,并插入大量达·芬奇的作品,增加了本书的趣味性,使得该书既可为专业人员的产品设计拓展新的视野,又可激发普通读者对未来计算机用途产生更多的联想和思考,从而使设计者和使用者能够共同推进新的计算技术的发展。值得一提的是,本书获得了 2003 年度国际电气和电子工程师协会(IEEE)颁发的“推进公共意识卓越成就奖”,并被很多大学指定为研究生教材。本书对于那些关心未来信息技术发展趋向的人们是很有价值的。

在本书的翻译中,我们得到了很多人的帮助:在翻译过程中我们的博士生导师傅小兰研究员认真严谨的工作态度保证了本书的翻译质量;严正博士对我们的翻译提出了很多卓有成效的建议;程秋珍老师的工作风格也让我们领略了商务印书馆一贯的精益求精的作风；我们课题组的各位老师和同学对我们的翻译也提出了很多宝贵的意见。尤其值得强调的是，施奈德曼教授本人对本书中文版的翻译工作给予了极大关注，并特别邀请其学生帮助校订以确保本书的翻译质量。

最后还要特别感谢我们的家人和朋友，是他们对我们精神上的支持和生活上的关怀，让我们满怀激情地完成了本书的翻译工作。

李晓明　冉恬

2005年10月1日

北京·中国科学院心理研究所

图书在版编目(CIP)数据

达·芬奇的便携式电脑:人类的需要与新的计算技术/(美)施奈德曼著;李晓明,冉恬译.—北京:商务印书馆,2006
(电子社会与当代心理学名著译丛)
ISBN 7-100-04657-2

Ⅰ.达… Ⅱ.①施… ②李… ③冉… Ⅲ.电子计算机-设计 Ⅳ.TP302

中国版本图书馆CIP数据核字(2005)第144163号

电子社会与当代心理学名著译丛
达·芬奇的便携式电脑
人类的需要与新的计算技术
〔美〕本·施奈德曼 著
李晓明 冉恬 译
傅小兰 严正 审校

商 务 印 书 馆 出 版
(北京王府井大街36号 邮政编码 100710)
商 务 印 书 馆 发 行
北 京 瑞 古 冠 中 印 刷 厂 印 刷
ISBN 7-100-04657-2/B·665

2006年3月第1版 开本850×1168 1/32
2006年3月北京第1次印刷 印张10⅞
印数5 000册

定价:20.00元